广东罗坑鳄蜥国家级自然保护区植物图鉴

主　编　　何　南　黄达逸　叶华谷　曾盛生

華中科技大學出版社
http://press.hust.edu.cn
中国·武汉

图书在版编目（CIP）数据

广东罗坑鳄蜥国家级自然保护区植物图鉴 / 何南等主编. - 武汉 ：华中科技大学出版社，2023.12

ISBN 978-7-5772-0095-8

Ⅰ. ①广… Ⅱ. ①何… Ⅲ. ①自然保护区－植物－曲江区－图集 Ⅳ. ①Q948.526.54-64

中国国家版本馆CIP数据核字(2023)第227959号

广东罗坑鳄蜥国家级自然保护区植物图鉴
Guangdong Luokengexi Guojiaji Ziran Baohuqu Zhiwu Tujian

何　南　黄达逸　叶华谷　曾盛生　主编

出版发行：华中科技大学出版社（中国・武汉）　　电话：（027）81321913
武汉市东湖新技术开发区华工科技园　　邮编：430223
出 版 人：阮海洪

策划编辑：段园园　　版式设计：段自强
责任编辑：段园园　　责任监印：朱　玢

印　　刷：广州清粤彩印有限公司
开　　本：965 mm × 1270 mm 1/16
印　　张：25.75
字　　数：380 千字
版　　次：2023年12月 第1版 第1次印刷
定　　价：368.00 元

投稿方式：13710226636（微信同号）
本书若有印装质量问题，请向出版社营销中心调换
全国免费服务热线：400-6679-118 竭诚为您服务

广东罗坑鳄蜥国家级自然保护区植物图鉴

编委会

主　　编：何　南　黄达逸　叶华谷　曾盛生

副 主 编：曾凡海　钟志成　曾志锋　方立南　黄萧洒

编　　委：（按姓氏拼音排序）

曹洪麟　陈接磷　戴石昌　邓焕然　丁冬静　丁向运

黄　毅　黎永泰　李远球　廖婵韵　刘海洋　罗俊先

梅启明　覃庆坤　童毅华　王文婷　吴林芳　张　蒙

张建华　张伟平　钟振杨

编著单位：广东曲江罗坑鳄蜥省级自然保护区管理处

广州林芳生态科技有限公司

前　言

南岭是全球亚热带常绿阔叶林的典型分布区和我国亚热带常绿阔叶林典型代表，具有南亚热带向中亚热带过渡的特性，是我国陆地生物多样性极为丰富、珍稀濒危物种众多的区域，属于我国南方丘陵山地生态系统和生物多样性热点地区之一，被列为具有国际意义的陆地生物多样性关键地区之一，具有全球的科学保护价值。

广东罗坑鳄蜥国家级自然保护区地处南岭中段南麓，位于广东省韶关市曲江区西南部，属罗坑镇行政辖区，南面与英德石门台国家级自然保护区相连，西面与乳源大峡谷省级自然保护区毗邻，地理位置为北纬 24° 36′ ~24° 39′，东经 113° 13′ ~113° 22′，总面积 18813.6 hm^2。保护区主要保护对象为鳄蜥、黄腹角雉、仙湖苏铁、华南五针松、广东含笑等国家重点保护、珍稀濒危、特有动植物物种资源以及亚热带常绿阔叶林生态系统。

由于保护区独特的地理位置，深受季风环流影响，对植物的生长和森林植被发育十分有利。保护区近似面向东部和东南部的小盆地，地势高差悬殊、地形复杂，最高峰船底顶，海拔 1586.8 m；最低点为罗坑水库坝下，海拔 196.5 m；相对高差 1390.3 m，形成了独特的中亚热带山地气候特色。区内日照时间较长，热量丰富、雨量充沛、水热条件良好，核心保护区保存了较为完整的亚热带常绿阔叶林，为国家一级重点保护动物鳄蜥提供了良好的栖息地。

保护区的主要的植被类型为常绿阔叶林和针阔混交林，主要分布于海拔 400~1500 m 的沟谷、山地、山脊和崖壁，以亚热带常绿阔叶林为主，终年常绿。此外还包括亚热带常绿针阔叶混交林、亚热带山地常绿针阔叶混交林、亚热带常绿落叶阔叶混交林、亚热带常绿山顶矮林、亚热带丘陵低地竹林、亚热带低山灌草丛和亚热带山地沼泽等 10 种植被类型。保护区植被的垂直带谱较为完整，海拔 500m 以下为沟谷季风常绿阔叶林和处于演替进展阶段的针阔叶混交林；海拔 500~800 m 为丘陵低山常绿阔叶林；海拔 800 m 以上分布有亚热带山地常绿阔叶林和山顶灌草丛群落。

经过 2006 年和 2022 年的两次大型综合科学考察，记录到保护区共有野生维管束植物 184 科 684 属 1479 种。为对本区开展的调查活动进行一个阶段性总结，同时也为保护区工作人员和日常保护管理工作提供重要的资料，我们编写了本书。本书共收录保护区及周边野生维管束植物 184 科 684 属 1479 种，其中南方红豆杉、仙湖苏铁为国家一级重点保护野生植物；华南五针松、广东含笑、长苞铁杉、卵叶桂、华重楼、金线兰、寒兰、广东石斛等为国家二级重点保护野生植物；穗花杉、长苞铁杉、走马胎、银钟花为广东省重点保护野生植物。为适应目前分子进化与系统发育学发展趋势，本书的分类处理主要依据《中国生物物种名录 2022 版》（http://www.sp2000.org.cn/）进行。科、属系统的编排主要采用基于分子数据建立的现代流行分类系统，即石松类及蕨类植物按 PPG I 系统（2016），裸子植物按 GPG I 系统（Christenhusz，2012），被子植物按 APG IV 系统（2016）。其中，部分科、属因其所包含的属下类群地位调整较大，目前观点不一或资料不全等原因，综合参照《中国维管植物科属志》（李德铢等，2020）、《广东高等植物红色名录》（王瑞江，2022）和 Flora of China 所列。本书以简短的文字描述植物的特征，并配以彩色照片，书后附有中文名称和学名索引，旨在方便读者查阅。

本书的完成是广东罗坑鳄蜥国家级自然保护区、中国科学院华南植物园和广州林芳生态科技有限公司各位成员共同努力的结果。本书在编写和出版过程中，得到了广东省林业局、韶关学院等单位的支持和帮助。同时，也得到了许多广东省特别是韶关市植物爱好者的大力支持。在此，谨向各位照片拍摄者、协助者、支持者表示衷心的感谢。

本书的出版可为我国亚热带地区的生态学、植物学和林学的研究提供一定的参考资料，对我国生物多样性保护和野生动植物资源的可持续利用有一定的参考价值。由于受水平和时间所限，本书存在一些疏漏之处，敬请广大读者提出宝贵意见。

编 委 会

2023 年 8 月

目 录

P1 石松科 Lycopodiaceae …… 1
P3 卷柏科 Selaginellaceae …… 2
P4 木贼科 Equisetaceae …… 4
P6 瓶尔小草科 Ophioglossaceae …… 4
P7 合囊蕨科 Marattiaceae …… 4
P8 紫萁科 Osmundaceae …… 5
P9 膜蕨科 Hymenophyllaceae …… 5
P12 里白科 Gleicheniaceae …… 6
P13 海金沙科 Lygodiaceae …… 8
P21 瘤足蕨科 Plagiogyriaceae …… 8
P22 金毛狗蕨科 Cibotiaceae …… 9
P25 桫椤科 Cyatheaceae …… 9
P29 鳞始蕨科 Lindsaeaceae …… 10
P30 凤尾蕨科 Pteridaceae …… 11
P31 碗蕨科 Dennstaedtiaceae …… 16
P37 铁角蕨科 Aspleniaceae …… 19
P40 乌毛蕨科 Blechnaceae …… 21
P41 蹄盖蕨科 Athyriaceae …… 22
P42 金星蕨科 Thelypteridaceae …… 25
P45 鳞毛蕨科 Dryopteridaceae …… 28
P46 肾蕨科 Nephrolepidaceae …… 34
P48 三叉蕨科 Tectariaceae …… 35
P50 骨碎补科 Davalliaceae …… 36
P51 水龙骨科 Polypodiaceae …… 37
G1 苏铁科 Cycadaceae …… 41
G5 买麻藤科 Gnetaceae …… 41
G7 松科 Pinaceae …… 42
G9 罗汉松科 Podocarpaceae …… 43
G11 柏科 Cupressaceae …… 43
G12 红豆杉科 Taxaceae …… 44
A7 五味子科 Schisandraceae …… 44
A10 三白草科 Saururaceae …… 46
A11 胡椒科 Piperaceae …… 46
A12 马兜铃科 Aristolochiacea …… 47
A14 木兰科 Magnoliaceae …… 48

A18 番荔枝科 Annonaceae …… 50
A23 莲叶桐科 Hernandiaceae …… 52
A25 樟科 Lauraceae …… 53
A26 金粟兰科 Chloranthaceae …… 65
A27 菖蒲科 Acoraceae …… 66
A28 天南星科 Araceae …… 66
A30 泽泻科 Alismataceae …… 67
A32 水鳖科 Hydrocharitaceae …… 68
A43 纳西菜科 Nartheciaceae …… 68
A45 薯蓣科 Dioscoreaceae …… 68
A50 露兜树科 Pandanaceae …… 70
A53 黑药花科 Melanthiaceae …… 71
A56 秋水仙科 Colchicaceae …… 71
A59 菝葜科 Smilacaceae …… 72
A61 兰科 Orchidaceae …… 74
A66 仙茅科 Hypoxidaceae …… 82
A72 日光兰科 Asphodelaceae …… 82
A73 石蒜科 Amaryllidaceae …… 82
A74 天门冬科 Asparagaceae …… 83
A76 棕榈科 Arecaceae …… 85
A78 鸭跖草科 Commelinaceae …… 86
A80 雨久花科 Pontederiaceae …… 88
A85 芭蕉科 Musaceae …… 89
A87 竹芋科 Marantaceae …… 89
A88 闭鞘姜科 Costaceae …… 89
A89 姜科 Zingiberaceae …… 89
A94 谷精草科 Eriocaulaceae …… 92
A97 灯心草科 Juncaceae …… 92
A98 莎草科 Cyperaceae …… 92
A103 禾本科 Poaceae …… 106
A106 罂粟科 Papaveraceae …… 126
A108 木通科 Lardizabalaceae …… 127
A109 防己科 Menispermaceae …… 128
A110 小檗科 Berberidaceae …… 131
A111 毛茛科 Ranunculaceae …… 132
A112 清风藤科 Sabiaceae …… 134
A115 山龙眼科 Proteaceae …… 136
A117 黄杨科 Buxaceae …… 137
A123 蕈树科 Altingiaceae …… 137

A124 金缕梅科 Hamamelidaceae ………… 138
A126 虎皮楠科 Daphniphyllaceae ………… 139
A127 鼠刺科 Iteaceae ………… 140
A130 景天科 Crassulaceae ………… 141
A134 小二仙草科 Haloragaceae ………… 142
A136 葡萄科 Vitaceae ………… 142
A140 豆科 Fabaceae ………… 145
A142 远志科 Polygalaceae ………… 158
A143 蔷薇科 Rosaceae ………… 160
A146 胡颓子科 Elaeagnaceae ………… 171
A147 鼠李科 Rhamnaceae ………… 171
A148 榆科 Ulmaceae ………… 173
A149 大麻科 Cannabaceae ………… 174
A150 桑科 Moraceae ………… 175
A151 荨麻科 Urticaceae ………… 182
A153 壳斗科 Fagaceae ………… 188
A154 杨梅科 Myricaceae ………… 194
A155 胡桃科 Juglandaceae ………… 195
A158 桦木科 Betulaceae ………… 195
A163 葫芦科 Cucurbitaceae ………… 196
A166 秋海棠科 Begoniaceae ………… 197
A168 卫矛科 Celastraceae ………… 199
A170 牛栓藤科 Connaraceae ………… 202
A171 酢浆草科 Oxalidaceae ………… 202
A173 杜英科 Elaeocarpaceae ………… 202
A180 古柯科 Erythroxylaceae ………… 204
A183 藤黄科 Clusiaceae ………… 204
A184 胡桐科 Calophyllaceae ………… 205
A186 金丝桃科 Hypericaceae ………… 205
A200 堇菜科 Violaceae ………… 206
A204 杨柳科 Salicaceae ………… 207
A207 大戟科 Euphorbiaceae ………… 208
A209 粘木科 Ixonanthaceae ………… 214
A211 叶下珠科 Phyllanthaceae ………… 214
A212 牻牛儿苗科 Geraniaceae ………… 217
A214 使君子科 Combretaceae ………… 218
A215 千屈菜科 Lythraceae ………… 218
A216 柳叶菜科 Onagraceae ………… 219
A218 桃金娘科 Myrtaceae ………… 220

A219 野牡丹科 Melastomataceae ······ 222
A226 省沽油科 Staphyleaceae ······ 226
A228 旌节花科 Stachyuraceae ······ 227
A238 橄榄科 Burseraceae ······ 227
A239 漆树科 Anacardiaceae ······ 228
A240 无患子科 Sapindaceae ······ 229
A241 芸香科 Rutaceae ······ 230
A242 苦木科 Simaroubaceae ······ 234
A243 楝科 Meliaceae ······ 234
A247 锦葵科 Malvaceae ······ 235
A249 瑞香科 Thymelaeaceae ······ 238
A254 叠珠树科 Akaniaceae ······ 239
A270 十字花科 Brassicaceae ······ 240
A276 檀香科 Santalaceae ······ 241
A278 青皮木科 Schoepfiaceae ······ 241
A279 桑寄生科 Loranthaceae ······ 241
A283 蓼科 Polygonaceae ······ 242
A284 茅膏菜科 Droseraceae ······ 247
A295 石竹科 Caryophyllaceae ······ 248
A297 苋科 Amaranthaceae ······ 249
A305 商陆科 Phytolaccaceae ······ 251
A309 粟米草科 Molluginaceae ······ 251
A312 落葵科 Basellaceae ······ 252
A315 马齿苋科 Portulacaceae ······ 252
A318 蓝果树科 Nyssaceae ······ 252
A320 绣球花科 Hydrangeaceae ······ 253
A324 山茱萸科 Cornaceae ······ 254
A325 凤仙花科 Balsaminaceae ······ 255
A332 五列木科 Pentaphylacaceae ······ 256
A333 山榄科 Sapotaceae ······ 264
A334 柿科 Ebenaceae ······ 264
A335 报春花科 Primulaceae ······ 265
A336 山茶科 Theaceae ······ 274
A337 山矾科 Symplocaceae ······ 278
A339 安息香科 Styracaceae ······ 283
A342 猕猴桃科 Actinidiaceae ······ 286
A343 桤叶树科 Clethraceae ······ 287
A345 杜鹃花科 Ericaceae ······ 287
A348 茶茱萸科 Icacinaceae ······ 293

A351 丝缨花科 Garryaceae ······ 293
A352 茜草科 Rubiaceae ······ 294
A353 龙胆科 Gentianaceae ······ 304
A354 马钱科 Loganiaceae ······ 305
A355 钩吻科 Gelsemiaceae ······ 306
A356 夹竹桃科 Apocynaceae ······ 306
A357 紫草科 Boraginaceae ······ 309
A359 旋花科 Convolvulaceae ······ 310
A360 茄科 Solanaceae ······ 311
A366 木樨科 Oleaceae ······ 314
A369 苦苣苔科 Gesneriaceae ······ 317
A370 车前科 Plantaginaceae ······ 320
A371 玄参科 Scrophulariaceae ······ 322
A373 母草科 Linderniaceae ······ 323
A377 爵床科 Acanthaceae ······ 325
A379 狸藻科 Lentibulariaceae ······ 327
A382 马鞭草科 Verbenaceae ······ 328
A383 唇形科 Lamiaceae ······ 328
A384 通泉草科 Mazaceae ······ 339
A386 泡桐科 Paulowniaceae ······ 339
A387 列当科 Orobanchaceae ······ 339
A392 冬青科 Aquifoliaceae ······ 340
A394 桔梗科 Campanulaceae ······ 346
A403 菊科 Asteraceae ······ 348
A408 五福花科 Adoxaceae ······ 363
A409 忍冬科 Caprifoliaceae ······ 364
A413 海桐科 Pittosporaceae ······ 366
A414 五加科 Araliaceae ······ 366
A416 伞形科 Apiaceae ······ 369
中文名索引 ······ 373
学名索引 ······ 390

P1 石松科 Lycopodiaceae

石杉属 长柄石杉

Huperzia javanica **(Sw.) Fraser-Jenk.**

多年生土生植物。叶呈螺旋状排列，长 1~3 cm，宽 1~8 mm，基部楔形，下延有柄。孢子叶与不育叶同形；孢子囊生于孢子叶的叶腋，两端露出，肾形，黄色。

藤石松属 藤石松

Lycopodiastrum casuarinoides **(Spring) Holub ex R. D. Dixit**

大型地生藤本，攀援可长达 10 m。主茎圆柱形。叶螺旋状排列，具长芒。孢子囊穗每 6~26 个一组生于多回二叉分枝的孢子枝顶端。

石松属 垂穗石松

Lycopodium cernuum **L.**

地生，高 30~50 cm。地上分枝密集呈树状。叶螺旋状排列，稀疏，钻形至线形，长 3~4 mm。孢子囊穗单生于小枝顶端，熟时下垂，淡黄色。

马尾杉属 华南马尾杉

Phlegmariurus austrosinicus **(Ching) Li Bing Zhang**

中型附生蕨类。叶螺旋状排列，营养叶椭圆形，长约 1.4 cm，有明显的柄。孢子囊穗比不育部分略细瘦，顶生；孢子囊，肾形，2 瓣开裂。

P3 卷柏科 Selaginellaceae

卷柏属 二形卷柏

Selaginella biformis A. Braun. ex Kuhn

附生蕨类。茎簇生，成熟枝下垂。叶螺旋状排列，营养叶平展或斜向上开展，椭圆形，长约 1.4 cm，叶片宽 2.5~4.0 mm，全缘。孢子囊穗比不育部分略细瘦，顶生。

卷柏属 深绿卷柏

Selaginella doederleinii Hieron.

多年生常绿草本，高约 40 cm。主茎倾斜或直立，常在分枝处生不定根，侧枝密集。侧生叶大而阔，近平展；中间叶贴生于茎、枝上。

卷柏属 薄叶卷柏

Selaginella delicatula Alston

土生草本。主茎斜升，枝光滑。茎生叶两侧不对称；能育叶一型，在枝顶聚生成穗。大孢子白色或褐色；小孢子橘红或淡黄色。

卷柏属 疏松卷柏

Selaginella effusa Alston

附生蕨类。直立，高 10~45 cm，主茎上的腋叶较分枝上的大，卵圆形，基部钝，分枝上的腋叶对称，卵状三角形到卵圆形，长 2.0~3.5 mm，宽 1.2~2.8 mm，边缘具短睫毛。

卷柏属 兖州卷柏

Selaginella involvens **(Sw.) Spring**

石生直立草本。主茎斜升，枝光滑。茎生叶两侧对称，下部叶彼此覆盖；中叶无白边；能育叶一型，相间排列。大孢子白或褐色，小孢子橘黄色。

卷柏属 耳基卷柏

Selaginella limbata **Alston**

土生匍匐草本。主茎分枝，不呈“之”字形。叶交互排列，二形，具白边。孢子叶一形，卵形，具白边。大孢子深褐色；小孢子浅黄色。

卷柏属 细叶卷柏

Selaginella labordei **Hieron. ex Christ**

土生或石生。高 5~30 cm，直立或基部横卧。主茎自中下部开始呈羽状分枝，无关节。叶二型，光滑，具白边。茎连叶小于 5 mm，侧叶边缘具细锯齿，中叶基部心形。

卷柏属 疏叶卷柏

Selaginella remotifolia **Spring**

土生草本。主茎匍匐。能育叶一型，不育叶上面光滑，中叶具锯齿。孢子叶穗紧密，四棱柱形，顶生或侧生。

卷柏属 剑叶卷柏

Selaginella xipholepis **Baker**

土生或石生草本。植株较小，茎连叶小于 5 mm。能育叶二型；侧叶边缘纤毛状，下部叶边缘细锯齿。孢子叶穗紧密，背腹压扁。

P4 木贼科 Equisetaceae

木贼属 笔管草

Equisetum ramosissimum **Desf. subsp. *debile* (Roxb. ex Vaucher) Hauke**

土生草本。茎发达，有节，中空，具纵棱；主枝鞘筒短，长宽近相等。叶退化，于节上轮生；能育叶盾形，于枝顶集合成孢子囊穗。

P6 瓶尔小草科 Ophioglossaceae

瓶尔小草属 瓶尔小草

Ophioglossum vulgatum **L.**

草本。具一簇肉质粗根。不育叶为单叶，卵形，长 4~6 cm，叶脉网状。孢子囊单穗状，两侧各有 1 行陷入囊托的孢子囊，横裂。

P7 合囊蕨科 Marattiaceae

观音座莲属 福建观音座莲

Angiopteris fokiensis **Hieron.**

植株高大，高 1.5 m 以上。无倒行假脉，羽片 5~7 对，小羽片基部圆形。孢子囊群棕色，长圆形，长约 1 mm，由 8~10 个孢子囊组成。

P8 紫萁科 Osmundaceae

紫萁属 紫萁

Osmunda japonica Thunb.

多年生草本，高 50~80 cm 或更高。叶簇生，二型；不育叶为二回羽状，小羽片基部与叶轴分离。羽片线形，沿中肋两侧背面密生孢子囊。

羽节紫萁属 华南紫萁

Plenasium vachellii (Hook.) C. Presl

草本。叶簇生，一回羽状；羽片 15~20 对，二型，羽片宽大于 10 mm；能育叶生于羽轴下部。能育叶中肋两侧密生圆形孢子囊穗。

P9 膜蕨科 Hymenophyllaceae

膜蕨属 蕗蕨

Hymenophyllum badium Hook. & Grev.

植株高 15~25 cm。根状茎铁丝状。叶远生，叶柄有翅，叶片长 10~15 cm，宽 4~6 cm，三回羽裂。孢子囊群大，着生于向轴的短裂片顶端。

膜蕨属 华东膜蕨

Hymenophyllum barbatum (Bosch) Baker

植株高 2~3 cm。叶片卵形，长 1.5~2.5 cm，宽 1~2 cm，先端钝圆，基部近心脏形，二回羽裂；羽片长圆形。孢子囊群生于叶片的顶部。

膜蕨属 长柄蕗蕨

Hymenophyllum polyanthos **(Sw.) Sw.**

附生植物，高 3~5 cm。叶片三角状卵形，长 2.5~4 cm，二回羽裂；羽片 5~7 对，互生。孢子囊群位于叶片上部 1/3 处；囊苞卵形。

瓶蕨属 瓶蕨

Vandenboschia auriculata **(Blume) Copel.**

附生植物，高 15~30 cm。叶披针形，长 15~30 cm，一回羽状；羽片 18~25 对，互生，无柄。孢子囊群顶生于向轴的短裂片上，每个羽片约有 10~14 个。

P12 里白科 Gleicheniaceae

芒萁属 大芒萁

Dicranopteris ampla **Ching & P. S. Chiu**

植株高 1~1.5 m。叶裂片披针形至线形，长 4~10 cm，宽 8~10 mm，孢子囊群圆形，沿中脉两侧为不规的 2~3 列。

芒萁属 铁芒萁

Dicranopteris linearis **(Burm.) Underw.**

植株高达 3~5 m。叶裂片平展，15~40 对，披针形或线状披针形，通常长 10~19 mm，宽 2~3 mm。孢子囊群圆形，细小，一列。

芒萁属 芒萁

Dicranopteris pedata **(Houtt.) Nakaike**

多年生草本。叶远生，棕禾秆色，裂片宽 2~4 mm；叶轴各回分叉处有一对托叶状的羽片。孢子囊群圆形，沿羽片下部中脉两侧各一列。

里白属 里白

Diplopterygium glaucum **(Thunb. ex Houtt.) Nakai**

植株高约 1.5 m。根状茎横走，粗约 3 mm，被鳞片。羽轴和小羽轴无鳞片，成直角。孢子囊群中生，一列，着生于每组上侧小脉上。

里白属 中华里白

Diplopterygium chinense **(Rosenst.) De Vol**

多年生草本，株高约 3 m。根状茎密被棕色鳞片。叶片巨大，二回羽状；羽片长约 1 m，宽约 20 cm。孢子囊群圆形，生叶背中脉和叶缘之间各一列。

假芒萁属 假芒萁

Sticherus truncatus **(Willd.) Nakai**

草本。根状茎顶端被鳞片。顶生一对分叉羽片阔披针形，篦齿形深裂，叶脉有规则的二叉。孢子囊群位于主脉与叶边之间，孢子囊 4~5 个。

P13 海金沙科 Lygodiaceae

海金沙属 海金沙

Lygodium japonicum (Thunb.) Sw.

草质藤本，植株长达 1~4 m。叶纸质，二回羽状，对生于叶轴短距上；不育叶末回羽片 3 裂。孢子囊穗排列稀疏，暗褐色，无毛。

海金沙属 小叶海金沙

Lygodium microphyllum (Cav.) R. Br.

植株蔓攀，高达 5 m。二回奇数羽状复叶；羽片对生，顶端密生红棕色毛；不育羽片长 7~8 cm，柄长 1~1.2 cm。孢子囊穗排列于叶缘，黄褐色。

P21 瘤足蕨科 Plagiogyriaceae

瘤足蕨属 瘤足蕨

Plagiogyria adnata (Blume) Bedd.

不育叶一回羽状，顶部羽裂合生，下部羽片基部下侧分离，上侧上延。

瘤足蕨属 镰羽瘤足蕨

Plagiogyria falcata Copel.

小型植物，植株高达 25 cm。根状茎或矮小或瘦长而直立。不育叶一回羽状，顶部羽裂合生，下部羽片基部下侧分离，上侧上延。

瘤足蕨属 华东瘤足蕨

Plagiogyria japonica **Nakai**

草本。叶簇生；不育叶一回羽状，顶部羽裂合生，羽片13~16对；能育叶羽片紧标成线形，有短柄。孢子囊具4个凸出的棱角。

P22 金毛狗蕨科 Cibotiaceae

金毛狗属 金毛狗

Cibotium barometz **(L.) J. Sm.**

大型草本。根状茎基部被有一大丛垫状的金黄色茸毛。叶片三回羽状分裂；叶脉隆起，在不育羽片为二叉。孢子囊群生叶边，囊群盖如蚌壳。

P25 桫椤科 Cyatheaceae

桫椤属 大叶黑桫椤

Alsophila gigantea **Wall. ex Hook.**

灌木状。叶柄密被鳞片；叶片三回羽裂，厚纸质，干后疣面深褐色，两面均无毛。孢子囊群位于主脉与叶缘之间，排列成V字形。

桫椤属 桫椤

Alsophila spinulosa **(Wall. ex Hook.) R. M. Tryon**

灌木状，高可达10 m。叶螺旋状排列于茎顶端，可达3 m，三回羽状深裂；叶轴和羽轴有刺状突起。孢子囊群盖球形，膜质，成熟时反折。

黑桫椤属 粗齿黑桫椤

Gymnosphaera denticulata **(Baker) Copel.**

根状茎匍匐或短而直立，不形成树状树干。叶簇生；叶柄基部生鳞片，向上部光滑；叶片披针形。孢子囊群圆形，着生于小脉中部或分叉上；囊群盖缺。

黑桫椤属 黑桫椤

Gymnosphaera podophylla **(Hook.) Copel.**

灌木状。叶片有棕色鳞片，一型；小羽片裂片较浅，深不超过1/2。孢子囊群圆形，着生于小脉背面近基部处，无囊群盖。

黑桫椤属 小黑桫椤

Gymnosphaera metteniana **(Hance) Tagawa**

植株高达 2 m。鳞片线形，小羽片长 6~9 cm，宽 1.6~2.2 cm；叶片三回羽裂，羽片长达 40 cm；孢子囊群生于小脉中部，囊群盖缺，隔丝多。

P29 鳞始蕨科 Lindsaeaceae

鳞始蕨属 钱氏鳞始蕨

Lindsaea chienii **Ching**

二回羽状，羽片或小羽片对开式，无主脉，基部不对称，羽片2~5 对。

鳞始蕨属 团叶鳞始蕨

Lindsaea orbiculata **(Lam.) Mett. ex Kuhn**

草本，高达 30 cm。根状茎短，密生褐色披针形鳞片。叶近生，一回羽状复叶，下部常为二回羽状复叶；叶片线状披针形。孢子囊群长线形。

乌蕨属 乌蕨

Odontosoria chinensis **(L.) J. Sm.**

土生草本，高达 65 cm。根状茎短而横走。叶近生，三至四回羽状细裂；羽片 15~20 对；叶披针形，长 20~40 cm。孢子囊群常顶生一小脉上。

P30 凤尾蕨科 Pteridaceae

铁线蕨属 铁线蕨

Adiantum capillus-veneris **L.**

二回羽状，叶扇形，小羽片背面、叶柄、小羽柄均光滑无毛。

铁线蕨属 扇叶铁线蕨

Adiantum flabellulatum **L.**

土生植物，高 20~45 cm。叶簇生，扇形，二至三回羽状，具不对称的二叉分枝；小羽片扇形，8~15 对。孢子囊群以缺刻分开；囊群盖褐黑色。

铁线蕨属 假鞭叶铁线蕨

***Adiantum malesianum* J. Ghatak**

根状茎短而直立。叶簇生；叶片线状披针形，一回羽状；叶脉多回二歧分叉；叶轴先端往往延长成鞭状，落地生根。囊群盖圆肾形。

凤了蕨属 峨眉凤了蕨

***Coniogramme emeiensis* Ching & K. H. Sing**

植株高约 1.5 m。叶柄长 50~90 cm，粗约 4.5 mm，栗棕色或禾秆色而饰有栗色，光滑；叶阔卵状长圆形，二回羽状。孢子囊群沿侧脉伸达离叶边不远处。

碎米蕨属 毛轴碎米蕨

***Cheilanthes chusana* Hook.**

中小型植物。叶簇生，密被红棕色鳞片，披针形，边缘有圆齿；叶轴密被毛。孢子囊群圆形；囊群盖椭圆肾形，黄绿色，宿存。

书带蕨属 剑叶书带蕨

***Haplopteris amboinensis* (F é e) X. C. Zhang**

草本。根茎横走，粗而长。叶近生；中肋上面不明显而仅有一条狭缝，下面粗宽而隆起，呈方形。孢子囊群线形，靠近叶缘着生。

书带蕨属 书带蕨

Haplopteris flexuosa **(F é e) E. H. Crane**

附生，株高 20~40 cm。叶簇生，线形，长 20~40 cm，宽 3~6 mm；中肋在下面隆起，叶边反卷。孢子囊群线形；孢子透明，表面呈颗粒状。

凤尾蕨属 线羽凤尾蕨

Pteris arisanensis **Tagawa**

土生。株高 1~1.5 m。叶簇生，长 50~70 cm，二回深羽裂或基部三回深羽裂；侧生羽片 5~15 对，长 15~30 cm。孢子囊群线形；囊群盖线形。

金粉蕨属 野雉尾金粉蕨

Onychium japonicum **(Thunb.) Kunze**

植株高 60 cm。卵状三角形或卵状披针形；羽片 12~15 对，互生，孢子囊群长（3）5~6 mm；囊群盖线形或短长圆形，膜质，灰白色，全缘。

凤尾蕨属 狭眼凤尾蕨

Pteris biaurita **L.**

土生，植株高达 1 m。叶簇生，二回深羽裂，裂片 20~25 对，长 1.8~3.5 cm；叶柄长 40~60 cm。囊群线形；囊群盖同形，浅褐色，膜质。

凤尾蕨属 条纹凤尾蕨

Pteris cadieri Christ

叶脉分离，叶二型，裂片不育边有齿，侧生羽片对称，仅1对羽片，能育叶羽片长8~9 cm。

凤尾蕨属 刺齿半边旗

Pteris dispar Kunze

叶簇生，近二型，叶片长25~40 cm，宽15~20 cm，顶生羽片披针形，篦齿状，深羽裂几达叶轴，不育叶缘有长尖刺状的锯齿。

凤尾蕨属 剑叶凤尾蕨

Pteris ensiformis Burm. f.

土生植物，植株高30~50 cm。叶密生，奇数二回羽状；羽片2~4对，小羽片1~4对；叶柄、叶轴禾秆色。孢子囊群线形，沿叶缘连续延伸。

凤尾蕨属 傅氏凤尾蕨

Pteris fauriei Hieron.

土生植物，株高90 cm。叶簇生，一型，二回羽裂，卵状三角形，长25~45 cm；侧生羽片近对生，3~6对，长13~23 cm。孢子囊群线形。

凤尾蕨属 全缘凤尾蕨

Pteris insignis **Mett. ex Kuhn**

土生植物，植株高 1.5 m。叶片卵状长圆形，长 50~80 cm，一回羽状；羽片 6~14 对，有软骨质的边。孢子囊群线形；囊群盖线形，灰白色或灰棕色。

凤尾蕨属 栗柄凤尾蕨

Pteris plumbea **Christ**

叶脉分离，一回羽状，叶片一型，侧生羽片 2 对，基部楔 1 对三叉状。

凤尾蕨属 井栏边草

Pteris multifida **Poir.**

土生植物。根状茎先端被黑褐色鳞片。叶密而簇生，一回羽状；羽片常分叉，基部下延呈翅状；叶脉分离。囊群盖线形，灰棕色，膜质。

凤尾蕨属 半边旗

Pteris semipinnata **L.**

土生植物，株高 35~80 cm。叶簇生，近一型，叶片长圆状披针形；侧生羽片 4~7 对；不育裂片有尖锯齿，能育裂片顶端有尖刺或具 2~3 尖齿。

凤尾蕨属 溪边凤尾蕨
Pteris terminalis **Wall. ex J. Agardh**

土生植物，植株高达 1.8 m。叶簇生，阔三角形，二回深羽裂，长 60~120 cm 或更长；叶柄长 70~90 cm。孢子囊群线形；囊群盖棕色。

凤尾蕨属 西南凤尾蕨
Pteris wallichiana **C. Agardh**

大型草本。叶簇生，叶片五角状阔卵形，三回深羽裂，自叶柄顶端分为三大枝。孢子囊群线形。

凤尾蕨属 蜈蚣凤尾蕨
Pteris vittata **L.**

土生植物。叶簇生，一型，倒披针状长圆形，奇数一回羽状；侧生羽片 30~40 对；不育叶叶缘有细锯齿。孢子囊群线形；囊群盖线形。

P31 碗蕨科 Dennstaedtiaceae

碗蕨属 碗蕨
Dennstaedtia scabra **(Wall. ex Hook.) T. Moore**

土生草本。根状茎红棕色，密被毛。叶疏生，三角状披针形，叶脉羽状分叉。孢子囊群圆形；囊群盖半杯形或肾圆形。孢子四面形。

碗蕨属 光叶碗蕨

Dennstaedtia scabra **(Wall. ex Hook.) T. Moore var. *glabrescens* (Ching) C. Chr.**

根状茎长而横走，密被棕色透明的节状毛，叶疏生。叶片3~4回羽状深裂，无毛。小裂片边缘无锯齿，每个小裂片有小脉一条。先端有纺锤形水囊。孢子囊群位于裂片的小脉顶端；囊群盖碗形。

姬蕨属 姬蕨

Hypolepis punctata **(Thunb.) Mett.**

土生植物。叶片长35~70 cm，宽20~28 cm，长卵状三角形，三至四回羽状深裂。囊群盖由锯齿多少反卷而成，棕绿色或灰绿色。

栗蕨属 栗蕨

Histiopteris incisa **(Thunb.) J. Sm.**

土生植物，高约2 m。叶片三角形或长圆状三角长50~100 cm，二至三回羽状；叶柄长约1 m，栗红色。孢子囊群线形，孢子囊柄细长。

鳞盖蕨属 华南鳞盖蕨

Microlepia hancei **Prantl**

根状茎横走。叶片长50~60 cm，中部宽25~30 cm，卵状长圆形。孢子囊群圆形，生小裂片基部上侧近缺刻处；囊群盖近肾形，膜质，灰棕色，偶有毛。

鳞盖蕨属 虎克鳞盖蕨

Microlepia hookeriana (Wall.) C. Presl

植株高达 80 cm。叶远生，叶片广披针形，先端长尾状，一回羽状；羽片披卦形，近镰刀状。叶脉自中肋斜出，一回二叉分枝。孢子囊群近边缘着生。

鳞盖蕨属 边缘鳞盖蕨

Microlepia marginata (Houtt.) C. Chr.

土生植物，高约 60 cm。叶片长圆三角形，一回羽状；侧脉明显，在裂片上为羽状。孢子囊群圆形，每小裂片上 1~6 个，向边缘着生。

鳞盖蕨属 团羽鳞盖蕨

Microlepia obtusiloba Hayata

叶片长 40~45 cm，宽约 2.2 cm，先端一回羽状，下部三回羽状深裂，中部二回羽状，基部一对较长。孢子囊群圆形，囊群盖杯形。

稀子蕨属 稀子蕨

Monachosorum henryi Christ

土生蕨类。三回羽状；羽片约 15 对。孢子囊群小，每裂片有一个。

蕨属 蕨

Pteridium aquilinum **(L.) Kuhn var.** ***latiusculum*** **(Desv.) Underw. ex A. Heller**

多年生草本，植株高可达 1 m。叶具长柄；各回羽轴上面纵沟内无毛，末回羽片椭圆形。孢子囊群线形；囊群盖双层，孢子囊柄细长。

蕨属 毛轴蕨

Pteridium revolutum **(Blume) Nakai**

中型草本。叶远生，近革质，三回羽状，末回小羽片披针形；各回羽轴上有纵沟，内均密被毛。孢子囊群沿叶边成线形分布。孢子四面型。

P37 铁角蕨科 Aspleniaceae

铁角蕨属 线裂铁角蕨

Asplenium coenobiale **Hance**

植株短小，高 8~10 cm。二回羽状，叶柄和叶轴乌木色，末回小羽片二型，能育叶线形，不育叶较宽。

铁角蕨属 剑叶铁角蕨

Asplenium ensiforme **Wall. ex Hook. & Grev.**

根状茎短而直立，密被鳞片。单叶，簇生；叶片披针形，全缘，主脉明显，叶革质，上面光滑。孢子囊群及囊群盖线形。

铁角蕨属 江南铁角蕨

Asplenium holosorum **Christ**

附生，高 20~40 cm。叶簇生，叶片披针形，基部下延在叶柄上，边缘苍白；叶柄淡灰色，2~4 cm。孢子具带状外周孢子。

铁角蕨属 倒挂铁角蕨

Asplenium normale **D. Don**

草本，株高 15~40 cm。叶簇生，披针形，12~24 cm，一回羽状；羽片 20~30 对，主轴两侧各有 1 行孢子囊。孢子囊群椭圆形；囊群盖椭圆形。

铁角蕨属 长叶铁角蕨

Asplenium prolongatum **Hook.**

植株高 20~40 cm。叶片线状披针形，长 10~25 cm，宽 3~4.5 cm，二回羽状；羽片 20~24 对。孢子囊群狭线形，深棕色；囊群盖狭线形。

铁角蕨属 假大羽铁角蕨

Asplenium pseudolaserpitiifolium **Ching**

植株高可达 1 m。根状茎斜升。叶片大，长 15~55 (70) cm，宽 9~25 cm。孢子囊群狭线形，排列不整齐；囊群盖狭线形。

铁角蕨属 狭翅铁角蕨

Asplenium wrightii **Eaton ex Hook.**

附生，植株高达 1 m。叶簇生；叶片椭圆形，一回羽状；叶柄和叶轴有狭翅。羽片主两侧各有 1 行孢子囊；囊群盖线形，灰棕色，后变褐棕色。

膜叶铁角蕨属 齿果膜叶铁角蕨

Hymenasplenium cheilosorum **(Kunze ex Mett.) Tagawa**

附生，高 25~60 cm。叶片 1 羽状，狭长圆形或三角形，长 15~35 cm；叶柄灰黑色到深紫色；羽叶 25~40 对，几乎无柄。孢子囊群为线形。

膜叶铁角蕨属 切边膜叶铁角蕨

Hymenasplenium excisum **(C. Presl) S. Lindsay**

植株高 40~60 cm。叶远生，披针状椭圆形，长 22~40 cm，先端急变狭并成尾状，一回羽状，叶脉羽状，二叉，达于锯齿先端。孢子囊群阔线形。

膜叶铁角蕨属 荫湿膜叶铁角蕨

Hymenasplenium obliquissimum **(Hayata) Sugim.**

植株形体细弱，根状茎长而横走，一回羽状，羽片较小，为透明的膜质，干后常呈暗绿色。孢子囊群线形，囊群盖线形。生于阴湿滴水生境。

P40 乌毛蕨科 Blechnaceae

乌毛蕨属 乌毛蕨

Blechnum orientale **L.**

土生植物。根状茎短粗直立，木质。叶簇生，卵状披针形，一回羽状复叶；羽片互生，非鸡冠状。孢子囊群紧贴羽片中脉；囊群盖线形。

狗脊属 崇澍蕨

Woodwardia harlandii **Hook.**

陆生蕨类。根状茎细长横走，密被鳞片。叶厚纸质，无毛；主脉两面均隆起，小脉结网。侧生羽片基部与叶轴合生成翅，小羽片1~4对。孢子囊群粗线形；囊群盖粗线形，红棕色。

狗脊属 狗脊

Woodwardia japonica **(L. f.) Sm.**

草本。根状茎横卧，与叶柄基部密被鳞片。叶近生，近革质，二回羽裂；小羽片有密细齿；叶脉隆起。孢子囊群线形；囊群盖线形。

狗脊属 裂羽崇澍蕨

Woodwardia kempii **Copel.**

根状茎横走，叶散生，有长柄，侧生羽片基部与叶轴合生成翅，小羽片5~7对。

P41 蹄盖蕨科 Athyriaceae

蹄盖蕨属 长江蹄盖蕨

Athyrium iseanum **Rosenst.**

根状茎短而直立。叶簇生；叶片长圆形，二回羽状。孢子囊群长圆形、弯钩形、马蹄形或圆肾形；囊群盖同形，黄褐色。

对囊蕨属 东洋对囊蕨

Deparia japonica **(Thunb.) M. Kato**

能育叶长可达 1 m；叶片长 15~50 cm，宽 6~30 cm，侧生分离羽片 4~8 对，通常以约 60° 的夹角向上斜展。孢子囊群短线形；囊群盖边缘撕裂状。

对囊蕨属 单叶对囊蕨

Deparia lancea **(Thunb.) Fraser-Jenk.**

土生植物。叶披针形或线状披针形，长 10~25 cm，宽 2~3 cm，边缘全缘或稍呈波状。孢子囊群线形；囊群盖成熟时膜质，浅褐色。

双盖蕨属 中华双盖蕨

Diplazium chinense **(Baker) C. Chr.**

能育叶长达 1 m 左右；叶片三角形，羽裂渐尖的顶部以下二回羽状，一小羽片羽状深裂至全裂；侧生小羽片深裂达中肋，裂片以狭翅相连，边缘有粗齿，两面光滑。

双盖蕨属 厚叶双盖蕨

Diplazium crassiusculum **Ching**

根状茎先端密被鳞片。叶簇生，一回羽状的能育叶长达 1 m 以上；叶片椭圆形，长 30~50 cm，宽 16~24 cm；侧生羽片常 2~4 对。孢子囊群与囊群盖长线形。

双盖蕨属 毛柄双盖蕨

Diplazium dilatatum **Blume**

常绿大型林下植物。能育叶长可达 3 m；叶柄长可达 1 m，并有易脱落的呈褐色卷曲状短柔毛；叶片三角形，长可达 2 m，宽达 1 m。孢子囊群线形。

双盖蕨属 阔片双盖蕨

Diplazium matthewii (Copel.) C. Chr.

常绿中型林下植物。叶近生，能育叶可能长达 1 m；叶柄长达 40 cm，叶片三角形，长达 70 cm，基部宽达 50 cm，侧生羽片约 8 对。囊群盖线形，宿存。

双盖蕨属 江南双盖蕨

Diplazium mettenianum (Miq.) C. Chr.

土生。叶片三角形，长 25~40 cm，一回羽状；侧生羽片约 10 对；叶柄疏被狭披针形的褐色鳞片。孢子囊群线形，囊群盖浅褐色。

双盖蕨属 毛轴双盖蕨

Diplazium pullingeri (Baker) J. Sm.

石生植物。根状茎短而直立，或略斜升。叶簇生；能育叶长达 65 cm；叶片椭圆形或长椭圆形。孢子囊群及囊群盖大多长线形；囊群盖背面或多或少有节状长柔毛。

双盖蕨属 深绿双盖蕨

Diplazium viridissimum Christ

常绿大型林下植物。叶簇生，叶长可达 2 m 以上，宽达 1.3 m；二回羽状，一小羽片羽状深裂。孢子囊群短线形；囊群盖在囊群成熟前破碎。

P42 金星蕨科 Thelypteridaceae

星毛蕨属 星毛蕨

Ampelopteris prolifera (Retz.) Copel.

土生蕨类。根状横走。叶脉连结，羽片腋间鳞芽能生出小叶片，叶轴或叶腋有少量星状毛。

毛蕨属 渐尖毛蕨

Cyclosorus acuminatus (Houtt.) Nakai

植株高70~80 cm。叶片长40~4 cm，宽14~17 cm，长圆状披针形；二回羽裂，羽片13~18对。孢子囊群圆形；囊群盖大，深棕色或棕色。

毛蕨属 毛蕨

Cyclosorus interruptus (Willd.) H. It

土生。叶近革质，下面有少数橙红色小腺体；裂片1对与小脉连结，第2对小脉达缺刻边缘，基部1对羽片不缩短。孢子囊群圆形，囊群淡棕色。

毛蕨属 宽羽毛蕨

Cyclosorus latipinnus (Benth.) Tardieu

根状茎短，先端及叶柄基部疏被鳞片。叶簇生；叶片披针形，二回羽裂；叶脉两面清晰，侧脉平展；叶纸质，干后绿色。孢子囊群圆形。

毛蕨属 华南毛蕨

Cyclosorus parasiticus (L.) Farw.

土生草本，植株高达 70 cm。叶近生，长 35 cm；二回羽裂，羽片 12~16 对，羽片披针形，羽裂达 1/2 或稍深。孢子囊群圆形；囊群盖小。

毛蕨属 截裂毛蕨

Cyclosorus truncatus (Poir.) Farw.

地生，植株高可达 2 m。根状茎短而直立。叶多数，簇生，中部羽片截头或圆截头。孢子囊群生于侧脉中部稍下处；囊群盖中等大，宿存。

针毛蕨属 普通针毛蕨

Macrothelypteris torresiana (Gaudich) Ching

植株高 60~150 cm。叶片长 30~80 cm，宽 20~50 cm，三角状卵形。孢子囊圆形，囊群圆肾形，淡绿色；孢子囊顶部具 2~3 根头状短毛；孢子圆肾形。

凸轴蕨属 疏羽凸轴蕨

Metathelypteris laxa (Franch. & Sav.) Ching

根状茎横走，被鳞片。叶簇生，二回羽状深裂，裂片 14~18 对，叶脉分离，全缘，囊群盖被毛。

金星蕨属 钝角金星蕨
Parathelypteris angulariloba **(Ching) Ching**

根状茎横走。叶柄栗色，孢子囊群生于小脉中部，叶背无或稀少有橙色腺体。

金星蕨属 金星蕨
Parathelypteris glanduligera **(Kunze) Ching**

蔓生草本。叶近生，披针形，长约1 m，二回羽状深裂；羽片7~9对，长4~14 cm。孢子囊群小；囊群盖圆肾形；孢子具细网状纹饰。

新月蕨属 红色新月蕨
Pronephrium lakhimpurense **(Rosenst.) Holttum**

土生植物，高达1.5 m以上。叶远生；叶为羽状，叶片长60~85 cm；奇数一回羽状，侧生羽片8~12对。孢子囊群圆形，生于小脉中部。

溪边蕨属 戟叶圣蕨

Stegnogramma sagittifolia **(Ching) L. J. He & X. C. Zhang**

土生。高 30~40 cm。叶簇生；叶片长 17 cm，戟形，不裂；主脉两面均隆起，侧脉间有 5~7 条明显的纵隔。孢子囊沿网脉散生。

溪边蕨属 羽裂圣蕨

Stegnogramma wilfordii **(Hook.) Seriz.**

土生。高 30~50 cm。叶簇生，下部羽状深裂几达叶轴；侧生裂片通常 3 对；叶柄长 17~30 cm，基部密被鳞片。孢子囊沿网脉疏生，无盖。

肿足蕨属 肿足蕨

Hypodematium crenatum **(Forssk.) Kuhn & Decken**

土生蕨类，根状茎横走，与叶柄基部密被重叠红色鳞片。叶柄禾秆色，基部明显膨大成纺锤形并完全隐蔽于鳞片中，叶片三至四回羽状；叶脉分离，叶片密被白色单细胞长柔毛或针状毛。

P45 鳞毛蕨科 Dryopteridaceae

复叶耳蕨属 斜方复叶耳蕨

Arachniodes amabilis **(Blume) Tindale**

土生植物，高 40~80 cm。叶片为卵状披针形，叶片顶端突然收狭；小羽片边缘有裂片。囊群盖全缘，棕色，边缘不具睫毛。

复叶耳蕨属 多羽复叶耳蕨

Arachniodes amoena **(Ching) Ching**

植株高 70~85 cm。叶片五角形，长 30~45 cm，宽 28~40 cm，四回羽状；侧生羽片基部一对最大，三角状长尾形。孢子囊群生于小脉顶端。

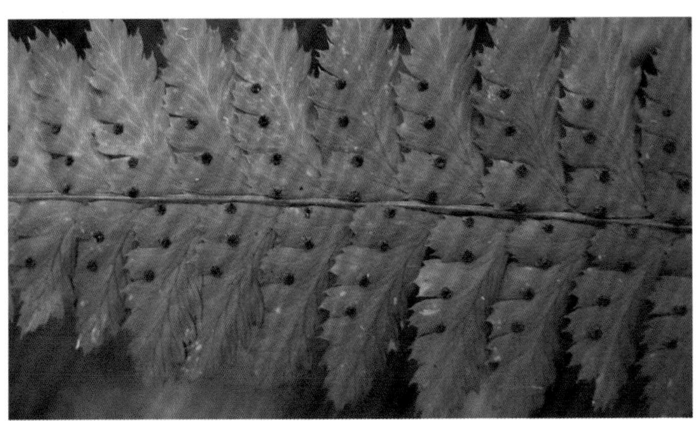

复叶耳蕨属 中华复叶耳蕨

Arachniodes chinensis **(Rosenst.) Ching**

土生植物，株高 40~65 cm。叶片卵状三角形；羽片 8 对，有柄；小羽片约 25 对，互生，有短柄。孢子囊群每小羽片 5~8 对；囊群盖棕色。

复叶耳蕨属 大片复叶耳蕨

Arachniodes cavaleriei **(Christ) Ohwi**

植株高达 1 m。叶片椭圆形，三回羽状，基部一对较大。孢子囊群中等大小，每小羽片 5~10 对，每裂片 2~4 对，位中脉与叶边中间；囊群盖深棕色，脱落。

复叶耳蕨属 粗裂复叶耳蕨

Arachniodes grossa **(Tardieu & C. Chr.) Ching**

高达 1 m。叶片卵状三角形，顶部渐尖并羽裂，四回羽状，叶柄和叶轴被棕色鳞片，羽片 6~8 对，小羽片镰状披针形。孢子囊群背生小脉上；囊群盖早落。

复叶耳蕨属 黑鳞复叶耳蕨
Arachniodes nigrospinosa (Ching) Ching

叶片顶端渐尖，四回羽状，叶柄和叶轴被黑色阔披针形鳞片，末回小羽片边缘有芒刺状齿。

复叶耳蕨属 异羽复叶耳蕨
Arachniodes simplicior (Makino) Ohwi

三回羽状，侧生羽片 4 对，每小羽片有孢子囊群 4~6 对。

实蕨属 华南实蕨
Bolbitis subcordata (Copel.) Ching

草本。根状茎密被鳞片。叶簇生；不育叶一回羽状；侧生羽片阔披针形，叶缘深波状裂片，缺刻内有 1 尖刺。孢子囊群满布羽片下面。

肋毛蕨属 泡鳞肋毛蕨
Ctenitis mariformis (Ros.) Ching

植株高约 30 cm。叶簇生；叶片二回羽状，叶薄纸质，上面密被有关节的淡棕色毛，下面疏被基部为泡状的淡棕色小鳞片。孢子囊群生于上侧小脉近顶部，每小羽片有 2~4 对；囊群盖心脏形。

肋毛蕨属 亮鳞肋毛蕨

Ctenitis subglandulosa **(Hance) Ching**

植株高约 1 m。根状茎短而粗壮，直立，叶片三角状卵形，基部一对羽片最大，其下侧特别伸长。孢子囊群圆形；囊群盖心形，全缘，膜质，淡棕色，宿存。

贯众属 贯众

Cyrtomium fortunei **J. Sm.**

石生。根茎直立，密被棕色鳞片。叶簇生，奇数一回羽状；羽片多少上弯成镰状。孢子囊群遍布羽片背面；囊群盖圆形，盾状，全缘。

贯众属 刺齿贯众

Cyrtomium caryotideum **(Wall. ex Hook. & Grev.) C. Presl**

奇数一回羽状，叶纸质，羽片 3~5 对，主脉两侧有 6~7 行网眼，有内藏小脉。

鳞毛蕨属 阔鳞鳞毛蕨

Dryopteris championii **(Benth.) C. Chr.**

草本，株高 50~80 cm。根状茎顶端密被鳞片。叶簇生，二回羽状；羽片 10~15 对；小羽片 10~13 对；叶轴密被阔鳞片，羽轴密被泡鳞。

鳞毛蕨属 桫椤鳞毛蕨

Dryopteris cycadina (Franch. & Sav.) C. Chr.

土生植物。根状茎粗短，直立。叶片披针形或椭圆状披针形，一回羽状半裂至深裂。孢子囊群小，圆形，着生于小脉中部，散布在中脉两侧；囊群盖圆肾形，全缘。

鳞毛蕨属 黑足鳞毛蕨

Dryopteris fuscipes C. Chr.

常绿植物，植株高 50~80 cm。叶簇生；边缘全缘，二回羽状，长 30~40 cm，宽 15~25 cm；叶片卵状披针形或三角状卵形。孢子囊群大；囊群盖圆肾形。

鳞毛蕨属 迷人鳞毛蕨

Dryopteris decipiens (Hook.) Kuntze

土生植物。叶簇生，一回羽状，羽片 10~15 对，有短柄 (长约 2 mm) 。孢子囊群圆形，在羽片中脉两侧通常各一行，少有不规则二行；囊群盖圆肾形。

鳞毛蕨属 平行鳞毛蕨

Dryopteris indusiata (Makino) Makino & Yamam.

植株高 40~60 cm。叶片长 25~40 cm，宽 20~25 cm；二回羽状，羽片羽状深裂，小羽片长圆状披针形，裂片圆头。囊群盖圆肾形。

鳞毛蕨属 鱼鳞鳞毛蕨

Dryopteris paleolata **(Pic. Serm.) L. B. Zhang**

植株高 80~150 cm。叶簇生，叶片四回羽裂，偶有五回；叶近纸质，上面疏被深棕色的粗短节状毛，下面无毛或仅沿主脉有一二节状毛。孢子囊群每裂片有 3~5 枚；囊群盖仅基部着生，宿存。

鳞毛蕨属 变异鳞毛蕨

Dryopteris varia **(L.) Kuntze**

植株高 50~70 cm。根状茎横卧或斜升，叶簇生，叶片五角状卵形；长 30~40 cm，宽 20~25cm。孢子囊群较大；囊群盖圆肾形，棕色，全缘。

鳞毛蕨属 稀羽鳞毛蕨

Dryopteris sparsa **(D. Don) Kuntze**

植株高 50~70 cm。根状茎被披针形鳞片。叶簇生，叶片卵状长圆形，顶端长渐尖并为羽裂，羽状分裂。孢子囊群圆形；囊群盖圆肾形。

舌蕨属 华南舌蕨

Elaphoglossum yoshinagae **(Yatabe) Makino**

附生，植株高 15~30 cm。根状茎短，横卧或斜升。叶披针形。孢子囊沿侧脉着生，成熟时满布于能育叶下面。

耳蕨属 巴郎耳蕨

Polystichum balansae Christ

土生。叶片 25~60 cm；基部柄鳞棕色，狭卵形和披针形；羽叶 12~18 对。孢子囊群圆形，生于小脉顶端，有时背生；囊群盖盾形。

耳蕨属 灰绿耳蕨

Polystichum scariosum (Roxb.) C. V. Morton

草本。叶簇生，变化大；叶柄上有深沟槽；叶轴有 1 或 2 枚密被鳞片的大芽孢。孢子囊群生于小脉背部或顶端；孢子具刺状突起。

耳蕨属 戟羽耳蕨

Polystichum hastipinnum G.D. Tang & Li Bing Zhang

多年生草本。高 20~36 cm。茎柄正面具槽，鳞片披针形，棕色。叶一回羽状，形态和广东耳蕨相似，但本种的羽片较密，羽片基部略为心形。

P46 肾蕨科 Nephrolepidaceae

肾蕨属 肾蕨

Nephrolepis cordifolia (L.) C. Presl

土生植物。匍匐茎铁丝状。叶簇生，长 30~70 cm；一回羽状，羽片互生，45~120 对；中部羽片长约 2 cm，钝头。孢子囊群肾形；囊群盖肾形。

P48 三叉蕨科 Tectariaceae

黄腺羽蕨属 黄腺羽蕨

Pleocnemia winitii **Holttum**

叶簇生；叶片四回羽裂，叶脉两面均稍隆起，下面与主脉及小羽轴均疏被黄色至橙黄色的圆柱状腺毛。孢子囊群圆形，被黄色的圆柱状腺毛。

牙蕨属 毛轴牙蕨

Pteridrys australis **Ching**

植株高达 1.5 m。叶簇生；叶柄光滑无毛；叶片二回羽裂。叶厚纸质，两面均无毛；叶轴疏被柔毛或近光滑。孢子囊群着生于小脉上侧分叉的顶端或近顶端，每裂片有 6~8 对；囊群盖圆肾形。

三叉蕨属 毛叶轴脉蕨

Tectaria devexa **(Kunze) Copel.**

叶片长 25~40 cm，基部宽 20~25 cm，基部心脏形，三回羽裂，向上二回深羽裂；裂片镰状披针形。叶轴上面密被毛。孢子囊群圆形。

三叉蕨属 条裂叉蕨

Tectaria phaeocaulis **(Rosenst.) C. Chr.**

叶簇生，椭圆形，先端渐尖并为羽状撕裂，基部羽状。叶脉联结成近六角形网眼，有分叉的内藏小脉。孢子囊群圆形；囊群盖圆盾形。

条蕨属 华南条蕨

Oleandra cumingii **J. Sm.**

根状茎鳞片披针形，棕色。叶片披针形，长 18~21 cm，中部宽 2~3 cm，全缘，疏生睫毛。孢子囊群靠近主脉两侧各排列成 1 行；囊群盖圆肾形，质厚无毛。

P50 骨碎补科 Davalliaceae

骨碎补属 大叶骨碎补

Davallia divaricata **Blume**

中型附生。株高达 1 m。叶近生，无毛，叶片三角形，先端渐尖并为羽裂；叶柄长 30~60 cm。孢子囊群生于小脉基部；囊群盖盅形。

骨碎补属 杯盖阴石蕨

Davallia griffithiana **Hook.**

根茎横走，密被鳞片。叶柄上面有纵沟，叶疏生，三角状卵形，羽状分裂，羽片互生，长三角形，有柄。孢子囊群生于裂片上缘；囊群盖宽杯形。

骨碎补属 阴石蕨

Davallia repens **(L. f.) Kuhn**

草本，植株高 10~20 cm。叶远生，三角状卵形；二回羽状深裂，羽片 6~10 对，以狭翅相连。孢子囊群沿叶缘着生，常仅于羽片上部有 3~5 对。

P51 水龙骨科 Polypodiaceae

节肢蕨属 龙头节肢蕨
Arthromeris lungtauensis Ching

根状茎长而横走。叶同型；叶片为奇数一回羽状复叶，孢子囊群于中脉两侧各多行，叶片被毛，孢子囊群大。

槲蕨属 槲蕨
Drynaria roosii Nakaike

常附生余岩石上，匍匐状；或附生于树干上，螺旋状攀援。叶二型；基生不育叶卵形，长达 30 cm；能育叶深羽裂，披针形。孢子囊群圆形。

棱脉蕨属 友水龙骨
Goniophlebium amoenum (Wall. ex Mett.) Ching

附生植物。根状茎横走，密被鳞片；鳞片披针形。叶远生，叶片卵状披针形，长 40~50 cm，宽 20~25 cm。孢子囊群圆形。

伏石蕨属 披针骨牌蕨
Lemmaphyllum diversum (Rosenst.) Tagawa

小型附生。叶远生，不育叶有时与能育叶无大区别，通常为阔卵状披针形，主脉两面明显隆起。孢子囊群圆形，在主脉两侧各成一行。

伏石蕨属 伏石蕨

Lemmaphyllum microphyllum **C. Presl**

小型附生。叶疏生，二型；不育叶近无柄，近圆形或卵圆形，长 1.6~2.5 cm; 能育叶舌状或窄披针形，叶柄 3~8 mm。孢子囊群线形。

瓦韦属 粤瓦韦

Lepisorus obscurevenulosus **(Hayata) Ching**

附生；高 10~20（30）cm。叶柄黑褐色；鳞片卵状披针形；叶片披针形或宽披针形，中下部最宽。孢子囊群圆形，体大，直径达 5 mm。

伏石蕨属 骨牌蕨

Lemmaphyllum rostratum **(Bedd.) Tagawa**

附生，株高 10 cm。叶近二型，具短柄；不育叶阔披针形，长 6~10 cm，先端鸟嘴状；能育叶长而狭。孢子囊群圆形，在主脉两侧各一行。

瓦韦属 表面星蕨

Lepisorus superficialis **(Blume) Li Wang**

攀缘植物。根状茎略成扁平形。叶远生，叶片披针形至狭长披针形。孢子囊群圆形，小而密，散生于叶片下面中脉与叶片之间，呈不整齐的多行。

瓦韦属 瓦韦
Lepisorus thunbergianus **(Kaulf.) Ching**

附生，高 10~20 cm。根状茎密被披针形鳞片。叶片线状披针形，长 10~20 cm，基部渐变狭并下延。孢子囊群圆形，成熟后扩展近密接。

瓦韦属 阔叶瓦韦
Lepisorus tosaensis **(Makino) H. It**

草本。根状茎密被披针形鳞片。叶簇生或近生，披针形，叶片中下部最宽，主脉上下均隆起。孢子囊群圆形，聚生于叶片上半部。

薄唇蕨属 线蕨
Leptochilus ellipticus **(Thunb.) Noot.**

土生植物，株高 20~60 cm。叶远生，近二型；不育叶叶片长圆状卵形，长 20~70 cm；一回羽裂深达叶轴，羽片或裂片 4~11 对。孢子囊群线形。

薄唇蕨属 胄叶线蕨
Leptochilus hemitomus **(Hance) Noot.**

根茎横走，密被鳞片。叶疏生，叶柄有窄翅，基部楔形，具 1 对近平展披针形裂片，小脉网状，每对侧脉间有 2 行网眼。孢子囊群线形。

薄唇蕨属 卵叶薄唇蕨

Leptochilus ovatifolius Zhe Zhang S.W. Yao & Yi Huang

附生草本。根状茎表面鳞片盾形。营养叶与孢子叶二型；营养叶卵形至长卵形，长 2.5 ~ 9.5 cm，宽 1.5 ~ 3.5 cm；孢子叶线形至披针形。孢子囊群分布于叶背主脉两侧。

薄唇蕨属 褐叶线蕨

Leptochilus wrightii (Hook. & Baker) X. C. Zhang

高 20~50 cm。根状茎长而横走，密生鳞片，根密生；。叶远生；叶片倒披针形，顶端渐尖呈尾状，向基部渐变狭并以狭翅长下延，边缘浅波状。

星蕨属 羽裂星蕨

Microsorum insigne (Blume) Copel.

附生，株高 40~100 cm。叶疏生或近生，长 20~50 cm；羽状深裂，裂片 1~12 对，对生。孢子囊群近圆形，着生于网脉连接处；孢子豆形。

盾蕨属 江南星蕨

Neolepisorus fortunei (T. Moore) L. Wang

附生，株高 30~80 cm。叶远生，线状披针形至披针形，长 25~60 cm，叶柄长 8~20 cm。孢子囊群圆形；孢子豆形，周壁具不规则褶皱。

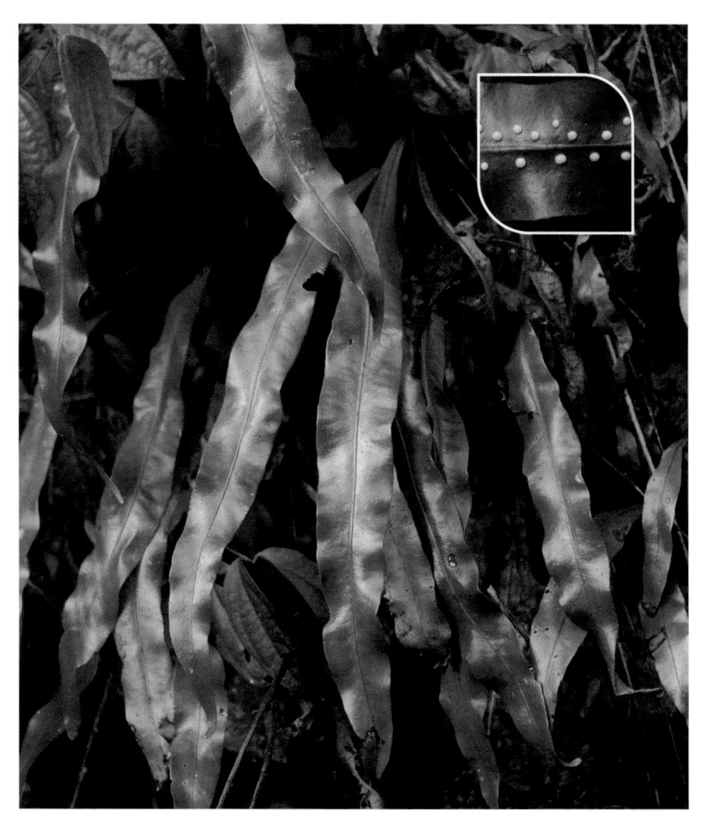

石韦属 石韦
Pyrrosia lingua **(Thunb.) Farw.**

附生，株高 10~30 cm。根状茎长而横走，密被鳞片。叶远生，近二型；不育叶长圆形；能育叶较不育叶长且窄。孢子囊群近椭圆形。

G1 苏铁科 Cycadaceae

苏铁属 仙湖苏铁
Cycas fairylakea **D.Yue Wang**

高 2~5 m。羽状裂片条形，厚革质，两面中脉隆起。大孢子叶扁平，上部的顶片倒卵形或长卵形，边缘篦齿状分裂，中下部每边着生 2~5 枚胚珠，胚珠无毛。

G5 买麻藤科 Gnetaceae

买麻藤属 罗浮买麻藤
Gnetum lufuense **C. Y. Cheng**

藤本。茎枝紫棕色。叶较大，宽 3~8 cm，薄或稍革质，矩圆形或矩圆状卵形；侧脉 9~11 对，小脉网状。成熟种子矩圆状椭圆形。

买麻藤属 小叶买麻藤
Gnetum parvifolium **(Warb.) C. Y. Cheng ex Chun**

常绿缠绕藤本。叶椭圆形或长倒卵形，宽约 3 cm，侧脉下面稍隆起。雌球花序的每总苞内有雌花 5~8 朵。成熟种子长椭圆形。

G7 松科 Pinaceae

长苞铁杉属 长苞铁杉

Nothotsuga longibracteata (W. C. Cheng) Hu ex C. N. Page

叶扁平且生于长枝上，无短枝，叶两面有气孔线。雄球花单生于叶腋。球果当年成熟，球果下垂。种子连翅比种鳞短。

松属 华南五针松

Pinus kwangtungensis Chun & Tsiang

乔木。小枝无毛。针叶 5 针一束，长 3.5~7 cm，树脂道 2~3 个。球果通常长 4~9 cm，梗长 0.7~2 cm。种子连同种翅与种鳞近等长。

松属 马尾松

Pinus massoniana Lamb.

常绿乔木。树皮裂成不规则的鳞状块片。针叶 2 针一束，稀 3 针一束。球果卵圆形或圆锥状卵圆形。种子长卵圆形，具翅。

松属 铁杉

Tsuga chinensis (Franch.) Pritz.

乔木。大枝平展，树冠呈塔形。叶为条形，排列成两列，长 1.2~2.7 cm，宽 2~3 mm，先端钝圆有凹缺，下面初有白粉。球果卵圆形或长卵圆形，长 1.5~2.5 cm，具短梗。

G9 罗汉松科 Podocarpaceae

罗汉松属 罗汉松

Podocarpus macrophyllus (Thunb.) Sweet

乔木。高达 20 m，胸径达 60 cm。树皮灰色或灰褐色，浅纵裂，成薄片状脱落。叶螺旋状着生，条状披针形。雄球花穗状、腋生。种子卵圆形，种子 8~9 月成熟。

罗汉松属 百日青

Podocarpus neriifolius D. Don

常绿乔木。叶螺旋状着生，披针形，厚革质，有短柄。雄球花穗状，单生或 2~3 个簇生。种子卵圆形，熟时肉质，假种皮紫红色。

G11 柏科 Cupressaceae

杉木属 杉木

Cunninghamia lanceolata (Lamb.) Hook.

常绿乔木。叶 2 列状，披针形或线状披针形，扁平；叶和种鳞螺旋状排列。雄球花多数，簇生于枝顶端。每种鳞有种子 3 颗。

福建柏属 福建柏

Fokienia hodginsii (Dunn) A. Henry & H. H. Thomas

乔木，高达 17 m。圆柱形。鳞叶 2 对交叉对生，长 4~7 mm，宽 1~1.2 mm。雄球花近球形。花期 3~4 月，种子翌年 10~11 月成熟。

G12 红豆杉科 Taxaceae

白豆杉属 白豆杉

Pseudotaxus chienii (W. C. Cheng) W. C. Cheng

灌木，高达 4 m。叶条形，排列成两列，长 1.5~2.6 cm，宽 2.5~4.5 mm，先端凸尖，两面中脉隆起，下面有两条白色气孔带，较绿色边带宽或近等宽。

红豆杉属 南方红豆杉

Taxus wallichiana Zucc. var. *mairei* (Lemée& H. Lév.) L. K. Fu & N. Li

乔木。叶螺旋状排列；叶常较宽长，通常长 2~3.5(4.5) cm，宽 3~4(5) mm。雄球花淡黄色。果红色。种子生于杯状红色肉质的假种皮中。

A7 五味子科 Schisandraceae

八角属 红花八角

Illicium dunnianum Tutcher

灌木。叶 3~8 片。花被片 12~20 片，花红色，雄蕊 19~31 枚。心皮 8~13 枚。

八角属 假地枫皮

Illicium jiadifengpi B. N. Chang

乔木，高 8~20 m。叶狭椭圆形或长椭圆形。花白色或带浅黄色。果直径 3~4 cm，蓇葖 12~14 枚。种子长 8 mm，宽 4~5 mm。花期 3~5 月，果期 8~10 月。

南五味子属 黑老虎

Kadsura coccinea **(Lem.) A. C. Sm.**

藤本。叶厚革质，长 7~18 cm，宽 3~8 cm，边全缘。花单生于叶腋，稀成对；花被片红色。聚合果近球形，果大，红色或暗紫色，外果皮革质。

南五味子属 南五味子

Kadsura longipedunculata **Finet & Gagnep.**

藤本。叶纸质，边有疏齿，长 5~13 cm，宽 2~6 cm。花单生于叶腋，花被片白色或淡黄色，花序柄长达 5 cm 以上。聚合果球形，较小，直径 1.5~3.5 cm。

南五味子属 异形南五味子

Kadsura heteroclita **(Roxb.) Craib**

常绿木质大藤本。叶纸质，边缘具疏齿，侧脉 7~11 条。花单生于叶腋，雌雄异株；白色或浅黄色。聚合果近球形，较小，直径 2.5~5 cm。

五味子属 绿叶五味子

Schisandra arisanensis **subsp.** ***viridis*** **(A. C. Smith) R. M. K. Saunders**

落叶木质藤本，全株无毛。叶纸质，卵状椭圆形，中上部边缘有胼胝质齿尖的粗锯齿或波状疏齿，上面绿色，下面浅绿色。聚合果果柄长 3.5~9.5 cm，聚合果托长 7~12 cm，成熟心皮红色。

A10 三白草科 Saururaceae

蕺菜属 蕺菜

Houttuynia cordata Thunb.

腥臭草本植物，高 30~60 cm。叶薄纸质，心形或阔卵形，长 4~10 cm，叶背常紫红色。总状花序，花序长约 2 cm，总苞片白色。蒴果长 2~3 mm。

三白草属 三白草

Saururus chinensis (Lour.) Baill.

湿生草本，高达 1 m。叶纸质，阔卵形至卵状披针形，长 10~20 cm，宽 5~10 cm。基部心形或斜心形，但花序轴密被短柔毛。果近球形。

A11 胡椒科 Piperaceae

草胡椒属 石蝉草

Peperomia blanda (Jacq.) Kunth

肉质草本。叶纸质，对生或 3~4 片轮生。穗状花序单生或簇生，顶生和腋生。浆果球形。花期 6~10 月。

胡椒属 华南胡椒

Piper austrosinense Y. C. Tseng

木质攀援藤本。叶卵状披针形，基部心形，长 8~11 cm，宽 6~7 cm。穗状花序，雌雄异株，雄花序长 3~6.5 cm。浆果球形，基部嵌生于花序轴。

胡椒属 山蒟
Piper hancei Maxim.

攀援藤本。叶互生，披针形，长6~12 cm，宽2.5~4.5 cm，基部楔形。穗状花序，花单性，雌雄异株，雄花序长6~10 cm。浆果球形，黄色。

胡椒属 小叶爬崖香
Piper sintenense Hatusima

藤本。叶长圆形，长7~11 cm，宽3~4.5 cm，不对称，具细腺点。穗状花序与叶对生，雌雄异株，雄花序长5~13 cm。浆果倒卵形，离生。

A12 马兜铃科 Aristolochiacea

细辛属 尾花细辛
Asarum caudigerum Hance

多年生草本。叶阔卵形，长4~10 cm，宽3.5~10 cm；叶柄细长，达30 cm，密被长柔毛。花被绿色；子房下位。果近球状。

细辛属 地花细辛
Asarum geophilum Hemsl.

草本。根状茎长而匍匐横生。叶圆心形、卵状心形或宽卵形，叶柄粗壮，长5~7 cm，被疏被短柔毛。

细辛属 金耳环

Asarum insigne Diels

多年生草本，有浓烈的麻辣味。叶片长卵形、卵形或三角状卵形。花紫色；花被管钟状，中部以上扩展成一环突，然后缢缩，喉孔窄三角形 。花期 3~4 月。

A14 木兰科 Magnoliaceae

木莲属 木莲

Manglietia fordiana Oliv.

乔木，高达 20 m。叶革质，边缘稍内卷，叶背被红色平伏毛。花梗粗壮；花被片纯白色；雌蕊群长约 1.5 cm。聚合果褐色，长 2~5 cm。

木莲属 毛桃木莲

Manglietia kwangtungensis (Merr.) Dandy

乔木，高达 14 m，树皮深灰色。叶革质，基部楔形；叶柄、果柄密被锈色茸毛。花梗长 6~12 cm；花被片 9，乳白色。聚合果卵球形，长 5~7cm。

含笑属 乐昌含笑

Michelia chapensis Dandy

乔木。叶薄革质，倒卵形，狭倒卵形或长圆状倒卵形。花梗被平伏灰色微柔毛，花被片淡黄色，6 片，芳香。花期 3~4 月，果期 8~9 月。

含笑属 紫花含笑

Michelia crassipes **Y. W. Law**

小乔木或灌木。叶革质，狭长圆形、倒卵形或狭倒卵形，很少狭椭圆形。花梗长 3~4 mm，花极芳香；紫红色或深紫色。花期 4~5 月，果期 8~9 月。

含笑属 广东含笑

Michelia guangdongensis **Y. H. Yan, Q. W. Zeng & F. W. Xing**

小乔木。叶柄无托叶痕，叶革质，倒卵状椭圆形或倒卵形，长 5~9 cm，宽 2.5~4.5 cm，叶背密被红褐色长柔毛。

含笑属 金叶含笑

Michelia foveolata **Merr. ex Dandy**

乔木，高达 30 m。叶大，不对称，长 17~23 cm，宽 6~11 cm。花被片 9~12 片，基部带紫，外轮 3 片阔倒卵形。蓇葖长圆状椭圆体形。

含笑属 深山含笑

Michelia maudiae **Dunn**

乔木，高达 20 m。叶革质，长 7~18 cm，宽 3.5~8.5 cm，叶柄无托叶痕，被白粉。花被片 9 片，纯白色，基部淡红色。聚合果长 7~15 cm。

含笑属 观光木

Michelia odora (Chun) Nooteboom & B. L. Chen

常绿乔木。叶倒卵状椭圆形，中上部较宽；叶柄基部膨大，托叶痕达叶柄中部。芳香，花被片象牙黄色，有红色小斑点。聚合果长椭圆体形。

含笑属 野含笑

Michelia skinneriana Dunn

乔木，高可达 15 m，树皮灰白色。叶革质，下面被稀疏褐色长毛，叶柄托叶痕长不达 10 mm。花白色，雌蕊群密被褐色毛。聚合果长 4~7 cm。

A18 番荔枝科 Annonaceae

假鹰爪属 假鹰爪

Desmos chinensis Lour.

攀援或直立灌木。叶呈长圆形，基部圆形，长 4~13 cm，宽 2~5 cm。花瓣镊合状排列，6 片，2 轮，外轮较内轮大。果具柄，念珠状，长 2~5 cm。

异萼花属 斜脉异萼花

Disepalum plagioneurum **(Diels) D. M. Johnson**

乔木。小枝被毛。叶纸质，长圆状倒披针形，基部宽楔形，侧脉弯拱上升。花黄绿色，萼片卵圆形。果卵状椭圆形，成熟时暗红色。

瓜馥木属 瓜馥木

Fissistigma oldhamii **(Hemsl.) Merr.**

攀援灌木。叶倒卵状椭圆形，长 6~13 cm，宽 2~5 cm，叶面侧脉不凹陷。1~3 朵组成聚伞花序；花瓣 6 片，2 轮。果圆球状，密被黄棕色茸毛。

瓜馥木属 白叶瓜馥木

Fissistigma glaucescens **(Hance) Merr.**

攀援灌木，长达 3 m。叶近革质，长圆状椭圆形，背白色。总状花序顶生，被黄色茸毛；花瓣 6 片，2 轮，均被毛。果圆球状，无毛。

瓜馥木属 多花瓜馥木

Fissistigma polyanthum **(Hook. f. & Thomson) Merr.**

攀援灌木。叶近革质，长圆形或倒卵状长圆形，有时椭圆形。花小，花蕾圆锥状。果圆球状，种子椭圆形，果柄柔弱。花期几乎全年，果期 3~10 月。

瓜馥木属 香港瓜馥木

Fissistigma uonicum (Dunn) Merr.

攀援灌木。小枝无毛。叶长圆形，叶背淡黄色。花序有花1~2朵，总花梗伸直；花瓣6片，2轮，外轮比内轮长。果圆球状，熟时变黑。

紫玉盘属 紫玉盘

Uvaria macrophylla Roxb.

直立灌木，高可达2 m。叶呈长倒卵形，叶背被毛。花小，直径2.5~3.5 cm，常1~2朵与叶对生，暗紫红色。果卵圆形，暗紫褐色，顶端尖。

A23 莲叶桐科 Hernandiaceae

紫玉盘属 光叶紫玉盘

Uvaria boniana Finet & Gagnep.

攀援灌木，除花外全株无毛。叶纸质，长圆形。花瓣革质，紫红色，6片排成2轮，覆瓦状排列。果球形，熟时紫红色；果柄细长。

青藤属 红花青藤

Illigera rhodantha Hance

藤本。指状复叶互生，3小叶，长6~11 cm，宽3~7 cm，基部多少心形。聚伞状圆锥花序腋生；花瓣玫瑰红色。果具4翅，翅呈较大的呈舌形。

A25 樟科 Lauraceae

琼楠属 美脉琼楠

Beilschmiedia delicata **S. K. Lee & Y. T. Wei**

灌木或乔木。顶芽被毛。叶互生或近对生，中脉于叶面不凹陷，叶背有时被柔毛。聚伞状圆锥花序腋生或顶生；花黄带绿色。果椭圆形或倒卵状椭圆形，密被明显的瘤状小凸点。

琼楠属 网脉琼楠

Beilschmiedia tsangii **Merr.**

乔木，高可达 25 m，胸径达 60 cm。叶椭圆形，中脉于叶面凹陷，网脉在两面呈蜂窝状突起。圆锥花序腋生，花白。果椭圆形。

琼楠属 广东琼楠

Beilschmiedia fordii **Dunn**

乔木。叶通常对生。聚伞状圆锥花序通常腋生；花黄绿色。果椭圆形。花、果期 6~12 月。

无根藤属 无根藤

Cassytha filiformis **L.**

寄生缠绕藤本，借盘状吸根攀附。叶退化成鳞片状。穗状花序；花被裂片 6，2 轮，外轮较内轮小。果小，卵球形，花被片宿存。

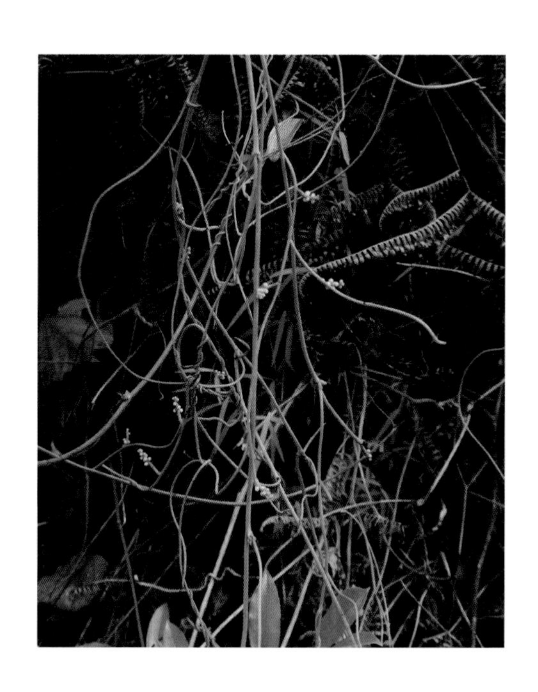

樟属 毛桂

Cinnamomum appelianum **Schewe**

小乔木，多分枝。芽鳞覆瓦状排列。叶长为4.5~11.5 cm，宽为1.5~4 cm，离基三出脉。圆锥花序，花白色。果椭圆形，果托漏斗状。

樟属 阴香

Cinnamomum burmannii **(Nees & T. Nees) Blume**

乔木。叶互生或兼近对生，长5.5~10.5 cm，宽2~5 cm，离基三出脉，叶上常有虫瘿。圆锥花序，花疏散。果卵球形，果托杯状。

樟属 华南桂

Cinnamomum austrosinense **H. T. Chang**

乔木。顶芽卵珠形，叶椭圆形，先端急尖，基部钝，边缘内卷，三出脉。圆锥花序，花黄绿色，花被裂片卵圆形。果椭圆形，果托浅杯状。

樟属 樟

Cinnamomum camphora **(L.) Presl**

乔木，高可达30 m。树皮纵裂。叶互生，离基三出脉，边缘波状，脉腋窝明显。圆锥花序腋生，花绿白色。果球形，熟时紫黑。

樟属 野黄桂

Cinnamomum jensenianum **Hand.-Mazz.**

小乔木。树皮灰褐色，有桂皮香味。叶常近对生，披针形或长圆状披针形；离基三出脉；无毛。聚伞花序；花黄色或白色。果卵球形。花期4~6月，果期7~8月。

樟属 少花桂

Cinnamomum pauciflorum **Nees**

乔木，幼枝近无毛。叶互生，厚革质，上面无毛，下面幼时被灰白色短丝毛，三出脉或离基三出脉。圆锥花序腋生，长2.5~5（6.5）cm，3~5(7)花；果托浅杯状；果梗长达9 mm。

樟属 黄樟

Cinnamomum parthenoxylon **(Jack) Meisn.**

常绿乔木，树皮小片剥落。叶互生，羽状脉，脉腋窝明显；有各种味。圆锥花序腋生或近顶生。果倒卵形，长约2 cm，黑色。

樟属 卵叶桂

Cinnamomum rigidissimum **H. T. Chang**

小乔木。叶对生，卵圆形，离基三出脉，长为4~7 cm，宽为2.5~4 cm。果卵圆形，长达2 cm。

樟属 香桂

Cinnamomum subavenium Miq.

乔木。叶在幼枝上近对生，在老枝上互生，椭圆形、卵状椭圆形至披针形。花淡黄色。果椭圆形。花期 6~7 月，果期 8~10 月。

厚壳桂属 厚壳桂

Cryptocarya chinensis (Hance) Hemsl.

乔木。叶长椭圆形，基部阔楔形，革质，上面光亮，下面苍白色，离基三出脉。圆锥花序，具梗，花淡黄色。果球形，熟时紫黑色，有纵棱。

樟属 粗脉桂

Cinnamomum validinerve Hance

叶椭圆形，基部楔形，硬革质，上面光亮，下面微红，有苍白色；离基三出脉，脉在下面十分凸起。圆锥花序，三歧状。花被裂片卵圆形。

厚壳桂属 硬壳桂

Cryptocarya chingii W. C. Cheng

小乔木。叶互生，长圆形，长 6~13 cm，宽 2.5~5 cm，羽状脉；叶柄被短柔毛。圆锥花序，各部密被毛，能育雄蕊 9 枚。果椭圆形。

厚壳桂属 黄果厚壳桂

Cryptocarya concinna **Hance**

乔木。叶互生，椭圆形，长 5~10 cm，宽 2~3 cm；羽状脉；叶柄被毛。圆锥花序腋生及顶生；花被筒钟形。果椭圆形，熟时黑色。

厚壳桂属 丛花厚壳桂

Cryptocarya densiflora **Blume**

乔木。叶大，长 10~15 cm，宽 5~8.5 cm，三出脉。果扁球形，直径 15~25 mm。

山胡椒属 乌药

Lindera aggregata **(Sims) Kosterm.**

常绿灌木或小乔木。幼枝密被金黄色绢毛。叶互生，卵形，基部圆形，下面苍白色，三出脉。伞形花序腋生，无总梗，花被片 6。果卵形。

山胡椒属 香叶树

Lindera communis **Hemsl.**

常绿灌木或小乔木。叶互生，卵形，长 4~5 cm，宽 1.5~3.5 cm，羽状脉，背疏被柔毛。伞形花序生于叶腋，花被片 6。果卵形。

山胡椒属 广东山胡椒

Lindera kwangtungensis **(H. Liu) C. K. Allen**

常绿乔木，高 6~30 m。叶椭圆状披针形，羽状脉。花梗长 5~6 cm，被棕色柔毛；伞状花序常 2~3 个生于短枝上。果球形，直径 5~6 mm。

山胡椒属 黑壳楠

Lindera megaphylla **Hemsl.**

常绿乔木。叶集生枝顶，倒披针形或倒卵状长圆形。伞形花序多花，花序梗密被黄褐色或近锈色微柔毛。果椭圆形或卵圆形。花期 2~4 月，果期 9~12 月。

山胡椒属 滇粤山胡椒

Lindera metcalfiana **C. K. Allen**

常绿小乔木或灌木状。叶椭圆形或长椭圆形。雄伞形花序 1~2(3) 腋生。果球形，紫黑色。花期 3~5 月，果期 6~10 月。

山胡椒属 绒毛山胡椒

Lindera nacusua **(D. Don) Merr.**

常绿灌木或小乔木。叶互生，长 6~15 cm，宽 3~7.5 cm，下面密被黄褐色长柔毛。伞形花序，花黄色，花被片 6。果近球形，成熟时红色。

木姜子属 尖脉木姜子
Litsea acutivena Hayata

常绿乔木。叶互生或聚生枝顶，披针形，长 4~11 cm，宽 2~4 cm。伞形花序簇生，花被裂片 6。果椭圆形，长 1~1.2 cm。

木姜子属 黄丹木姜子
Litsea elongata (Wall. ex Nees) Benth. & Hook. f.

常绿小乔木。叶互生，长圆形，长 6~22 cm，宽 2~6 cm；叶柄密被茸毛。伞形花序单生，少簇生；花被裂片卵形。果长圆形，长 7~8 mm。

木姜子属 山鸡椒
Litsea cubeba (Lour.) Pers.

落叶灌木或小乔木，高达 8~10m。叶互生，披针形或长圆形，长 4~11 cm，宽 1.1~2.4 cm。伞形花序单生或簇生，花柱短。果近球形。

木姜子属 华南木姜子
Litsea greenmaniana C. K. Allen

常绿小乔木。叶互生，椭圆形，长 4~13.5 cm，宽 2~3.5 cm。伞形花序，花被裂片 6，被柔毛，能育雄蕊 9。果椭圆形，宽 8 mm。

木姜子属 大果木姜子

Litsea lancilimba **Merr.**

常绿乔木，小枝红褐色。顶芽卵圆形。叶互生，披针形，基部楔形，革质，羽状脉。伞形花序腋生，花被裂片6。果长圆形，果托盘状。

木姜子属 豺皮樟

Litsea rotundifolia **Nees var.** ***oblongifolia*** **(Nees) C. K. Allen**

常绿灌木，高约3 m。树皮常有褐色斑块。叶互生，卵状长圆形。聚伞花序，无总花梗，花被裂片6。果球形，熟时灰蓝色。

木姜子属 轮叶木姜子

Litsea verticillata **Hance**

常绿灌木或小乔木。叶轮生，披针形，下面被毛。伞形花序；能育雄蕊9枚。果卵圆形，果托碟状，边缘常残留有花被片。

润楠属 短序润楠

Machilus breviflora **(Benth.) Hemsl.**

乔木。叶小，略聚生枝顶，倒卵形。圆锥花序顶生，总花梗长3~5 cm；外轮花被片略小，绿白色。果球形，花被裂片宿存。

润楠属 浙江润楠

Machilus chekiangensis **S. K. Lee**

乔木。枝散布唇形皮孔。叶常聚生小枝枝梢，倒披针形，长6.5~13 cm，宽2~3.6 cm。花两性，花药4室。果较小，直径约6 mm。

润楠属 华润楠

Machilus chinensis **(Champ. ex Benth.) Hemsl.**

乔木。树皮薄片状剥落。叶倒卵状长椭圆形，长5~10 cm，宽2~4 cm，侧脉约8条。圆锥花序顶生。果球形，直径8~10 mm。

润楠属 黄心树

Machilus gamblei **King ex Hook. f.**

乔木。枝被毛。叶革质，长6~11，宽1.5~3.8 cm，顶端急尖，叶背被柔毛。果较小，直径7 mm。

润楠属 黄绒润楠

Machilus grijsii **Hance**

乔木。芽、小枝、叶柄、叶下面有黄褐色短茸毛。叶倒卵状长圆形，长7.5~18 cm，宽3.7~7 cm，先端渐狭。花被裂片长椭圆形。果球形。

润楠属 广东润楠

Machilus kwangtungensis **Yen C. Yang**

乔木。叶革质，顶端渐尖，长6~11 cm，宽2~4.5 cm。圆锥花序具柔毛；花被裂片近等长，长圆形。果较小，直径8~9 mm。

润楠属 薄叶润楠

Machilus leptophylla Hand.–Mazz.

高大乔木。叶倒卵状长圆形，长 14~32 cm，宽 3.5~8 cm，先端短渐尖，基部楔形，坚纸质，下面带灰白色。圆锥花序，花白色。果球形。

润楠属 木姜润楠

Machilus litseifolia S. K. Lee

乔木。顶芽近球形，叶常集生于枝稍，长 6.5~12 cm，宽 2~4.4 cm，下面粉绿色。总梗红色稍粗壮，花被裂片长圆形。果球形，幼果粉绿色。

润楠属 刨花润楠

Machilus pauhoi Kaneh.

乔木。树皮浅裂。叶窄长圆形，长 7~15 cm，宽 2~5 cm，背面被绢毛。花序生枝条下部，花被片两面有柔毛。果球形，直径约 10 mm。

润楠属 凤凰润楠

Machilus phoenicis Dunn

中等乔木，高约 5 m。树皮褐色，全株无毛。叶椭圆形、长椭圆形至狭长椭圆形。花被裂片近等长，长圆形或狭长圆形。果球形。

润楠属 红楠

Machilus thunbergii Siebold & Zucc.

常绿乔木，高达 15 m。叶长 4.5~9 cm，宽 1.7~4.2 cm，无毛，侧脉 7~12 对。花序顶生，花被裂片长圆形。果扁球形，果梗鲜红色。

润楠属 绒毛润楠

Machilus velutina Champ. ex Benth.

乔木，高可达 18 m。叶狭倒卵形、椭圆形或狭卵形，长 5~11(18) cm，宽 2~5(5.5) cm。花序单独顶生或数个密集在小枝顶端。果球形，紫红色。

新木姜子属 新木姜子

Neolitsea aurata (Hayata) Koidz.

乔木，高达 14 m。叶离基三出脉，叶背被金黄色绢毛。伞形花序 3~5 个簇生于枝顶或节间。果椭圆形，长 8 mm；果托浅盘状。

新木姜子属 云和新木姜子

Neolitsea aurata (Hayata) Koidz. var. *paraciculata* (Nakai) Yen C. Yang & P. H. Huang

乔木。叶离基三出脉，幼枝、叶柄均无毛，叶片通常略较窄，下面疏生黄色丝状毛。伞形花序 3~5 个簇生于枝顶或节间。

新木姜子属 锈叶新木姜子

Neolitsea cambodiana **Lecomte**

乔木，高 8~12 m。叶 3~5 片近轮生，小枝、叶柄、叶背被锈色茸毛。花被卵形。伞形花序多个于簇生于叶腋或枝侧。果球形，直径 8~10 mm。

新木姜子属 大叶新木姜子

Neolitsea levinei **Merr.**

乔木，高达 22m。叶较大，长 15~31 cm，宽 4.5~9 cm，离基三出脉，叶背被黄褐色长柔毛。花被黄白色。果椭圆形或球形，成熟时黑色。

新木姜子属 鸭公树

Neolitsea chui **Merr.**

乔木。叶椭圆形，长 8~16 cm，宽 2.7~9 cm，离基三出脉，背无毛。伞形花序腋生或侧生，花被裂片 4。果近球形，直径约 8 mm。

新木姜子属 卵叶新木姜子

Neolitsea ovatifolia **Yen C. Yang & P. H. Huang**

小灌木。叶互生或聚生于枝顶，近轮生状，呈卵形，长为 4~6（8.5)cm，宽 2~2.5(4)cm，伞形花序单生或 3~4 个簇生，花被裂片 4，椭圆形。果球形或近球形。

新木姜子属 显脉新木姜子
Neolitsea phanerophlebia **Merr.**

小乔木，高达 10 m。树皮灰色或暗灰色。叶轮生或散生，长圆形至长圆状椭圆形，或长圆状披针形至卵形。花被裂片 4。果近球形。花期 10~11 月，果期 7~8 月。

新木姜子属 美丽新木姜子
Neolitsea pulchella **(Meisn.) Merr.**

小乔木，高 6~8 m。叶较小，长 4~6 cm，宽 2~3 cm，离基三出脉，叶背被褐柔毛。花被椭圆形，内面基部有长柔毛。果球形，直径 4~6 mm。

A26 金粟兰科 Chloranthaceae

金粟兰属 及己
Chloranthus serratus **(Thunb.) Roem. & Schult.**

草本，高 15~50 cm。叶 4~6 片聚生于枝顶，椭圆形，两面无毛。穗状花序顶生，偶有腋生；雄蕊 3 枚。核果近球形或梨形，绿色。

草珊瑚属 草珊瑚
Sarcandra glabra **(Thunb.) Nakai**

亚灌木，高 50~120 cm。茎与枝均有膨大的节。叶对生，极多，椭圆形至卵状披针形，长 6~17 cm。穗状花序顶生。果球形。

A27 菖蒲科 Acoraceae

菖蒲属 石菖蒲

Acorus tatarinowii Schott

直立草本。叶线形，宽 5~12 mm，无叶片与叶柄之分。佛焰苞与叶同形，肉穗花序黄绿色，花两性，有花被。果黄绿色。

A28 天南星科 Araceae

海芋属 尖尾芋

Alocasia cucullata (Lour.) G. Don

地上茎圆柱形，黑褐色，具环形叶痕。叶柄绿色；叶片膜质至亚革质，深绿色，宽卵状心形。佛焰苞近肉质，管部长圆状卵形，淡绿色至深绿色。浆果近球形。

海芋属 海芋

Alocasia odora (Roxb.) K. Koch

大型草本。叶盾状着生，箭状卵形，长 0.5~1 m，宽 40~90 cm。佛焰苞管喉部闭合，肉穗花序顶端有附属体，雄蕊合生。浆果卵状。

磨芋属 南蛇棒

Amorphophallus dunnii Tutcher

草本。叶 3 全裂，裂片二歧分裂，肉穗花序短于佛焰苞，长 8~19 cm，附属体绿或黄白色，长 4.5~14 cm；块茎扁球形。花序单生。浆果蓝色。

天南星属 一把伞南星

Arisaema erubescens **(Wall.) Schott**

草本。块茎扁球形。叶 1 片，掌状分裂，披针形、长圆形至椭圆形，无柄。肉穗花序单性。果序柄下弯或直立，浆果红色。

石柑属 石柑子

Pothos chinensis **(Raf.) Merr.**

攀援植物。叶椭圆形，宽 1.5~5.6 cm，叶柄翅状。佛焰苞卵状；肉穗状花序椭圆形；花被分离。浆果黄绿色至红色，卵形。

犁头尖属 犁头尖

Typhonium blumei **Nicolson & Sivadasan**

叶绿色，戟状三角形。花序从叶腋抽出；佛焰苞管部绿色，卵形，檐部卷成长角状，内面深紫色，外面绿紫色。肉穗花序无柄，线形。

A30 泽泻科 Alismataceae

慈姑属 野慈姑

Sagittaria trifolia **L.**

挺水植物。叶箭形，飞燕状，裂片较大，宽 1.5~6 cm；叶柄基部鞘状。苞片 3 枚，基部多少合生；花后萼片反折。瘦果压扁，长约 4 mm。

A32 水鳖科 Hydrocharitaceae

黑藻属 黑藻

Hydrilla verticillata (L. f.) Royle

直立沉水草。叶 3~8 枚轮生，线形或长条形，长 7~17 mm，宽 1~1.8 mm，边缘有齿。花单性，苞片内仅 1 朵花。果圆柱形，具 2~9 个刺状突起。

A43 纳西菜科 Nartheciaceae

粉条儿菜属 粉条儿菜

Aletris spicata (Thunb.) Franch.

植株具多数须根。叶簇生，条形。花葶高 40~70 cm，花被黄绿色，上端粉红色，外面有柔毛。蒴果倒卵形或矩圆状倒卵形。花期 4~5 月，果期 6~7 月。

A45 薯蓣科 Dioscoreaceae

薯蓣属 黄独

Dioscorea bulbifera L.

无刺藤本。叶互生，卵状心形，长 8~15 cm，宽 7~14 cm；叶腋内有珠芽。雌雄异株；雄蕊全部能育。蒴果密被紫色小斑点。

薯蓣属 薯莨

Dioscorea cirrhosa Lour.

缠绕藤本，长可达 20 m。块茎鲜时断面红色，直径可达 20 cm。叶下部互生，中、上部对生，卵形，长 5~10 cm。雌雄异株。蒴果三棱形。

薯蓣属 山薯
Dioscorea fordii Prain & Burkill

缠绕草质藤本。块茎长圆柱形。茎右旋，基部有刺。单叶，纸质，长 4~17 cm，宽 1.5~13 cm。雌雄异株。蒴果不反折，三棱状扁圆形。

薯蓣属 日本薯蓣
Dioscorea japonica Thunb.

草质藤本。茎圆柱形，无刺；块茎长圆柱形。叶下部互生，中上部对生，纸质，三角状披针形，长 3~13 cm，宽 2~5 cm。穗状花序。蒴果。

薯蓣属 柳叶薯蓣
Dioscorea linearicordata Prain & Burkill

缠绕草质藤本。单叶，长 5~15cm，宽 0.8~2.5cm，背面常有白粉。穗状花序。蒴果不反折，长 1.5~2cm，宽 2~3cm。

薯蓣属 五叶薯蓣
Dioscorea pentaphylla L.

有刺藤本。掌状复叶有 3~7 小叶。穗状花序排列成圆锥状，长可达 50 cm。蒴果为三棱状椭圆形，长 2~2.5 cm，宽 1~1.3 cm，疏被柔毛。

薯蓣属 褐苞薯蓣

Dioscorea persimilis Prain & Burkill

缠绕草质藤本。叶片卵形、三角形至长椭圆状卵形，或近圆形。雄花的外轮花被片为宽卵形；雌花的外轮花被片为卵形，较内轮大。蒴果三棱状扁圆形。

薯蓣属 裂果薯

Schizocapsa plantaginea Hance

叶窄椭圆形或窄椭圆状披针形，先端渐尖，基部下延，沿叶柄两侧成窄翅；叶柄基部有鞘。蒴果近倒卵圆形，3 瓣裂。

A50 露兜树科 Pandanaceae

露兜树属 露兜草

Pandanus austrosinensis T. L. Wu

多年生常绿草本。叶带状，长 2~5 m，宽 4~5 cm，具细齿。雌雄异株，雄花有 5~9 枚雄蕊，柱头分叉。聚花果近圆球形。

A53 黑药花科 Melanthiaceae

白丝草属 中国白丝草

Chionographis chinensis **K. Krause**

多年生草本。叶莲座状，椭圆形。花密集成穗状花序，两侧对称，花被不等大。蒴果。

重楼属 华重楼

Paris polyphylla **Sm. var.** ***chinensis*** **(Franch.) H. Hara**

植株高 35~100 cm。叶矩圆形、椭圆形或倒卵状披针形。外轮花被片狭卵状披针形，内轮花被片狭条形，通常比外轮长。种子多数。花期 4~7 月，果期 8~11 月。

藜芦属 牯岭藜芦

Veratrum schindleri **Loes.**

草本。高约 1 m。叶宽椭圆形，叶柄通常长 5~10 cm。圆锥花序；花被片伸展或反折，淡黄绿色、绿色或褐色。蒴果直立，宽约 1 cm。

A56 秋水仙科 Colchicaceae

万寿竹属 万寿竹

Disporum cantoniense **(Lour.) Merr.**

高大草本。茎具多分枝。叶披针形至狭椭圆状披针形，通常长 5~12 cm，宽 1~5 cm。花紫色，花被片斜出，倒披针形。浆果直径为 8~10 mm。

A59 菝葜科 Smilacaceae

菝葜属 弯梗菝葜

Smilax aberrans Gagnep.

攀援灌木。茎无刺。叶薄纸质，卵状椭圆形，下面苍白色；叶柄具半圆形鞘，无卷须，脱落点位于上部；伞形花序。浆果，果梗下弯。

菝葜属 尖叶菝葜

Smilax arisanensis Hayata

多年生草本，高 70~100 cm。叶对生，中部茎叶卵形、宽卵形，长4.5~10 cm，宽3~5 cm。排成大型疏散的复伞房花序。瘦果淡黑褐色，椭圆状。

菝葜属 菝葜

Smilax china L.

攀援灌木。枝有刺。叶卵形或近圆，长 3~9 cm，宽 2~9 cm，顶端急尖。伞形花序，花被片 6，雄花有雄蕊 6 枚。果具粉霜。

菝葜属 柔毛菝葜

Smilax chingii F. T. Wang & Tang

攀援灌木。叶卵状椭圆形至矩圆状披针形。雄花外花被片长约 8 mm，宽 3.5~4 mm，内花被片稍狭。浆果直径 10~14 mm，熟时红色。花期 3~4 月，果期 11~12 月。

菝葜属 小果菝葜

Smilax davidiana A. DC.

攀援灌木。茎长 1~2 m，少数可达 4 m。叶椭圆形，通常长 3~10 cm，宽 2~7 cm；叶柄较短，5~7 mm，具鞘，有细卷须。伞形花序。浆果红色。

菝葜属 土茯苓
***Smilax glabra* Roxb.**

攀援灌木。枝无刺。叶椭圆状披针形，长 5~15 cm，宽 1.5~7 cm；叶柄长 0.5~2.5 cm。伞形花序，花六棱状球形。浆果具粉霜。

菝葜属 黑果菝葜
***Smilax glaucochina* Warb.**

攀援灌木。枝生疏刺。叶厚纸质，椭圆形，长 5~20 cm，宽 3~14 cm。伞形花序通常生于叶稍幼嫩的小枝上，花绿黄色。浆果黑色。

菝葜属 肖菝葜
***Smilax japonica* (Kunth) P. Li & C. X. Fu**

攀援灌木，无毛。小枝有钝棱。叶长 6~20 cm，有短尖头，基部近心形，叶柄下部有卷须和窄鞘。花梗纤细。浆果扁球形，成熟时黑色。

菝葜属 马甲菝葜
***Smilax lanceifolia* Roxb.**

攀援灌木。茎长 1~2 m，枝常无刺，小枝弯曲不明显。叶长圆状披针形，长 6~17 cm，宽 2~7 cm。总花梗长 1~2 cm。浆果有 1~2 颗种子。

菝葜属 大果菝葜

Smilax megacarpa **A. DC.**

攀援灌木。茎可达 10 m。枝生疏刺。叶卵形、卵状长圆形，长 5~20 cm，宽 3~12 cm。伞形花序组成圆锥花序。果直径通常为 15~25 mm，黑色。

菝葜属 抱茎菝葜

Smilax ocreata **A. DC.**

灌木。枝生疏刺。叶卵形，长 9~20 cm，宽 5~15 cm，基部耳状叶鞘穿茎状抱茎。伞形花序单个着生。果黑色。

菝葜属 牛尾菜

Smilax riparia **A. DC.**

藤本。茎草质。叶形变化较大，长 7~15 cm；叶柄长通常为 7~20 mm，通常在中部以下有卷须。伞形花序，雌花比雄花略小。浆果。

A61 兰科 Orchidaceae

金线兰属 金线兰

Anoectochilus roxburghii **(Wall.) Lindl.**

地生小草本；高 8~18cm。叶卵形，长 2~3.5cm，宽 1~3cm，金红色网脉。总状花序具 2~6 朵花；花苞片淡红色。少见蒴果矩圆形。

虾脊兰属 乐昌虾脊兰
Calanthe lechangensis Z. H. Tsi & T. Tang

根状茎不明显。假鳞茎粗短。叶宽椭圆形。总状花序通常长3~4 cm，疏生4~5朵花，花浅红色。花期3~4月。

隔距兰属 大序隔距兰
Cleisostoma paniculatum (Ker Gawl.) Garay

茎扁圆柱形，被叶鞘所包。叶革质，多数，紧靠，二列互生，扁平，狭长圆形或带状，先端钝且不等侧2裂。花序生于叶腋，远比叶长，多分枝；花序柄粗壮，近直立，圆锥花序具多数花。

贝母兰属 流苏贝母兰
Coelogyne fimbriata Lindl.

附生草本。叶长圆形，先端急尖。花瓣丝状披针形，花宽不到2 mm；唇瓣3裂，具红色斑纹，中裂片边缘有流苏。蒴果倒卵形。

吻兰属 吻兰
Collabium chinense (Rolfe) Tang & F. T. Wang

地生草本。假鳞茎细圆柱形。叶卵形，长7~21 cm，通常宽4~9 cm，基部浅心形，弧形脉。唇瓣裂片顶端圆钝，边缘全缘。

兰属 建兰

Cymbidium ensifolium (L.) Sw.

地生植物。叶 2~4(6) 枚，长 30~60 cm，宽 1~1.5(2.5)cm。总状花序具 3~9(13) 朵花，唇瓣近卵形，长 1.5~2.3 cm。蒴果狭椭圆形。

兰属 多花兰

Cymbidium floribundum Lindl.

附生植物。假鳞茎近卵球形，稍压扁。叶通常 5~6 枚，长 22~50 cm，宽 8~18 mm。花葶长 16~28（35） cm；花较密集，具 10~40 朵花。花期 4~8 月

兰属 寒兰

Cymbidium kanran Makino

地生草本。叶长 20~40 cm，宽 5~9 mm。花序有 1 或 2 朵，花清香，苞片长 4~5 mm。花期 1~3 月。

兰属 兔耳兰

Cymbidium lancifolium Hook.

半附生植物。叶倒披针状长圆形，先端渐尖。花白色至淡绿色，花瓣上有紫栗色中脉，唇瓣上有紫栗色斑；萼片倒披针状长圆形。蒴果狭椭圆形。

兰属 墨兰

Cymbidium sinense **(Jackson ex Andrews) Willd.**

地生植物。叶长 45~110 cm，宽 1.5~3 cm。花葶较粗壮，长 40~90 cm，一般略长于叶。花常为暗紫色或紫褐色，具浅色唇瓣。花期 10 月至翌年 3 月。

石斛属 钩状石斛

Dendrobium aduncum **Wall. ex Lindl.**

茎下垂，不分枝。叶长圆形或狭椭圆形，长 7~10.5 cm，宽 1~3.5 cm。总状花序出自老茎上部，花序轴纤细，疏生 1~6 朵花；萼片和花瓣淡粉红色；唇瓣白色。

石斛属 广东石斛

Dendrobium kwangtungense **Tso**

多年生草本。茎圆柱形，长 10~30 cm，直径 4~6 mm。叶基部下延为包茎的鞘，叶狭长圆形，2 列，长 3~5 cm，宽 6~12 mm。花序从老茎中上部发出，有花 1~2 朵，花乳白色。

石斛属 美花石斛

Dendrobium loddigesii **Rolfe**

多年生草本。茎圆柱形，下垂，长 10~45 cm，直径 3 mm。叶基部下延为包茎的鞘，叶长圆状披针形，2 列，长 3~4 cm，宽 1~1.3 cm。总状花序茎上部，有花 1~2 朵，花白色。

毛兰属 半柱毛兰

Eria corneri **Rchb. f.**

附生草本。假鳞茎长 2~5 cm，直径 1~2.5 cm，有 2~3 片叶。叶椭圆状披针形，长 15~45 cm，宽 1.5~ 6cm。有花 10 余朵。蒴果开裂。

钳唇兰属 钳唇兰

Erythrodes blumei **(Lindl.) Schltr.**

植株高 18~60 cm。叶长 4.5~10 cm，宽 2~6 cm。总状花序，花苞片披针形，子房圆柱形，花较小，中萼片长椭圆形，花瓣倒披针形。

斑叶兰属 多叶斑叶兰

Goodyera foliosa **(Lindl.) Benth. ex C . B. Clarke**

草本。根状茎匍匐，具节。叶卵形或长圆形，长 2.5~7 cm，宽 1.6~2.5 cm，叶面深绿色。总状花序多朵，侧萼片不张开，萼片背面被毛。

斑叶兰属 斑叶兰

Goodyera schlechtendaliana **Rchb. f.**

草本。叶卵形或卵状披针形，长 3~8 cm，宽 8~25 mm，叶面有不均匀白色点状斑纹。总状花序有花多达 20 朵。

斑叶兰属 绿花斑叶兰

Goodyera viridiflora **(Blume) Lindl. ex D. Dietr.**

高 13~20 cm。茎直立，绿色，具 2~5 枚叶。叶片为偏斜的卵形，绿色。总状花序具 2~3 朵花，花绿色，无毛；花瓣白色。花期 8~9 月。

翻唇兰属 白肋翻唇兰

Hetaeria cristata **Blume**

地生小草本植物。叶为斜卵形或卵状披针形，通常长 3~9 cm，宽 1.5~4 cm，沿中肋常具 1 条白色的条纹。总状花序，唇瓣前部 3 裂。蒴果。

玉凤花属 橙黄玉凤花

Habenaria rhodocheila **Hance**

地生草本。高 8~35 cm。块茎长圆形。叶线状披针形，长 10~15 cm，宽 1.5~2 cm。花葶无毛，花橙红色，侧萼片稍扁斜。

羊耳蒜属 镰翅羊耳蒜

Liparis bootanensis **Griff.**

附生草本。假鳞茎长 0.8~1.8 cm，直径 4~8 mm，顶生叶 1 枚。叶倒披针形，长 8~22 cm，宽 1~3.3 cm。总状花序外弯或下垂。蒴果。

羊耳蒜属 见血青

Liparis nervosa **(Thunb.) Lindl.**

地生草本。茎肉质圆柱形，竹茎状。叶卵形，长 5~11 cm，宽 3~8 cm。总状花序，花紫色。蒴果倒卵状长圆形或狭椭圆形。

鹤顶兰属 鹤顶兰

Phaius tancarvilleae **(L'H é r.) Blume**

地生草本。假鳞茎圆锥形，长约 6 cm，直径 4~6 cm。叶数枚，长圆形或椭圆形。花茎长达 1 m，唇瓣位于上方。蒴果。

鹤顶兰属 黄花鹤顶兰

Phaius flavus **(Blume) Lindl.**

草本。假鳞茎卵状圆锥形，长 5~6 cm，直径 2.5~4 cm。叶长椭圆形，通常具黄色斑块。总状花序具数朵至 20 朵花，花黄色。

石仙桃属 石仙桃

Pholidota chinensis **Lindl.**

根状茎通常较粗壮。叶倒卵状椭圆形，长 5~22 cm，宽 2~6 cm；总状花序具数朵至20余朵花，花白色或带浅黄色。蒴果倒卵状椭圆形。

舌唇兰属 小舌唇兰

Platanthera minor **(Miq.) Rchb. f.**

地生草本。块茎椭圆形。叶披针形或线状披针形，叶通常长6~15 cm，宽 1.5~5 cm。花瓣与中萼片黏合呈兜状。

带唇兰属 心叶带唇兰

Tainia cordifolia **Hook. f.**

地生草本。有匍匐根状茎，假鳞茎细长，肉质。顶生 1 片叶，叶卵状心形，长 7~15 cm，宽 4~8 cm，基部心形，花扭转，与云叶兰相似。

带唇兰属 带唇兰

Tainia dunnii **Rolfe**

地生草本。假鳞茎暗紫色。叶椭圆状披针形，长 12~35 cm，宽0.6~4 cm。花茎长 30~60 cm，唇瓣中裂片顶端截平或短尖。

带唇兰属 大花带唇兰

Tainia macrantha **Hook. f.**

假鳞茎细圆柱形，顶生 1 叶。叶椭圆形，长 14~20cm，宽4~7cm。花大，上半部朱红色，中萼片狭披针形，唇瓣近戟形，具3 条褶片。

A66 仙茅科 Hypoxidaceae

仙茅属 大叶仙茅

Curculigo capitulata (Lour.) Kuntze

大型草本。叶纸质，长 30~90 cm，宽 5~14 cm，叶柄通常长 30~80 cm。花葶长 10~30 cm；总状花序缩短成头状。浆果近球形，白色。

萱草属 萱草

Hemerocallis fulva (L.) L.

草本。根近肉质，中下部有纺锤状膨大。叶一般较宽，线形，50~90 cm。花橘红色或橘黄色，花被管长不到 3 cm。蒴果椭圆形。

A72 日光兰科 Asphodelaceae

山菅兰属 山菅

Dianella ensifolia (L.) DC.

草本。高达 2 m。叶狭条状披针形，长 30~80 cm，宽 1~2.5 cm；叶鞘套叠。顶端圆锥花序长 10~40 cm。浆果球形，熟时蓝色。

A73 石蒜科 Amaryllidaceae

石蒜属 石蒜

Lycoris radiata (L'H é r.) Herb.

鳞茎近球形。秋季出叶，叶狭带状。花鲜红色；花被裂片狭倒披针形，强度皱缩和反卷；花被筒绿色；雄蕊显著伸出于花被外。花期 8~9 月，果期 10 月。

A74 天门冬科 Asparagaceae

天门冬属 天门冬

Asparagus cochinchinensis (Lour.) Merr.

攀缘植物。叶状枝线形或因中脉凸起而略呈三棱形，镰状弯曲。花单性，1~2 朵簇生于叶腋；花被片淡绿色。浆果熟时红色。

蜘蛛抱蛋属 流苏蜘蛛抱蛋

Aspidistra fimbriata F. T. Wang & K. Y. Lang

根状茎直径为 4~6 mm。叶为矩圆状披针形，长 30~43 cm，宽 3.5~6 cm。花被钟形，外面具紫色细点；雌蕊长 4 mm；柱头盾状膨大，圆形，柱短。

竹根七属 竹根七

Disporopsis fuscopicta Hance

多年生草本。根状茎念珠状。叶纸质，卵形或椭圆形，具柄，两面无毛。花 1~2 朵生于叶腋，白色，内带紫色，稍俯垂。浆果近球形，直径 7~14 mm。

山麦冬属 禾叶山麦冬

Liriope graminifolia (L.) Baker

根细或稍粗。叶基生，线形。花白色或淡紫色；子房近球形。种子卵圆形或近球形，直径 4~5 mm，初期绿色，成熟时蓝黑色。花期 6~8 月，果期 9~11 月。

山麦冬属 阔叶山麦冬

Liriope muscari (Decne.) L. H. Bailey

根细分枝多，有小块根。叶成丛，长 25~65 cm，宽 1~3.5 cm。花葶长于叶，苞片近刚毛状，花被片矩圆状披针形，紫色或红紫色。种子球形。

山麦冬属 山麦冬

Liriope spicata (Thunb.) Lour.

草本。叶基生，线形，宽 2~4 mm，具细锯齿。总状花序；花葶短于叶，花药长约 1 mm。果未熟前形裂，露出浆果状种子。

球子草属 大盖球子草

Peliosanthes macrostegia Hance

草本。叶 2~5 枚，披针状长圆形，长 15~25 cm，有 5~9 条主脉；叶柄长 20~30 cm。总状花序，花单生于苞腋。果近圆形，长约 1 cm。

黄精属 多花黄精

Polygonatum cyrtonema Hua

草本。根状茎粗大，念珠状，直径达 2 cm。叶茎生，长椭圆形，宽 2~7 cm。伞形花序，花被长 1.8~2.5cm，无色斑。浆果黑色。

A85 芭蕉科 Musaceae

芭蕉属 野蕉
Musa balbisiana **Colla**

直立散生草本。叶卵状长圆形，几对称，无白粉。花序半下垂，被毛，合生花被片齿裂。浆果。种子陀螺状，直径 2~3 mm。

A88 闭鞘姜科 Costaceae

闭鞘姜属 闭鞘姜
Costus speciosus **(J. Koenig.) Sm.**

草本。叶鞘闭合，叶螺旋状排列，叶背密被绢毛。穗状花序从茎端生出，花冠裂片白色或顶部红色。蒴果稍木质，红色。

A87 竹芋科 Marantaceae

柊叶属 柊叶
Phrynium rheedei **Suresh & Nicolson**

草本。高 1~2 m。叶长圆形，长 25~50 cm；叶枕长 3~7 cm；叶柄长达 60 cm。头状花序直径 5 cm，花冠深红。果梨形，具 3 棱。

A89 姜科 Zingiberaceae

山姜属 三叶山姜
Alpinia austrosinense **(D. Fang) P. Zou & Y. S. Ye**

多年生草本。叶片狭椭圆形或长圆形，很少卵形或倒披针形，长 10~40 cm，宽 3.5~11 cm。蒴果球状，熟时红色。

山姜属 山姜

Alpinia japonica (Tunb.) Miq.

草本。叶披针形，长 25~40 cm，宽 4~7 cm，两面特别背面密被短柔毛。总状花序。果球形或椭圆形，被短柔毛，直径 1~1.5 cm。

山姜属 假益智

Alpinia maclurei Merr.

株高 1~2 m。叶片披针形，长 30~80 cm，宽 8~20 cm，叶背被短柔毛；叶柄长 1~5 cm。圆锥花序直立，长 30~40 cm，多花，被灰色短柔毛。果球形，直径约 1 cm。

山姜属 箭秆风

Alpinia jianganfeng T. L. Wu

叶披针形，先端细尾尖，基部渐窄；叶舌 2 裂，具缘毛。穗状花序，花萼筒状，唇瓣倒卵形。蒴果球形，被柔毛，顶端有宿存萼管。

山姜属 华山姜

Alpinia oblongifolia Hayata

草本。叶披针形或卵状披针形，长 20~30 cm，宽 3~10 cm，无毛。狭窄圆锥花序，花白色，萼管状。果球形，直径 5~8 mm。

山姜属 密苞山姜

***Alpinia stachyodes* Hance**

多年生草本。叶片椭圆状披针形，顶端渐尖，边缘及顶端密被茸毛；叶柄、叶舌及叶鞘均被茸毛。穗状花序花多，密生；苞片长圆形。果球形。花、果期 6~8 月。

舞花姜属 舞花姜

***Globba racemosa* Sm.**

草本。根状茎球形。叶长圆形或卵状披针形，长 12~20 cm，宽 4~5 cm。花黄色，各部均具橙色腺点；花萼管漏斗形。蒴果椭圆形，直径约 1 cm。

大苞姜属 黄花大苞姜

***Caulokaempferia coenobialis* (Hance) K. Larsen**

小草本。叶披针形，长 5~14 cm，宽 1~2 cm。苞片披针形，长 3~5 cm，花黄色。

姜属 阳荷

***Zingiber striolatum* Diels**

草本。叶披针形，长 25~35 cm，宽 3~6 cm。花序近卵形；花冠管白色；唇瓣倒卵形，浅紫色，3 裂。蒴果熟时开裂成 3 瓣。

A94 谷精草科 Eriocaulaceae

谷精草属 华南谷精草

Eriocaulon sexangulare L.

草本。高 20~60 cm。叶线形，长 10~32 cm，宽 4~10 mm，叶片对光照射后能见横格。花序球形，直径 6.5 mm；花瓣 3 枚，膜质，线形。蒴果。

A97 灯心草科 Juncaceae

灯心草属 灯心草

Juncus effusus L.

草本，高 27~91 cm。叶片退化，叶鞘包围茎基部，基部红褐至黑褐色。聚伞花序假侧生，含多花，花淡绿色。蒴果长圆形。

灯心草属 笄石菖

Juncus prismatocarpus R. Br.

多年生草本，高 30~50 cm。叶线形，宽 2~3 mm，扁平。头状花序顶生组成聚伞花序；总苞片叶状；雄蕊 3。蒴果三棱状圆锥形。

A98 莎草科 Cyperaceae

球柱草属 球柱草

Bulbostylis barbata (Rottb.) C. B. Clarke

一年生草本。叶纸质，极细，线形，背面叶脉间疏被微柔毛；叶鞘薄膜质。小穗数枚簇生，排成头状的长侧枝聚伞花序。小坚果表面有方形网纹。

薹草属 广东薹草

Carex adrienii **E. G. Camus**

根状茎近木质。叶片狭椭圆形、狭椭圆状倒披针形。圆锥花序复出；小穗20个或较少；雄花部分长于雌花部分。小坚果卵形。

薹草属 滨海薹草

Carex bodinieri **Franch.**

草本。总苞片无鞘，小穗3~4枚出自1苞片内，小穗单性，顶生小穗雌雄顺序，柱头2枚。果囊平凸，长椭圆形，长2 mm，上部或边缘被毛，与粟褐苔草相似。

薹草属 浆果薹草

Carex baccans **Nees**

草本。茎中生。茎生叶发达，枝先出、囊状。圆锥花序复出；总苞片叶状；小穗雄雌顺序。果囊成熟时红色，有光泽。

薹草属 褐果薹草

Carex brunnea **Thunb.**

无根状茎或具很短根状茎，秆丛生。叶短于或等长于秆，平张，顶端急尖，边缘具疏细齿。小穗单生于辐射枝顶端。花、果期6~9月。

薹草属 中华薹草
Carex chinensis Retz.

根状茎短，斜生，木质。叶长于秆，宽 3~9 mm。侧生小穗雌性，顶端和基部常具几朵雄花。小坚果紧包于果囊中。花、果期 4~6 月。

薹草属 隐穗薹草
Carex cryptostachys Brongn.

草本。茎侧生。叶长于秆，宽 6~15 mm，两面平滑，边缘粗糙，革质。小穗 6~10 个。小坚果三棱状菱形，长 2.5~3 mm。

薹草属 十字薹草
Carex cruciata Wahl.

草本。叶基生和秆生，扁平，边缘具短刺毛，基部具暗褐色、分裂成纤维状的宿存叶鞘。圆锥花序复出，长 20~40 cm。小坚果卵状椭圆形。

薹草属 蕨状薹草
Carex filicina Nees

秆密丛生，锐三棱形。叶长于秆，边缘密生短刺毛。苞片叶状，长于支花序；圆锥花序，小苞片鳞片状。果囊椭圆形，小坚果椭圆形。

薹草属 长梗薹草

Carex glossostigma **Hand.–Mazz.**

根状茎较粗壮而长。营养茎的叶长 20~40 cm，宽 10~25 mm。小穗雄雌顺序，长 2~3 cm。结果时果囊疏生；柄细弱，常伸出苞鞘之外。花柱基部不膨大，柱头 3 个。果囊三棱形。

薹草属 斑点果薹草

Carex maculata **Boott**

根状茎较细而长。秆丛生，高 30~55 cm。叶通常短于秆，宽 3~6 mm。苞片叶状，长于花序。小穗 3~4 个，直立。花柱基部不增粗，柱头 3 个。果囊三棱形，密生紫红色乳头状突起。

薹草属 条穗薹草

Carex nemostachys **Steud.**

根状茎粗短，木质，具地下匍匐茎。叶长于秆，宽 6~8 mm。小穗 5~8 个，顶生小穗为雄小穗；其余小穗为雌小穗。果囊后期向外张开。花、果期 9~12 月。

薹草属 镜子薹草

Carex phacota Spreng.

根状茎短。秆丛生，高 20~75 cm。叶与秆长度几乎想等，宽 3~5 mm。小穗 3~5 个，稀少顶部有少数雌花。小坚果近圆形或宽卵形。花、果期 3~5 月。

薹草属 密苞叶薹草

Carex phyllocephala T. Koyama

秆高 20~60 cm，钝三棱形。叶排列紧密，长于秆，具稍长的叶鞘，紧包着秆。苞片叶状，密集于秆的顶端长于花序。小穗 6~10 枚。

薹草属 根花薹草

Carex radiciflora Dunn

秆极短。叶长 25~70 cm，宽 1.4~2 cm，先端渐尖，基部具叶鞘。苞片鞘状。小穗 3~6 个，基生，彼此极靠近。小坚果椭圆形，具喙。

薹草属 花葶薹草

Carex scaposa **C. B. Clarke**

草本。叶基生或秆生，叶为狭椭圆形或者椭圆形，长 10~35 cm，宽 2~5 cm。圆锥花序复出，小穗雄花短于雌花。小坚果椭圆形，成熟时褐色。

薹草属 截鳞薹草

Carex truncatigluma **C. B. Clarke**

秆侧生，高 10~30 cm。叶长于秆，宽 6~10 mm。苞片短叶状；小穗 4~6 个，顶生小穗雄性；侧生小穗雌性，长 2~5 cm，花稍疏。果囊长于鳞片。

薹草属 芒尖鳞薹草

Carex tenebrosa **Boott**

秆高 60~150 cm。叶长于秆，宽 5~8 mm。苞片刚毛状；小穗 3~4 个，小穗具长柄；雌花鳞片长圆形，具带刺长芒。果囊先端渐狭成长喙。

薹草属 三念薹草

Carex tsiangii **F. T. Wang & Tang**

草本。茎侧生，茎生叶，总苞片佛焰苞状，基生叶数片成束，较高为分蘖枝，禾叶状，宽 5~7 mm。小穗雌雄顺序，枝先出叶囊状。

莎草属 扁穗莎草

Cyperus compressus L.

一年生草本。基部具较多叶，叶灰绿。长侧枝聚伞花序简单，穗状花序轴短；小穗长 1~3 cm，小穗轴有翅。小坚果表面具细点。

莎草属 砖子苗

Cyperus cyperoides (L.) Kuntze

草本。叶下部常折合。长侧枝聚伞花序简单；每伞梗顶端 1 个穗状花序，穗状花序圆柱形，宽 6~8 mm。小坚果狭长圆形。

莎草属 异型莎草

Cyperus difformis L.

一年生草本。长侧枝聚伞花序疏展，有长短不等伞梗；小穗多数，放射状排列；鳞片顶端短直；雄蕊 1~2 枚。小坚果淡黄。

莎草属 多脉莎草

Cyperus diffusus Vahl

一年生草本。叶片一般较宽，最宽达 2cm，粗糙。长侧枝聚伞花序多次复出；小穗数目较多，轴具狭翅。小坚果深褐色。

莎草属 移穗莎草

Cyperus eleusinoides Kunth

多年生草本，花序圆柱形，小穗多数，直立，穗状花序紧密，紧密，花柱长 0.5mm。与垂穗莎草相似。

莎草属 广东高秆莎草

Cyperus exaltatus Retz. var. *tenuispicatus* L. K. Dai.

一年生草本。高 10~40 cm。叶短，2~3 片。长侧枝聚伞花序复出，8~12 伞梗；小穗多数；雄蕊 3(1) 枚。坚果具疣状小突起。

莎草属 畦畔莎草

Cyperus haspan L.

一年生草本，高 10~40 cm。叶短，2~3 片。长侧枝聚伞花序复出，8~12 伞梗；小穗多数；雄蕊 3(1) 枚。坚果具疣状小突起。

莎草属 碎米莎草

Cyperus iria L.

一年生草本。叶少数。长侧枝聚伞花序复出；穗状花序轴伸长，小穗长 3~10 mm，小穗轴无翅。坚果具密的微突起细点。

莎草属 香附子

Cyperus rotundus L.

多年生草本。叶片多而长。长侧枝聚伞花序简单或复出，穗状花序轮廓为陀螺形；小穗少数，压扁。小坚果长圆状倒卵形。

荸荠属 龙师草

Eleocharis tetraquetra Nees

多年生草本。茎四棱形。叶缺，只在秆的基部有2~3个叶鞘。小穗非长圆柱形，较茎宽，柱头3枚。小坚果成熟时淡褐色，具短而粗的柄。

荸荠属 牛毛毡

Eleocharis yokoscensis (Franch. & Sav.) Tang & F. T. Wang

秆多数，细如毛发，密丛生如牛毛毡。叶鳞片状。小穗卵形，淡紫色，基部1鳞片抱小穗基部一周，上部鳞片螺旋状排列。小坚果窄长圆形。

飘拂草属 夏飘拂草

Fimbristylis aestivalis (Retz.) Vahl.

无根状茎。秆密而丛生，基部具少数叶。叶通常短于秆，宽0.5~1 mm，丝状。长侧枝聚散花序复出。小坚果倒卵形。花期5~8月。

飘拂草属 两歧飘拂草

***Fimbristylis dichotoma* (L.) Vahl**

多年生草本。根状茎短。茎基部的叶鞘无叶片；叶舌为1圈短毛。小穗长圆形；鳞片螺旋状排列；花柱扁平，柱头2枚。坚果具显著纵肋。

飘拂草属 畦畔飘拂草

***Fimbristylis squarrosa* Vahl**

多年生草本。无根状茎。茎基部的叶鞘无叶片；叶舌为1圈短毛。长侧枝简单；3~6小穗，长圆形；鳞片螺旋状排列；雄蕊1枚。小坚果倒卵形，双凸状。

飘拂草属 四棱飘拂草

***Fimbristylis tetragona* R. Br.**

多年生草本。根状茎短，茎四棱形。叶鞘具棕色膜质的边，无叶片。小穗单生顶端；鳞片紧密地呈螺旋状排列，淡棕黄色。坚果表面具六角形网纹。

黑莎草属 散穗黑莎草

***Gahnia baniensis* Benl**

草本。植株基部黄绿色。茎圆柱形。叶有背、腹之分，有明显的中脉。花序散生；花两性；雄蕊3枚。小坚果骨质，有光泽。

黑莎草属 黑莎草

Gahnia tristis Nees

草本。植株基部黑褐色，茎圆柱形。叶有背、腹之分，中脉明显。花序穗状，小穗有 1~3 能结实的两性花。小坚果骨质。

水蜈蚣属 短叶水蜈蚣

Kyllinga brevifolia Rottb.

草本，株高 5~50 cm。根状茎延长。叶片长 5~15 cm。穗状花序单生，鳞片 2 行排列，背面的龙骨状凸起有翅。小坚果褐色。

水蜈蚣属 单穗水蜈蚣

Kyllinga nemoralis (J. R. Forster & G. Forster) Dandy ex Hutch.

多年生草本。叶平张，柔弱。穗状花序常 1 个，具极多数小穗；小穗压扁，具 1 朵花；鳞片舟状。小坚果较扁，顶端短尖。

鳞籽莎属 鳞籽莎

Lepidosperma chinense Nees & Meyen ex Kunth

草本。茎圆柱状，长达 130 cm。叶无背、腹之分。花两性；小穗鳞片螺旋状排列；花柱基部脱落。坚果平滑，有光泽。

湖瓜草属 华湖瓜草
Lipocarpha chinensis **(Osbeck) J. Kern**

矮小草本。叶线形，宽 2~4 mm。穗状花序 3~7 个簇生，银白色；小总苞片具直立的短尖头；花被鳞片状。小坚果微弯。

扁莎属 多枝扁莎
Pycreus polystachyos **(Rottb.) P. Beauv.**

草本。植株高 20~60 cm。叶平张，稍硬。长侧枝聚伞花序简单，伞梗 5~8 枚；小穗宽 1~2 mm，直立。小坚果两面无凹槽。

扁莎属 矮扁莎
Pycreus pumilus **(L.) Nees**

草本。高 2~20 cm。叶少，宽约 2 mm，折合或平张。苞片 3~5 枚，叶状；小穗宽 1~2 mm，鳞片两侧无槽，稍向外弯。小坚果双凸状。

刺子莞属 华刺子莞
Rhynchospora chinensis **Nees & Meyen ex Nees**

草本。茎较粗壮，直径约 1.5 mm，叶宽 1.5~3 mm。下位刚毛有顺向小刺。小坚果有皱纹。

刺子莞属 刺子莞

Rhynchospora rubra **(Lour.) Makino**

草本。叶全部基生，钻状线形。头状花序单个顶生；小穗钻状披针形；花柱基部膨大而宿存。小坚果阔倒卵形，长约 1.5 mm。

水葱属 萤蔺

Schoenoplectus juncoides **(Roxb.) Palla**

丛生草本。头状花序假侧生，由 2~7 小穗组成，总苞片圆柱形；小穗卵形，具多数花。小坚果宽倒卵形，熟时黑褐色，具光泽。

水葱属 水毛花

Schoenoplectus mucronatus **(L.) Palla subsp. *robustus* (Miq.) T. Koyama**

草本。茎三棱形。头状花序由 9~20 个小穗组成，无伞梗，总苞片圆柱形。小坚果狭倒卵形，长约 0.5 mm，有不明显疣状突起，下位刚毛 6 条，有顺刺。

藨草属 细枝藨草

Scirpus filipes **C. B. Clarke**

秆坚挺，高 70~100 cm，三棱形。叶常短于秆，宽 5~6 mm。叶状苞片 1~2 枚，长于花序；简单长侧枝聚花序生，具 7~12 个辐射枝；小穗 2~6 个簇生于辐射枝顶端。

藨草属 百穗藨草
Scirpus ternatanus **Reinw. ex Miq.**

草本。叶坚硬，革质；下部叶鞘黑紫色，稍有光泽。小穗无柄；鳞片螺旋状排列；花柱基部不膨大。坚果双凸状，淡黄色。

珍珠茅属 华珍珠茅
Scleria ciliaris **Nees**

秆疏丛生，三棱形，高 70~120 cm。叶线形，宽 6~9 mm；在秆中部以上的鞘具 1~3 mm 宽的翅；叶舌为舌状，长 4~12 mm，无毛。小坚果被微硬毛。

珍珠茅属 二花珍珠茅
Scleria biflora **Roxb.**

秆丛生，三棱形。叶秆生，线形，叶舌半圆形。苞片叶状，具鞘，小苞片刚毛状，圆锥花序，小穗披针形。小坚果近球形，顶端具白色短尖。

珍珠茅属 毛果珍珠茅
Scleria levis **Retz.**

草本，有匍匐茎。植株各部被短柔毛。叶鞘 1~8 cm，纸质。花序圆锥状，小穗 1 或 2 簇生，花盘淡黄色。小坚果白色。

针蔺属 玉山针蔺

Trichophorum subcapitatum **(Thwaites & Hook.) D. A. Simpson**

草本。秆浓密簇生，基部被5~6个无叶叶鞘覆盖。伞房花序顶生，小穗单个顶生，每个小穗只有少数几朵花。小坚果黄棕色，长圆形到椭圆形。

A103 禾本科 Poaceae

看麦娘属 看麦娘

Alopecurus aequalis **Sobol.**

一年生草本。秆少数丛生，高15~40 cm。叶鞘光滑；叶片扁平，长3~10 cm。圆锥花序紧缩成圆柱状；小穗椭圆形或卵状长圆形，长2~3 cm。颖膜质。花、果期4~8月。

看麦娘属 日本看麦娘

Alopecurus japonicus **Steud.**

一年生草本。叶无横脉。圆锥花序穗状。外稃无芒，小穗脱节于颖之下，长5~6 cm，两侧压扁；1朵能育小花。颖果半椭圆形。

水蔗草属 水蔗草

Apluda mutica **L.**

多年生草本。秆高50~300 cm。叶片扁平，长10~35 cm。圆锥花序；小穗成对着生；有2朵小花，能育小花具芒。颖果卵形。

野古草属 石芒草

Arundinella nepalensis **Trin.**

多年生草本。秆高 90~190 cm，节间上段常具有白粉。叶宽 1~1.5 cm。圆锥花序长圆形，分枝不及 9 cm；小穗具柄。颖果棕褐色。

簕竹属 粉箪竹

Bambusa chungii **McClure**

乔木状。秆节间幼时被白粉；箨片外反；箨鞘背面被刺毛。叶片较厚，披针形。小穗无柄。成熟颖果卵形，腹面有沟槽。

地毯草属 地毯草

Axonopus compressus **(Sw.) P. Beauv.**

多年生草本。高 8~60 cm。节密被灰白色柔毛。叶较薄，宽 6~12 mm。总状花序 2~5 枚；小穗单生，长 2.2~2.5 mm；柱头白色。

簕竹属 大眼竹

Bambusa eutuldoides **McClure**

秆高 6~12 m，直径 4~6 cm，下部挺直；节间长 30~40 cm。箨鞘背面通常无毛；箨舌高 3~5 mm，边缘呈不规则齿裂或条裂。叶鞘无毛；叶片披针形，长 12~25 cm。

簕竹属 绿竹

Bambusa oldhamii **Munro**

乔木状。箨片直立，有箨耳，箨鞘背面有无异色斑点，秆节间无毛，秆节间全绿色，箨舌高约 1 mm。

簕竹属 青皮竹

Bambusa textilis **McClure**

乔木状。箨鞘顶端凸拱；箨耳非镰形，不被箨片掩盖，宽不达 1 cm。叶背绿色，先端具细尖头。小穗有柄。成熟颖果未见。

簕竹属 撑篙竹

Bambusa pervariabilis **McClure**

丛生乔木状。节间具黄绿色纵条纹。箨耳不相等；箨片基部与箨耳连接部分为 3~7 mm，箨片易脱落。颖果幼时宽卵球状。

簕竹属 青竿竹

Bambusa tuldoides **Munro**

乔木状。叶背绿色，箨鞘顶端凸拱，箨耳非镰形，箨耳不被箨片基部掩盖，箨片基部与箨耳连接部分为 3~7 mm，秆下部无杂色，箨耳边缘被曲毛，秆基部空心。

臂形草属 四生臂形草
Brachiaria subquadripara **(Trin.) Hitchc.**

一年生。秆高 20~60 cm，纤细。叶片披针形至线状披针形。小穗长圆形。花、果期 9~11 月。

假淡竹叶属 假淡竹叶
Centotheca lappacea **(L.) Desv.**

多年生草本。叶片长椭圆状披针形，叶有明显小横脉。圆锥花序，小穗有 2~7 朵小花。颖果椭圆形，长 1~1.2 mm。

细柄草属 细柄草
Capillipedium parviflorum **(R. Br.) Stapf**

簇生草本。秆高 50~100 cm，秆质较柔软，单一或具直立贴生的分枝。叶片多为线形，不具白粉。有柄小穗等长或较短于无柄小穗，无柄小穗的第一颖背部具沟槽。花、果期 8~12 月。

金须茅属 竹节草
Chrysopogon aciculatus **(Retz.) Trin.**

多年生草本。高 20~50 cm。叶片披针形，宽 4~6 mm，边缘具小刺毛。圆锥花序由顶生 3 小穗组成；有柄小穗基盘被短柔毛。

薏苡属 薏苡

Coix lacryma-jobi L.

一年生粗壮草本。秆高 1~2 m，10 节以上。叶片宽 1.5~3 cm。总状花序腋生成束；总苞珐琅质，坚硬，有光泽。颖果不饱满。

弓果黍属 弓果黍

Cyrtococcum patens (L.) A. Camus

一年生草本。叶披针形，长 3~8 cm，宽 3~10 mm。圆锥花序长不超过 15 cm，宽不过 6 cm；小穗柄长于小穗；外稃背部弓状隆起。

狗牙根属 狗牙根

Cynodon dactylon (L.) Pers.

多年生草本。具根茎或匍匐茎。节生不定根。叶舌有一轮纤毛，叶线形。穗状花序；小穗灰绿色或紫色。颖果长圆柱形。

弓果黍属 散穗弓果黍

Cyrtococcum patens (L.) A. Camus var. *latifolium* (Honda) Ohwi

一年生草本。植株被毛。叶长 7~15 cm，宽 1~2 cm，脉间具小横脉。圆锥花序长达 30 cm，宽超过 15 cm；小穗柄远长于小穗。

牡竹属 麻竹

Dendrocalamus latiflorus **Munro**

乔木状。箨舌顶端齿裂，秆高 20~25 m，直径 15~30 cm，箨鞘背面略被小刺毛，易落变无毛。叶长椭圆状披针形，长 15~35 cm。果为囊果状。

稗属 光头稗

Echinochloa colona **(L.) Link**

草本。秆直立，高 10~60 cm。叶线形，长 3~20 cm，宽 3~7 mm。小穗阔卵形或卵形，顶端急尖或无芒；第一颖长为小穗的 1/2。

马唐属 红尾翎

Digitaria radicosa **(J. Presl) Miq.**

一年生。叶片较小，披针形。总状花序 2~3 枚；小穗孪生，长 2.8~3 mm；第一颖中脉两侧距离最宽；第二外稃有纵细条纹。

稗属 稗

Echinochloa crusgalli **(L.) P. Beauv.**

一年生草本。秆基部倾斜或膝曲。叶鞘疏松裹秆；叶片扁平，线形。圆锥花序直立，分枝柔软；小穗卵形；芒长 0.5~1.5 cm。

稗属 无芒稗

Echinochloa crusgalli* (L.) P. Beauv. var. *mitis* (Pursh) Peterm.

一年生草本。秆高 50~120 cm，直立粗壮。叶片长 20~30 cm，宽 6~12 mm。圆锥花序直立，长 10~20 cm，分枝斜上举而开展，常再分枝。

䅟属 牛筋草

***Eleusine indica* (L.) Gaertn.**

一年生草本。秆丛生。叶鞘压扁而具脊；叶片平展，线形。穗状花序 2~7 个指状着生于秆顶，弯曲，宽 8~10 mm。囊果卵形。

画眉草属 鼠妇草

***Eragrostis atrovirens* (Desf.) Trin. ex Steud.**

多年生草本。叶鞘光滑，鞘口有毛；叶扁平或内卷，上面近基部疏生长毛。圆锥花序开展；小花外稃和内稃同时脱落。

画眉草属 知风草

***Eragrostis ferruginea* (Thunb.) P. Beauv.**

多年生草本，高 30~110 cm。叶片平展或折叠，长 20~40 mm，宽 3~6 mm。圆锥花序大而开展；小穗长圆形，有 7~12 小花。颖果棕红色。

画眉草属 乱草

Eragrostis japonica **(Thunb.) Trin.**

一年生草本。叶鞘松裹茎；叶片平展。圆锥花序长圆形；小穗卵圆形，成熟后紫色；小花随小穗轴关节自上而下逐节脱落。

画眉草属 鲫鱼草

Eragrostis tenella **(L.) P. Beauv. ex Roem. & Schult.**

一年生草本，高 15~60 cm。叶片较为扁平，长 2~10 cm，宽 3~5 mm。圆锥花序开展，分枝单一或簇生，小穗长约 2 mm，含小花 4~10 朵。颖果长圆形，深红色。

画眉草属 画眉草

Eragrostis pilosa **(L.) P. Beauv.**

一年生草本，高 10~60 cm。秆通常具 4 节。叶片线形，无毛。圆锥花序，分枝腋间有毛；小穗有花 3~14 朵；第一颖无脉。

蜈蚣草属 蜈蚣草

Eremochloa ciliaris **(L.) Merr.**

多年生草本。叶鞘互相跨生；叶片常直立。总状花序单生，常弓曲；无柄小穗覆瓦状排列；有柄小穗完全退化。颖果长圆形。

鹧鸪草属 鹧鸪草

Eriachne pallescens **R. Br.**

丛生状小草本。叶片多纵卷成针状，被疣毛。圆锥花序稀疏；小穗有 2 至多朵能育小花，小穗轴不延伸。颖果长圆形。

耳稃草属 无芒耳稃草

Garnotia patula **(Munro) Benth var. *mutica* (Munro) Rendle**

多年生草本，外稃无芒，秆高 20~60 cm，第一颖无芒，顶端短尖头。

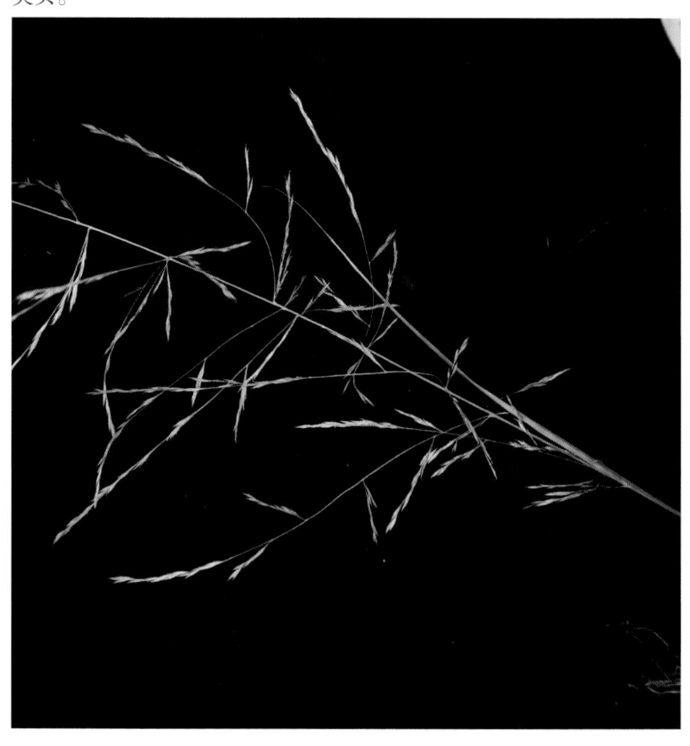

耳稃草属 耳稃草

Garnotia patula **(Munro) Benth.**

多年生草本。叶鞘具脊，叶舌具毛；叶线状披针形。圆锥花序，小穗狭披针形，两颖先端渐尖至具短尖头；内稃近基部边缘具耳。

距花黍属 大距花黍

Ichnanthus pallens **(Swartz) Munro ex Bentham var. *major* (Nees) Stieber**

多年生草本。叶片卵状披针形至卵形，通常长 3~8 cm，宽 1~2.5 cm，两面通常被短柔毛或无毛，脉间有小横脉。圆锥花序顶生或腋生。

箬竹属 粽巴箬竹
Indocalamus herklotsii **McClure**

灌木状。秆箨宿存；箨鞘密被紫褐色伏贴疣基刺毛，具纵肋；箨耳无；箨片多变。叶大型。小穗小花多朵，子房和鳞被未见。

箬竹属 箬叶竹
Indocalamus longiauritus **Hand.-Mazz.**

灌木状，高 0.8~1 m，基部直径 3.5~8 mm；节间长 8~55 cm。叶片大型，长 10~35.5 cm，宽 1.5~6.5 cm，无毛。颖果长椭圆形。

箬竹属 多脉箬竹
Indocalamus multinervis **(W.T. Lin & Z.M. Wu) W.T. Lin**

秆具白色微毛；节下具一棕色毛环。箨鞘具白色微毛与棕色刺毛；箨耳椭圆形至镰形；箨片基部收缩而具颈。末级枝叶片 1~3 枚。

大节竹属 摆竹
Indosasa shibataeoides **McClure**

乔木状或灌木状。箨鞘背面淡桔红色、淡紫色或黄色，具黑褐色条纹，疏被刺毛和白粉。新秆无毛，末级小枝有 1 片叶。叶片椭圆状披针形。

柳叶箬属 白花柳叶箬
Isachne albens **Trin.**

草本。小穗两花同质同形，第一小花两性，植株直立，颖片顶端圆钝，叶鞘无疣基刺毛，小穗长 1.2~1.8 mm。

柳叶箬属 柳叶箬

Isachne globosa (Thunb.) Kuntze

多年草本生。叶片披针形，边缘软骨质。圆锥花序卵圆形，分枝具黄色腺斑；小穗椭圆状球形，长 2~1.2 mm。颖果近球形。

柳叶箬属 平颖柳叶箬

Isachne truncata A. Camus

多年生。节具茸毛。叶片披针形，被细毛。圆锥花序开展，分枝有腺斑，常蛇形弯曲；小穗两花同质同形。颖果近球形。

假稻属 李氏禾

Leersia hexandra Swartz

草本。叶披针形，长 5~12 cm，宽 3~6 mm。圆锥花序分枝多，无小枝；雄蕊 6 枚；花药长 2.5~3 mm；小穗具长约 0.5 mm 的短柄。

千金子属 千金子

Leptochloa chinensis (L.) Nees

一年生小草本。叶舌常撕裂具小纤毛；叶片扁平或卷折。圆锥花序，分枝及主轴微粗糙；小穗多带紫色。颖果长圆球形。

淡竹叶属 淡竹叶

***Lophatherum gracile* Brongn.**

多年生草本。秆通常高 40~80 cm，具 5~6 节。叶披针形，长 6~20 cm。圆锥花序；小穗线状披针形。颖果长椭圆形。

莠竹属 蔓生莠竹

***Microstegium fasciculatum* (L.) Henrard**

多年生草本。秆下部节生根并分枝。叶片不具柄，无毛。总状花序 3~5 枚；无柄小穗长 2~4 mm；第二颖顶端尖。颖果长圆形。

莠竹属 柔枝莠竹

***Microstegium vimineum* (Trin.) A. Camus**

一年生草本。叶片菱状卵形或菱状披针形。圆锥花序顶生，由多数穗状花序形成。种子近球形。花期 7~8 月，果期 9~10 月。

芒属 五节芒

***Miscanthus floridulus* (Labill.) Warb. ex K. Schum. & Lauterb.**

多年生草本。秆高大似竹，高 2~4 m，叶片披针状线形，长 25~60 cm，宽 1.5~3 cm，圆锥花序大型稠密；小穗卵状披针形，黄色。

芒属 芒

Miscanthus sinensis Andersson

多年生草本。叶片下面疏生柔毛及被白粉。圆锥花序，花序轴长达花序的1/2以下，短于总状花序分枝；雄蕊3枚。颖果长圆形。

毛俭草属 假蛇尾草

Mnesithea laevis (Retz.) Kunth

多年生草本。秆节褐色，茎光滑无毛。叶片线形，常对叠。总状花序圆柱形；无柄小穗卵状长圆形，第一颖背面光滑。

类芦属 类芦

Neyraudia reynaudiana (Kunth) Keng ex Hitchc.

多年生。具木质根状茎。秆节间被白粉。叶片扁平或卷折。圆锥花序开展或下垂；小穗第一小花不育；外稃长4 mm。

求米草属 竹叶草

Oplismenus compositus (L.) P. Beauv.

草本。叶片披针形至卵状披针形，长3~9 cm，具横脉。圆锥花序，分枝互生而疏离，长于2 cm；小穗孪生。颖草质，近等长。

求米草属 求米草

Oplismenus undulatifolius (Ard.) Roem. & Schult.

草本。秆纤细，基部平卧地面。叶片扁平，披针形至卵状披针形。圆锥花序长 2~10 cm。花序分枝短于 2 cm，叶、叶鞘、花序轴密被疣基毛。

露籽草属 露籽草

Ottochloa nodosa (Kunth) Dandy

多年生蔓生草本。叶披针形，边缘稍粗糙。圆锥花序多少开展；小穗有短柄，椭圆形，长 2.8~3.2 mm。颖草质，不等长。

求米草属 日本求米草

Oplismenus undulatifolius (Ard.) Roem. & Schult. var. ***japonicus*** (Steud.) Koidz.

草本。叶片阔披针形或狭卵状椭圆形，长 5~15 cm，宽 12~30 mm；叶鞘无毛，仅边缘生纤毛。花序长达 15 cm，主轴无毛，小穗近无毛。

露籽草属 小花露籽草

Ottochloa nodosa (Kunth) Dandy var. ***micrantha*** (Balansa ex A. Camus) S. M Phillips & S. L. Chen

多年生蔓生草本。叶披针形，边缘稍粗糙。圆锥花序，小穗有 2 朵小花，小穗脱节于颖之下，小穗长 2~2.5 mm。

黍属 糠稷

Panicum bisulcatum **Thunb.**

一年生草本，高达 1 m。叶片狭披针形。圆锥花序分枝纤细；第一颖长为小穗的 1/3~1/2。颖果平滑，浆片腊质，具 3~5 脉。

黍属 短叶黍

Panicum brevifolium **L.**

一年生草本。叶舌顶端被纤毛；叶片两面疏被粗毛。圆锥花序分枝具黄色腺点；小穗椭圆形，具蜿蜒长柄。颖果有乳突。

黍属 藤竹草

Panicum incomtum **Trin.**

多年生草本。叶鞘松弛，叶舌被纤毛；叶线状披针形，顶端渐尖，基部圆形，两面被柔毛。圆锥花序，小穗卵圆形，第一颖卵形。

黍属 铺地黍

Panicum repens **L.**

多年生草本，秆高 50~100 cm。叶片质硬，长 5~25 cm。圆锥花序开展，长 5~20 cm；第一颖长为小穗 1/3 以下。颖果浆片纸质，多脉。

黍属 细柄黍

Panicum sumatrense **Roth ex Roem. & Schult.**

草本。叶舌截形；叶线形，长 8~15 cm，宽 4~6 mm，顶端渐尖，基部圆钝，无毛。圆锥花序，花序分枝纤细；小穗卵状长圆形，柄长于小穗。

雀稗属 圆果雀稗

Paspalum scrobiculatum **L. var.** ***orbiculare*** **(G. Forst.) Hack.**

多年生草本。叶片长披针形至线形，长 10~20 cm，宽 5~10 mm，大多无毛。总状花序长 3~8 cm，2~10 枚；小穗柄微粗糙，长约 0.5 mm。

雀稗属 雀稗

Paspalum thunbergii **Kunth ex Steud.**

多年生草本。节被长柔毛。叶片线形，两面被柔毛。总状花序 3~6 枚，互生形成圆锥花序；第二颖与第一外稃皆生微柔毛。

雀稗属 丝毛雀稗

Paspalum urvillei **Steud.**

多年生草本。具短根状茎。秆丛生。叶片长 15~30 cm，宽 5~15 mm。总状花序组成大型总状圆锥花序。

狼尾草属 狼尾草

Pennisetum alopecuroides **(L.) Spreng.**

草本。秆丛生。叶鞘光滑，叶舌具毛；叶线形，先端长渐尖，基部生疣毛。圆锥花序直立，小穗线状披针形，第二外稃披针形。颖果长圆形。

刚竹属 毛竹

Phyllostachys edulis **(Carri è re) J. Houz.**

箨鞘背面具黑褐色斑点及密生棕色刺毛；箨舌尖拱形，箨片长三角形。末级小枝具2~4叶，披针形。花枝穗状，佛焰苞复瓦状排列。

芦苇属 芦苇

Phragmites australis **(Cav.) Trin. ex Steud.**

多年生草本。秆直立，节下被蜡粉。叶鞘长于其节间；叶舌具毛，叶片披针状线形，顶端长渐尖成丝形。圆锥花序大型，分枝多数。

早熟禾属 早熟禾

Poa annua **L.**

一年生或冬性禾草。秆高 6~30 cm。叶片扁平或者对折，长 2~12 cm，宽 1~4 mm。圆锥花序宽卵形，长 3~7 cm；小穗卵形，含 3~5 小花，颖果纺锤形，长约 2 mm。

金发草属 金丝草

Pogonatherum crinitum **(Thunb.) Kunth**

矮小草本，高约 20 cm。秆具纵条纹，节上被髯毛。叶片线形。穗形总状花序单生于秆顶；小穗同形同性。颖果卵状长圆形。

鹅观草属 鹅观草

Roegneria kamoji **(Ohwi) Keng & S. L. Chen**

草本，高 30~100 cm。叶片扁平，长 5~40 cm，宽 3~13 mm；叶鞘外侧边缘常具纤毛。穗状花序长 7~20 cm，弯曲或下垂；小穗绿色或带紫色。

矢竹属 篲竹

Pseudosasa hindsii **(Munro) S. L. Chen & G. Y. Sheng ex T. G. Liang**

灌木状。根状茎细长型。秆节间于分枝一侧扁平，每节 1~3 分枝。小穗有柄，有箨耳，有叶耳，叶次脉 5~9 对。

筒轴茅属 筒轴茅

Rottboellia cochinchinensis **(Lour.) Clayton**

一年生草本。叶片线形。总状花序粗壮直立，花序轴节间肥厚，易逐节断落；无柄小穗嵌生于凹穴中。颖果长圆状卵形。

囊颖草属 囊颖草

Sacciolepis indica **(L.) Chase**

一年生草本。秆高 20~100 cm。叶线形，长 5~20 cm。圆锥花序；小穗斜披针形，长 2~2.5 mm；第一颖为小穗长的 1/3~2/3。颖果椭圆形。

狗尾草属 大狗尾草

Setaria faberi **R. A. W. Herrm.**

秆粗壮而高大，高 50~120cm。圆锥花序紧缩呈圆柱状；小穗椭圆形，具 1~3 枚较粗而直的刚毛；第一外稃与小穗等长。

狗尾草属 棕叶狗尾草

Setaria palmifolia **(J. Koenig) Stapf**

高大草本。叶片纺锤状宽披针形，宽 2~7 cm，具纵深皱折。圆锥花序疏松；部分小穗下有 1 条刚毛。颖果卵状披针形。

狗尾草属 皱叶狗尾草

Setaria plicata **(Lam.) T. Cooke**

多年生草本。叶宽 1~3 cm。圆锥花序狭长圆形或线形；小穗披针形，部分小穗下有 1 条刚毛。颖果狭长卵形，先端具尖头。

轮环藤属 毛叶轮环藤

Cyclea barbata **Miers**

草质藤本。叶纸质或近膜质，叶盾状着生，两面被毛，掌状脉9~10条。花序腋生或生于老茎上。花瓣2，与萼片对生。核果斜倒卵圆形至近圆球形。花期秋季，果期冬季。

秤钩风属 苍白秤钩风

Diploclisia glaucescens **(Blume) Diels**

木质大藤本。叶片下面常有白霜，掌状3~7脉。圆锥花序狭长，长10~20 cm；花淡黄色。核果长圆状狭倒卵圆形，微弯。

轮环藤属 粉叶轮环藤

Cyclea hypoglauca **(Schauer) Diels**

藤本。叶纸质，盾状着生，一般为阔卵状三角形至卵形，通常长为2.5~7 cm，掌状脉5~7条。雄花序穗状；雌花序总状。核果红色。

夜花藤属 夜花藤

Hypserpa nitida **Miers**

木质藤本。叶片长4~10 cm，宽约1.5~5 cm，掌状脉，叶柄长约1~2 cm。核果成熟时黄色或橙红色，近球形，果核阔倒卵圆形。

粉绿藤属 粉绿藤

Pachygone sinica **Diels**

木质藤本。小枝细瘦，被柔毛。叶薄革质，卵形，较少阔卵形或披针形。总状花序或极狭窄的圆锥花序。核果扁球形。花期9~10月，果期2月。

细圆藤属 细圆藤

Pericampylus glaucus **(Lam.) Merr.**

木质藤本。叶三角状卵形，长3.5~8 cm，掌状3~5脉，顶端有小凸尖。聚伞花序伞房状腋生；花瓣6，楔形。核果红色或紫色。

千金藤属 金线吊乌龟

Stephania cephalantha **Hayata**

草质、落叶、无毛藤本，高1~2 m。叶纸质，三角状扁圆形至近圆形，长2~6 cm，宽2.5~6.5 cm，掌状脉7~9条。核果阔倒卵圆形，长约6.5 mm，成熟时红色。

千金藤属 血散薯

Stephania dielsiana **Y. C. Wu**

落叶藤本。枝常紫红，枝、叶含红色液汁。叶三角状近圆形，长5~15 cm，宽4.5~14 cm，盾状着生。聚伞花序腋生。核果红色。

千金藤属 粪箕笃

Stephania longa **Lour.**

草质藤本。叶三角状卵形，盾状着生，掌状脉 10~11 条。聚伞花序腋生；花瓣 4(3)。核果红色，长 5~6 mm，果核背部 2 行小横肋。

青牛胆属 中华青牛胆

Tinospora sinensis **(Lour.) Merr.**

草质藤本。叶纸质至薄革质，披针状箭形，基部弯缺常很深，掌状脉 5 条。花序腋生，常数个簇生。核果近球形，红色。

A110 小檗科 Berberidaceae

小檗属 南岭小檗

Berberis impedita **C. K. Schneid.**

常绿灌木。茎刺缺如或极细弱，三分叉，长约 1 cm。叶革质，椭圆形，长 4~9 cm，宽 1.8~3.5 cm，具刺齿。花 2~4 朵簇生；花黄色。浆果长圆形，熟时黑色，不被白粉。

淫羊藿属 三枝九叶草

Epimedium sagittatum **(Siebold & Zucc.) Maxim.**

多年生草本。植株高 30~50 cm。根状茎节结状。一回三出复叶；小叶基部心形。花茎具 2 枚对生叶，花序轴和花梗无毛，花瓣囊状，淡棕黄色。蒴果长约 1 cm。

十大功劳属 小果十大功劳

Mahonia bodinieri Gagnep.

灌木或小乔木。叶倒卵状长圆形。花序为5~11个总状花序簇生，花瓣长圆形。浆果球形。

十大功劳属 沈氏十大功劳

Mahonia shenii Chun

灌木。叶长23~40 cm，宽13~22 cm，小叶无柄，基部一对较小，全缘或近先端具不明显锯齿。总状花序，花黄色。浆果球形，蓝色，被白粉。

A111 毛茛科 Ranunculaceae

铁线莲属 威灵仙

Clematis chinensis Osbeck

木质藤本。一回羽状复叶，有5小叶，有时3或7，卵形。圆锥状聚伞花序，腋生或顶生；花白色。瘦果扁，卵形至宽椭圆形。

铁线莲属 厚叶铁线莲

Clematis crassifolia Benth.

茎带紫红色，圆柱形，有纵条纹。三出复叶；小叶片革质，长椭圆形、椭圆形或卵形。圆锥状聚伞花序腋生或顶生，花白色。瘦果镰刀状狭卵形。

铁线莲属 小蓑衣藤

Clematis gouriana Roxb. ex DC.

藤本。羽状复叶，小叶3~7枚，叶干后不变黑色，瘦果被短茸毛。

铁线莲属 锈毛铁线莲

Clematis leschenaultiana DC.

木质藤本。三出复叶，小叶3枚，两面被锈色毛，上部边缘有钝锯齿。聚伞花序腋生，密被黄色柔毛。瘦果狭卵形，被棕黄色短柔毛。

铁线莲属 毛柱铁线莲

Clematis meyeniana Walp.

木质藤本。老枝圆柱形。三出复叶；小叶片近革质，全缘，两面无毛。圆锥状聚伞花序比叶长或近等长；萼片4，开展，白色；雄蕊无毛。瘦果有柔毛，宿存花柱长达2.5 cm。

铁线莲属 柱果铁线莲

Clematis uncinata Champ. ex Benth.

藤本。羽状复叶，有小叶5~15枚，叶全缘，两面网脉突出。圆锥状聚伞花序腋生或顶生；萼片4，开展。瘦果圆柱状钻形。

毛茛属 禺毛茛

Ranunculus cantoniensis DC.

多年生草本，高 25~80 cm。三出复叶，叶边缘密生锯齿。多花，疏生；花瓣 5，基部狭窄成爪。聚合果近球形，瘦果扁平。

唐松草属 爪哇唐松草

Thalictrum javanicum Blume

草本。三至四回三出复叶；叶片长 6~25 cm，小叶纸质，顶生小叶倒卵形、椭圆形、或近圆形。心皮无柄。 缺图，核实物种，看是否和尖叶混淆

A112 清风藤科 Sabiaceae

泡花树属 香皮树

Meliosma fordii Hemsl.

乔木，高达 10 m。单叶倒披针形，长 9~18 cm，宽 2.5~5 cm，叶面光亮，背面被疏柔毛，侧脉 10~20 对。圆锥花序宽广。核果。

泡花树属 红柴枝

Meliosma oldhamii Miq. ex Maxim.

落叶乔木，高可达 20 m。羽状复叶。花白色。核果球形，直径 4~5 mm，核具明显凸起网纹。花期 5~6 月，果期 8~9 月。

泡花树属 笔罗子

Meliosma rigida **Siebold & Zucc.**

乔木。单叶倒披针形，长 8~25 cm，宽 2.5~4.5 cm，叶面脉被毛，背面被柔毛，侧脉 9~18 对。

泡花树属 樟叶泡花树

Meliosma squamulata **Hance**

小乔木。高达 15 m。单叶椭圆形或卵形，通常长 5~12 cm，宽 1.5~5 cm，背面粉绿色。圆锥花序顶生或腋生，单生或 2~8 个聚生。核果球形。

泡花树属 山様叶泡花树

Meliosma thorelii **Lecomte**

乔木，高 6~14 m。单叶倒披针形，长 12~25 cm，宽 4~8 cm，侧脉 15~22 对。圆锥花序顶生或生于上部叶腋。核近球形，有稍凸起的网纹。

清风藤属 灰背清风藤

Sabia discolor **Dunn**

常绿攀援木质藤本。叶纸质，卵形，叶背苍白色。聚伞花序呈伞状；花瓣 5 片，卵形或椭圆状卵形。核果。

清风藤属 清风藤

Sabia japonica **Maxim.**

落叶攀援木质藤本。叶近纸质，卵状椭圆形，叶背带白色，脉上被稀疏柔毛。花 1~2 朵腋生，枝有刺，子房及花梗被毛。分果近圆形或肾形。

清风藤属 尖叶清风藤

Sabia swinhoei **Hemsl.**

藤本。小枝被长而垂直的柔毛。叶背被短柔毛或仅在脉上有柔毛。聚伞花序有花 2~7 朵，被疏长柔毛。分果爿深蓝色，近圆形或倒卵形。

清风藤属 柠檬清风藤

Sabia limoniacea **Wall. & Hook. f. & Thomson**

常绿攀援木质藤本。叶革质，椭圆形，宽 4~6 cm，侧脉每边 6~7 条，无毛。聚伞花序。核果近圆形或肾形，直径 10~14 mm。

A115 山龙眼科 Proteaceae

山龙眼属 小果山龙眼

Helicia cochinchinensis **Lour.**

乔木或灌木，高 4~15 m。无毛。叶为长椭圆形，长 5~11 cm，宽 2.5~4 cm，网脉不明显；叶柄长 5~15 mm。总状花序腋生。果椭圆状。

山龙眼属 网脉山龙眼
Helicia reticulata **W. T. Wang**

常绿乔木或灌木，高 3~10 m。叶长圆形、倒卵形或倒披针形，网脉两面突起。总状花序；花被管白色或浅黄。果椭圆状。

A117 黄杨科 Buxaceae

黄杨属 大叶黄杨
Buxus megistophylla **H. L é v.**

小乔木。叶卵形、椭圆形或近披针形，长 4~8.5 cm，宽 1.5~4 cm。花柱长 2 mm。

A123 蕈树科 Altingiaceae

蕈树属 蕈树
Altingia chinensis **(Champ. ex Benth.) Oliv. ex Hance**

常绿乔木，高达 20 m。叶倒卵状矩圆形，长 7~13 cm，宽 3~4.5 cm。雄花短穗状花序；雌花头状花序。头状果序有 15~26 颗果。

枫香树属 枫香树
Liquidambar formosana **Hance**

落叶乔木，高达 30 m。叶基部心形，掌状 3 裂。雄性短穗状花序；雌性头状花序；萼齿长 4~8 mm。头状果序直径 3~4 cm。

A124 金缕梅科 Hamamelidaceae

蜡瓣花属 瑞木

Corylopsis multiflora Hance

乔木。嫩枝、叶背、子房及萼筒无毛，花瓣倒披针形，退化雄蕊不分裂。果无毛。

蜡瓣花属 蜡瓣花

Corylopsis sinensis Hemsl.

落叶灌木。叶薄革质，倒卵圆形或倒卵形，叶背被星状毛；边缘有锯齿，齿尖刺毛状。总状花序长 3~4 cm。蒴果近圆球形，被褐色柔毛。

蚊母树属 蚊母树

Distylium racemosum Siebold & Zucc.

小乔木。叶矩圆形，叶背及嫩枝被褐色星状毛。雄花与两性花排成总状或穗状花序。蒴果卵圆形。种子长 5 mm，褐色，发亮，种脐白色。

秀柱花属 褐毛秀柱花

Eustigma balansae Oliv.

乔木。叶边全缘或有锯齿，羽状脉，第一对侧脉不分枝。总状或穗状花序，花两性，5 数，花黄色，花瓣鳞片状，子房半下位，宿存的萼筒与蒴果连生。种子 1 颗。

马蹄荷属 马蹄荷
Exbucklandia populnea **(R. Br. ex Giff.) R. W. Brown**

乔木。叶革质，阔卵圆形，全缘，或嫩叶掌状3浅裂，掌状脉5~7条，花两性或单性，子房半下位。头状果序，蒴果椭圆形。

檵木属 檵木
Loropetalum chinense **(R. Br.) Oliv.**

灌木或小乔木。叶革质，卵形，基部钝，不等侧，上面略有粗毛，下面被星状毛，全缘，羽状脉。花3~8朵簇生，4数，白色。蒴果卵圆形，被褐色星状茸毛。

马蹄荷属 大果马蹄荷
Exbucklandia tonkinensis **(Lecomte) H. T. Chang**

常绿乔木，高达30 m。叶革质，阔卵形，全缘或幼叶为掌状3浅裂。头状花序单生，或数个排成总状花序，有花7~9朵。蒴果卵圆形。

A126 虎皮楠科 Daphniphyllaceae

交让木属 牛耳枫
Daphniphyllum calycinum **Benth.**

灌木，高1~4 m。叶阔椭圆形或倒卵形，长12~16 cm。总状花序腋生；雄花花萼盘状，3~4浅裂；雌花萼片3~4。果卵圆形。

交让木属 交让木

Daphniphyllum macropodum Miq.

乔木，小枝具圆形大叶痕。叶革质，长圆形至倒披针形；叶柄紫红色。总状花序腋生；无萼片。果椭圆形，具疣状皱褶。

交让木属 虎皮楠

Daphniphyllum oldhami (Hemsl.) K. Rosenth.

乔木、小乔木或灌木。叶常柄绿色，叶纸质，倒卵状披针形或长圆状披针形。花单性异株，花有萼片。核果椭圆或倒卵圆形，果基部无宿存萼片。花期 3~5 月，果期 8~11 月。

A127 鼠刺科 Iteaceae

鼠刺属 鼠刺

Itea chinensis Hook. & Arn.

常绿灌木或小乔木。叶薄革质，倒卵形，侧脉 4~5 对，边缘上部具小齿。总状花序腋生；花瓣披针形。蒴果长圆状披针形。

鼠刺属 厚叶鼠刺

Itea coriacea Y. C. Wu

灌木或稀小乔木。叶厚革质，长 6~13 cm，宽 3~5 cm，边缘除近基部外具圆齿状齿，齿端有硬腺点，两面无毛，具疏或密腺体。总状花序腋生。

鼠刺属 峨眉鼠刺

Itea omeiensis C. K. Schneid.

灌木。叶长圆形，稀椭圆形，基部圆形或钝圆，边缘具明显的密锯齿，侧脉 5~7 对；苞片大，叶状，明显长于花梗。

A130 景天科 Crassulaceae

景天属 大苞景天

Sedum oligospermum Maire

一年生草本。叶菱状椭圆形，常聚生在花序下；叶柄长 1 cm。聚伞花序常三歧分枝，每枝有 1~4 花；花瓣 5，黄色。蓇葖果。

景天属 珠芽景天

Sedum bulbiferum Makino

多年生草本。基部叶常对生，上部的互生。植株平卧或斜升，植株上部叶腋有珠芽。花序聚伞状；花瓣 5，黄色。蓇葖果。

景天属 四芒景天

Sedum tetractinum Fröd.

多年生草本。植株直立，无毛，叶阔卵形或近圆形，边缘全缘。花小，长 4~5 mm，花四基数。

A134 小二仙草科 Haloragaceae

小二仙草属 小二仙草
Gonocarpus micranthus Thunb.

多年生草本，高 5~45 cm。叶对生，卵形或卵圆形，边缘具稀疏锯齿。花序为顶生的圆锥花序；花红色或紫红色，极小。坚果近球形。

A136 葡萄科 Vitaceae

蛇葡萄属 广东蛇葡萄
Ampelopsis cantoniensis (Hook. & Arn.) Planch.

木质藤本。卷须 2 叉分枝。常二回羽状复叶，基部 1 对为 3 小叶。多歧聚伞花序与叶对生；花瓣 5。浆果近球形，直径 0.5~0.6 cm。

蛇葡萄属 三裂蛇葡萄
Ampelopsis delavayana Planch.

木质藤本。叶为 3 小叶，中央小叶披针形或椭圆披针形，侧生小叶卵椭圆形或卵披针形。花瓣 5，卵椭圆形。种子倒卵圆形。

蛇葡萄属 牯岭蛇葡萄
Ampelopsis glandulosa (Wall.) Momiy. var. *kulingensis* (Rehder) Momiy.

木质藤本。卷须 2~3 叉分枝。单叶，五角形，不裂或 3~5 中裂。花序梗长 1~2.5 cm，被毛。果实近球形，直径 0.5~0.8 cm。种子 2~4 颗。

蛇葡萄属 显齿蛇葡萄

Ampelopsis grossedentata **(Hand.-Mazz.) W. T. Wang**

木质藤本。叶为1~2回羽状复叶，2回羽状复叶者基部一对为3小叶，小叶卵圆形。花序为伞房状多歧聚伞花序。浆果近球形。

乌蔹莓属 乌蔹莓

Causonis japonica **(Thunb.) Gagnep.**

藤本。卷须2~3分枝。小叶5指状，中央小叶长圆形，长2.5~4.5 cm，宽1.5~4.5 cm。复二歧聚伞花序腋生；花瓣4。果实近球形。

乌蔹莓属 角花乌蔹莓

Causonis corniculata **(Benth.) Gagnep.**

草质藤本。小叶五指状，中央小叶长椭圆状披针形，通常长3.5~9 cm，宽1.5~3 cm。伞形花序；花瓣4，三角状卵圆形。浆果圆形。

白粉藤属 翼茎白粉藤

Cissus pteroclada **Hayata**

草质藤本。枝具4翅棱，卷须2分枝。叶卵圆形，长5~12 cm，宽4~9 cm。花序顶生或与叶对生；花瓣4。果实倒卵椭圆形。

地锦属 异叶地锦

Parthenocissus dalzielii Gagnep.

木质藤本。卷须总状5~8分枝，相隔2节间断与叶对生，顶端吸盘状。两型叶，短枝上3小叶，长枝上单叶。萼碟形，花瓣4。果实近球形。

崖爬藤属 三叶崖爬藤

Tetrastigma hemsleyanum Diels & Gilg

木质藤本。3小叶，小叶披针形，长3~10 cm，宽1.5~3 cm，侧生小叶不对称。花序腋生，花二歧状着生在分枝末端。果实近球形或倒卵球形。

地锦属 地锦

Parthenocissus tricuspidata (Siebold & Zucc.) Planch.

木质藤本。卷须总状，相间2节与叶对生，单叶，顶端3浅裂。花序着生在短枝上，基部分枝，形成多歧聚伞花序。果实球形，直径1~1.5 cm。

崖爬藤属 扁担藤

Tetrastigma planicaule (Hook. f.) Gagnep.

木质大藤本。掌状5小叶，中央小叶披针形，长9~16 cm，宽3~6 cm，边缘有5~9个齿。花瓣4。果实近球形，直径2~3 cm。

葡萄属 蘡薁

Vitis bryoniifolia **Bunge**

木质藤本。叶长圆卵形，叶片 3~5(7) 深裂或浅裂。花瓣 5，呈帽状黏合脱落；雄蕊 5，花丝丝状，花药黄色。

A140 豆科 Fabaceae

金合欢属 藤金合欢

Acacia concinna **(Willd.) DC.**

攀援藤本。二回羽状复叶；羽片 6~10 对；小叶 15~25 对，长 8~12mm，宽 2~3mm；叶柄有腺体。头状花序球形。荚果带状。

俞藤属 大果俞藤

Yua austro-orientalis **(F. P. Metcalf) C. L. Li**

木质藤本。叶为掌状 5 小叶，倒卵披针形或倒卵椭圆形。花序为复二歧聚伞花序。种子梨形。

金合欢属 羽叶金合欢

Acacia pennata **(L.) Willd.**

攀援灌木。小枝多刺。羽片 8~22 对；小叶 30~54 对，长 5~10 mm，宽 0.5~1.5 mm；叶柄具腺体。头状花序圆球形。果带状。

海红豆属 海红豆

Adenanthera microsperma **Teijsm. & Binn.**

落叶乔木。二回羽状复叶，羽片4~7对，小叶4~7对；小叶互生，长圆形或卵形。总状花序；雄蕊10枚。荚果狭长圆形，开裂后旋卷。

合欢属 山槐

Albizia kalkora **(Roxb.) Prain**

落叶小乔木或灌木。二回复叶，羽片2~4对，小叶5~14对；小叶两面被短柔毛。圆锥花序；花初白色，后变黄。荚果带状，长7~17 cm。

合欢属 天香藤

Albizia corniculata **(Lour.) Druce**

攀援灌木或藤本。二回羽状复叶；羽片2~6对；小叶4~10对；总叶柄基部有1腺体。头状花序有花6~12朵。荚果带状扁平。

猴耳环属 猴耳环

Archidendron clypearia **(Jack.) Nielsen**

常绿乔木。二回羽状复叶；羽片3~8对；小叶对生，3~12对，斜菱形。花数朵聚成头状花序。荚果旋卷，种子间溢缩。

猴耳环属 亮叶猴耳环

Archidendron lucidum **(Benth.) Nielsen**

常绿小乔木。羽片 1~2 对；小叶互生，2~5 对，斜卵形。头状花序球形；花瓣中部以下合生。荚果旋卷成环状，种子间缢缩。

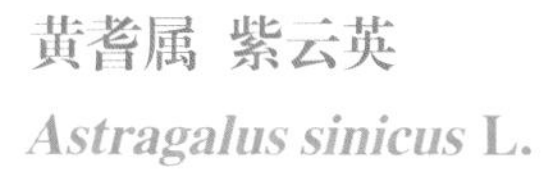

黄耆属 紫云英

Astragalus sinicus **L.**

二年生草本。奇数羽状复叶。花冠紫红色或橙黄色。种子肾形，栗褐色。

羊蹄甲属 阔裂叶羊蹄甲

Bauhinia apertilobata **Merr. & F. P. Metcalf**

藤本。嫩枝、叶柄及花序各部均被短柔毛。叶纸质，卵形、阔椭圆形。总状花序；花淡绿白色。荚果倒披针形或长圆形。

藤槐属 藤槐

Bowringia callicarpa **Champ. ex Benth.**

木质藤本。单叶，基部圆形。总状花序；花白色，翼瓣较旗瓣长，龙骨瓣最短。果卵形，先端具喙，长 2.5~3 cm。种子 1~2 颗。

云实属 刺果苏木

Caesalpinia bonduc (L.) Roxb.

有刺藤本。各部均被黄色柔毛。羽片6~9对；小叶6~12对，膜质，长圆形，基部斜；托叶叶状。总状花序腋生，花黄色。荚果长圆形，有刺。种子2~3颗。

云实属 华南云实

Caesalpinia crista L.

攀援灌木。二回羽状复叶；羽片对生，2~3(4)对；小叶4~6对。总状花序；花瓣5，黄色，其中一片具红纹。果卵形。种子1颗。

云实属 小叶云实

Caesalpinia millettii Hook. & Arn.

有刺藤本，被毛。小叶互生，长圆形，长7~13 mm，宽4~5 mm，先端圆钝，基部斜截形。圆锥花序腋生，萼片5，花瓣黄色。荚果倒卵形。

云实属 鸡嘴簕

Caesalpinia sinensis (Hemsl.) J. E. Vidal

藤本。二回羽状复叶，小叶2对，革质，长圆形至卵形；叶轴上有刺。圆锥花序腋生或顶生，花瓣5，黄色。荚果革质，近圆形或半圆形。

鸡血藤属 香花鸡血藤
Callerya dielsiana **(Harms) P. K. Lôc ex Z. Wei & Pedley**

攀援灌木。高 2~5 m。小叶披针形或长圆形，长 5~15 cm，宽 1.5~6 cm。圆锥花序顶生，黄色被微柔毛。果实近球形，通常直径约 1 cm。

鸡血藤属 亮叶鸡血藤
Callerya nitida **(Benth.) R. Geesink**

攀援灌木。羽状复叶，小叶 2 对，卵状披针形。圆锥花序顶生，花萼钟状，花冠青紫色，旗瓣长圆形。荚果线状长圆形，被毛，具尖喙。

鸡血藤属 网络鸡血藤
Callerya reticulata **(Benth.) Schot**

藤本。羽状复叶；小叶 3~4 对，长圆形；小托叶针刺状。圆锥花序顶生或着生枝梢叶腋；红紫色；雄蕊二体。荚果线形，瓣裂。

首冠藤属 首冠藤
Cheniella corymbosa **(Roxb. ex DC.) R.Clark & Mackinder**

木质藤本。叶近圆形，顶端分裂至 2/3~3/4，基出脉 7 条。总状花序；具粉色脉纹；能育雄蕊 3 枚，退化雄蕊 2~5 枚。荚果带状。

香槐属 翅荚香槐

Cladrastis platycarpa (Maxim.) Makino

落叶乔木，腋芽被膨大的叶柄包裹。奇数羽状复叶，小叶7~9片。花丝分离或仅基部合生。荚果两缝线有翅，不裂。

猪屎豆属 响铃豆

Crotalaria albida B. Heyne ex Roth

多年生直立草本。单叶，倒卵形，长1.5~4 cm，宽3~17 mm；托叶刚毛状。总状花序。荚果短圆柱形，长1 cm。种子10~15颗。

猪屎豆属 大猪屎豆

Crotalaria assamica Benth.

直立高大草本。单叶，长5~15 cm，宽2~4 cm；托叶线形。总状花序有花20~30朵。荚果长圆形，长7~10 mm。种子6~12颗。

猪屎豆属 猪屎豆

Crotalaria pallida Aiton

草本。叶三出，小叶长圆形，长3~6 cm，宽1.5~3 cm；托叶刚毛状。总状花序；花冠黄色，直径10 mm。荚果长圆形，长3~4 cm。

黄檀属 秧青

Dalbergia assamica **Benth.**

乔木，高 6~15 m。小叶 13~15 片，长圆形，长 2~4 cm。圆锥花序长 5~10 cm；花萼钟状，萼齿 5。荚果阔舌状。种子 1 颗，有时 2~3 颗。

黄檀属 藤黄檀

Dalbergia hancei **Benth.**

藤本。奇数羽状复叶；小叶 7~13 片，互生，倒卵状长圆形，长 10~20 mm。总状花序短；花冠绿白色。荚果常 1 颗种子，稀 2~4 颗。

黄檀属 香港黄檀

Dalbergia millettii **Benth.**

攀援灌木。奇数羽状复叶长 4~5 cm；小叶 25~35 片，长 10~15 mm；托叶狭，长 2~3 mm。圆锥花序腋生。荚果长圆形至带状。

鱼藤属 白花鱼藤

Derris alborubra **Hemsl.**

木质藤本。羽状复叶，叶 1~2 对，3~5 枚，革质，椭圆形、长圆形或倒卵状长圆形，顶端圆钝或微凹。圆锥花序腋生或顶生，被锈色短茸毛；花冠白色。荚果革质，长 2~5 cm。

鱼藤属 中南鱼藤

***Derris fordii* Oliv.**

攀援状灌木。羽状复叶长 15~28 cm；小叶 5~7 枚。圆锥花序，被锈色短茸毛；旗瓣无附属体；单体雄蕊。荚果长 4~10 cm，宽 1.5~2.3 cm。

山蚂蝗属 三点金

***Desmodium triflorum* (L.) DC.**

匍匐草本。三出复叶；小叶同形，倒三角形。常单生或 2~3 朵簇生；花冠紫红色，与萼近相等。荚果狭长圆形，略呈镰刀状。

山蚂蝗属 假地豆

***Desmodium heterocarpon* (L.) DC.**

亚灌木。三出复叶；顶生小叶椭圆形。总状花序顶生或腋生；花萼钟形，4 裂；花冠紫红色或白色。荚果较小，不开裂。

野扁豆属 鸽仔豆

***Dunbaria henryi* Y. C. Wu**

藤本。3 小叶；顶生小叶三角形，长宽近相等，两面近无毛。总状花序腋生，长 1.5~6 cm；子房有长 7 mm 柄。果颈长 7~10 mm。

千斤拔属 大叶千斤拔

Flemingia macrophylla **(Willd.) Kuntze ex Merr.**

直立灌木，高 0.8~2.5 m。指状 3 小叶；顶生小叶宽披针形，长 8~15 cm，侧生小叶偏斜。总状花序。荚果椭圆形，长 1~1.6 cm。

千斤拔属 千斤拔

Flemingia prostrata **Roxb.**

直立或披散亚灌木。叶具指状形 3 小叶；托叶线状披针形，长 0.6~1 cm；3 出基脉。总状花序腋生。荚果椭圆状。种子 2 颗。

长柄山蚂蝗属 疏花长柄山蚂蝗

Hylodesmum laxum **(DC.) H. Ohashi & R. R. Mill**

直立草本。顶生小叶卵形，宽 5~5.5 cm；托叶三角状披针形，长约 1 cm，宽 4 mm。总状花序。荚果具 2~4 个半倒卵形的荚节。

木蓝属 宜昌木蓝

Indigofera decora **Lindl. var. *ichangensis* (Craib) Y. Y. Fang & C. Z. Zheng**

灌木，高 0.4~ 2m。小叶 3~6 对，两面有毛。总状花序长 13~21(32) cm，直立。荚果圆柱形，长 2.5~6.5(8) cm。种子 7~8 颗。

鸡眼草属 鸡眼草

Kummerowia striata (Thunb.) Schindl.

草本。三出复叶；小叶有白色粗毛。花单生或 2~3 朵簇生；花萼钟状，5 裂；花冠粉红或紫色。果倒卵形，长 3.5~5 mm。

胡枝子属 美丽胡枝子

Lespedeza thunbergii (DC.) Nakai subsp. *formosa* (Vogel) H. Ohashi

直立灌木，高 1~2 m。小叶宽 1~3 cm，顶端急尖或钝。总状花序比叶长，单一；花紫红色。荚果倒卵形，长 8 mm，表面具网纹且被毛。

胡枝子属 截叶铁扫帚

Lespedeza cuneata (Dum.-Cours.) G. Don

小灌木。三出复叶；小叶长 1~3 cm，宽 2~5 mm，顶端截平，具小尖头。总状花序比叶短；花黄白色或白色。荚果长 2.5~3.5 mm。

崖豆藤属 厚果崖豆藤

Millettia pachycarpa Benth.

藤本。羽状复叶；小叶 6~8 对，长圆状椭圆形。总状圆锥花序；花冠淡紫，旗瓣卵形；单体雄蕊。荚果肿胀，长圆形。

崖豆藤属 印度崖豆

Millettia pulchra (Benth.) Kurz

灌木或小乔木。羽状复叶长 8~20 cm；叶轴上面具沟；托叶披针形；小叶 6~9 对。总状圆锥花序腋生。荚果线形，扁平。种子 1~4 颗，褐色。

含羞草属 光荚含羞草

Mimosa bimucronata (DC.) Kuntze

小乔木。二回羽状复叶；羽片 6~7 对；小叶 12~16 对，长 5~7 mm，宽 1~1.5 mm，被短柔毛。头状花序球形。荚果带状，无毛。

黧豆属 褶皮黧豆

Mucuna lamellata Wilmot-Dear

藤本。三出复叶，顶生小叶卵形，长 6.5~12 cm，宽 5~10 cm，花紫红色。果两面有皱褶，长 6.5~10 cm，宽 2.5~2.8 cm。

小槐花属 小槐花

Ohwia caudata (Thunb.) H. Ohashi

直立灌木。三出复叶；叶柄两侧有窄翅。总状花序；花冠绿白色，具明显脉纹。荚果背缝线深凹入腹缝线，节荚呈斜三角形。

红豆属 肥荚红豆

Ormosia fordiana **Oliv.**

乔木。树皮浅裂。奇数羽状复叶；小叶 7~9 片。圆锥花序；花冠淡紫红色。荚果半圆形或长圆形。种子 1~4 颗，长 2 cm 以上。

红豆属 光叶红豆

Ormosia glaberrima **Y. C. Wu**

乔木。小枝、芽和花梗有锈毛。奇数羽状复叶；小叶（1）2~3 对，革质或薄革质，卵形或椭圆状披针形，两面均无毛。果瓣无毛，内壁有横隔膜，有种子 1~4 粒。

红豆属 软荚红豆

Ormosia semicastrata **Hance**

常绿乔木。小枝具黄色柔毛；奇数羽状复叶，小叶 1~2 对，椭圆形，侧脉与中脉成 60° 角。花冠白色。荚果近圆形。种子 1 颗，扁圆形，鲜红色。

红豆属 木荚红豆

Ormosia xylocarpa **Chun ex Merr. & H. Y. Chen**

常绿乔木。小叶（1）2~3 对，厚革质，上面无毛，下面贴生极短的褐黄色毛。圆锥花序顶生，花大，长 2~2.5 cm；花冠白色或粉红色。果瓣厚木质，内壁有横隔膜，种子 1~5 粒。

龙须藤属 龙须藤

Phanera championii **Benth.**

藤本。植株具卷须。叶纸质，卵形或心形，上面无毛，下面被短柔毛；总状花序狭长；花瓣白色。荚果倒卵状长圆形。

排钱树属 毛排钱树

Phyllodium elegans **(Lour.) Desv.**

灌木。羽状三出复叶互生；顶生小叶卵形、椭圆形，顶生小叶比侧生的长1倍，两面被毛。伞形花序。荚果密被银灰色茸毛。

葛属 葛

Pueraria montana **(Lour.) Merr.**

粗壮藤本。羽状3小叶；小叶三裂；托叶基部着生。总状花序；花萼长8~10 mm；旗瓣长10~18 mm。荚果扁平，宽8~11 mm。

葛属 葛麻姆

Pueraria montana **(Lour.) Merr. var.** ***lobata*** **(Willd.) Maesen & S. M. Almeida ex Sanjappa & Predeep**

粗壮藤本。羽状三出复叶；顶生小叶宽卵形，长大于宽。总状花序；花萼长8 mm；花冠紫色，旗瓣直径8 mm。果扁平，宽6~8 mm。

鹿藿属 鹿藿
Rhynchosia volubilis **Lour.**

草本。三出复叶，顶生小叶菱形，长 3~8 cm，宽 3~5.5 cm，两面被柔毛，背面有腺小。

葫芦茶属 葫芦茶
Tadehagi triquetrum **(L.) H. Ohashi**

灌木。叶仅具单小叶；小叶纸质，窄披针形或卵状披针形。总状花序顶生或腋生；花萼长 3 mm；花冠淡紫或蓝紫色。荚果。

任豆属 任豆
Zenia insignis **Chun**

乔木。小枝黑褐色，散生黄白色小皮孔。叶长 25~45 cm；小叶长圆状披针形，下面有灰白色的糙伏毛。圆锥花序顶生，花红色。荚果长约 10 cm，靠腹缝一侧有阔翅。

A142 远志科 Polygalaceae

远志属 尾叶远志
Polygala caudata **Rehder & E. H. Wilson**

灌木。叶片近革质，长圆形或倒披针形。花瓣 3，白色、黄色或紫色，侧生花瓣与龙骨瓣于 3/4 以下合生。果阔棒状，长约 8 mm，无翅。

远志属 华南远志

Polygala chinensis **L.**

一年生直立草本，高 10~25（90）cm。叶互生，叶片纸质，倒卵形、椭圆形或披针形，长 2.6~10 cm，宽 1~1.5 cm。总状花序腋上生，稀腋生。蒴果圆形，径约 2 mm。

远志属 曲江远志

Polygala koi **Merr.**

亚灌木。单叶互生，椭圆形，长 1.5~4 cm，宽 0.6~2 cm。花多而密，苞片长圆状卵形，萼片 5，花瓣 3，紫红色。蒴果圆形，具翅。

远志属 黄花倒水莲

Polygala fallax **Hemsl.**

灌木或小乔木，高 1~3 m。单叶互生，披针形至椭圆状披针形，长 8~17 cm。总状花序，花后延长达 30 cm。蒴果阔倒心形至圆形。

齿果草属 齿果草

Salomonia cantoniensis **Lour.**

一年生直立草本，高 5~25 cm。单叶互生，叶卵状心形，长 5~16 mm，基出 3 脉。穗状花序顶生；花极小，花瓣 3。蒴果肾形。

A143 蔷薇科 Rosaceae

龙芽草属 龙芽草

Agrimonia pilosa Ledeb.

草本，高 30~120 cm。奇数羽状复叶；小叶倒卵形。穗状花序；花直径 6~9 mm。果倒卵圆锥形，直径 3~4 mm，具 10 条肋。

樱属 钟花樱桃

Cerasus campanulata (Maxim.) A. N. Vassiljeva

乔木或灌木。叶卵形，长 4~7 cm，宽 2~3.5 cm；叶柄长 8~13 mm。伞形花序有花 2~4 朵，先叶开放；花径 1.5~2 cm。核果卵球形，纵长约 1 cm，横径 5~6 mm。

蛇莓属 蛇莓

Duchesnea indica (Andr.) Focke

多年生草本。小叶片倒卵形至菱状长圆形；托叶狭卵形至宽披针形，长 5~8 mm。花单生于叶腋，黄色。瘦果卵形，长约 1.5 mm。

枇杷属 大花枇杷

Eriobotrya cavaleriei **(H. L é v.) Rehder**

常绿乔木，高 4~6 m。叶片集生于枝顶，长为圆形，通常长 7~18 cm，宽 2.5~7 cm。圆锥花序顶生，花瓣白色，倒卵形。果实椭圆形或近球形。

桂樱属 腺叶桂樱

Laurocerasus phaeosticta **(Hance) C. K. Schneid.**

常绿灌木或小乔木，高 4~12 m。叶互生，狭椭圆形，长 6~12 cm，下面散生腺点，基部 2 腺体。总状花序。果实近球形。

枇杷属 香花枇杷

Eriobotrya fragrans **Champ. ex Benth.**

小乔木或灌木。单叶互生，长圆状椭圆形，长 7~15 cm，侧脉 9~11 对。圆锥花序；花瓣白色。果实球形，表面颗粒状突起。

桂樱属 刺叶桂樱

Laurocerasus spinulosa **(Siebold & Zucc.) C. K. Schneid.**

常绿乔木。长圆形或倒卵状长圆形。总状花序生于叶腋，花瓣圆形为白色。果实椭圆形。花期 9~10 月，果期 11~3 月。

桂樱属 尖叶桂樱

Laurocerasus undulata **(Buch.-Ham. ex D. Don) M. Roem.**

常绿灌木或小乔木。叶互生，草质或薄革质，长圆状披针形。总状花序；花瓣椭圆形或倒卵形，浅黄白色。果实卵球形，紫黑色。

稠李属 橉木

Padus buergeriana **(Miq.) T. T. Yu & T. C. Ku**

落叶乔木，高6~12 m。叶片椭圆形或长圆椭圆形，稀倒卵椭圆形，长4~10 cm，宽2.5~5 cm。总状花序具多花；花瓣白色。核果近球形或卵球形。

桂樱属 大叶桂樱

Laurocerasus zippeliana **(Miq.) Browicz**

常绿乔木。叶互生，宽卵形，长10~19 cm，宽4~8 cm，具粗锯齿；叶柄具2腺体。总状花序。果实长圆形或卵状长圆形。

石楠属 贵州石楠

Photinia bodinieri **H. L é v.**

乔木。叶片革质，卵形、倒卵形或长圆形。复伞房花序顶生。花瓣白色，近圆形。

石楠属 光叶石楠

Photinia glabra **(Thunb.) Maxim.**

常绿乔木。叶片革质，椭圆形、长圆形或长圆倒卵形。花多数，成顶生复伞房花序；花瓣白色。果实卵形，红色，无毛。花期4~5月，果期9~10月。

石楠属 褐毛石楠

Photinia hirsuta **Hand.-Mazz.**

落叶灌木或乔木，高1~2 m。小枝密生褐色硬毛。叶片纸质，边缘有疏生具腺锐锯齿，上面无毛，下面有褐色柔毛；叶柄短粗。花3~8朵，成顶生聚伞花序，无总花梗。果实椭圆形，几无毛。

石楠属 小叶石楠

Photinia parvifolia **(E. Pritz.) C. K. Schneid.**

落叶灌木，高1~3 m。叶椭圆形，长4~8 cm，宽1~3.5 cm，边缘具腺尖齿，侧脉4~6对。花2~9朵成伞形花序；雄蕊20。果实椭圆形。

石楠属 桃叶石楠

Photinia prunifolia **(Hook. & Arn.) Lindl.**

乔木。叶椭圆形，长7~13 cm，宽3~5 cm，侧脉10~15对，叶背密被疣点；柄长1~2.5 cm。伞房花序；花梗被毛且有疣点。果椭圆形。

石楠属 绒毛石楠

Photinia schneideriana **Rehder & E. H. Wilson**

灌木或小乔木。叶片长圆披针形或长椭圆形，长6~11 cm，边缘有锐锯齿，背面疏被茸毛。花瓣白色，近圆形。果实卵形，长10 mm。

委陵菜属 三叶委陵菜

Potentilla freyniana Bornm.

多年生草本。花茎直立或上升。基生叶掌状 3 出复叶；小叶疏生平铺柔毛，下面沿脉较密；茎生叶与基生叶相似。花的直径 0.8~1 cm；花柱上部粗，基部细。成熟瘦果卵球形。

委陵菜属 蛇含委陵菜

Potentilla kleiniana Wight & Arn.

一年生、二年生或多年生宿根草本。小叶片倒卵形或长圆倒卵形，长 0.5~4 cm，宽 0.4~2 cm。聚伞花序密集枝顶如假伞形；花瓣黄色，倒卵形。瘦果近圆形。

臀果木属 臀果木

Pygeum topengii Merr.

乔木，高可达 20 m。叶互生，卵状椭圆形或椭圆形，通常长 6~12 cm，近基部有 2 枚黑色腺体。总状花序。果实肾形，通常宽 10~16 mm。

火棘属 全缘火棘

Pyracantha atalantioides (Hance) Stapf

常绿灌木或小乔木。通常有枝刺。叶片先端微尖或圆钝，通常全缘，下面微带白霜。花成复伞房花序；花梗长 5~10 mm。梨果扁球形，直径 4~6 mm，亮红色。

梨属 豆梨

Pyrus calleryana **Decne.**

乔木，高 5~8 m。叶宽卵形至卵形，长 4~8 cm，宽 3.5~6 cm，边缘有钝锯齿。伞形总状花序；花瓣卵形，白色。梨果球形，直径约 1 cm。

石斑木属 石斑木

Rhaphiolepis indica **(L.) Lindl. ex Ker Gawl.**

灌木。叶常聚生枝顶，卵形，长 2~8 cm，宽 1.5~4 cm，边缘细锯齿；叶柄长 5~18 mm。圆锥或总状花序顶生；花瓣 5。果球形。

石斑木属 锈毛石斑木

Rhaphiolepis ferruginea **F. P. Metcalf**

常绿乔木或灌木。叶片椭圆形或宽披针形。圆锥状花序顶生；花瓣白色，卵状长圆形。果实球形黑色。

蔷薇属 小果蔷薇

Rosa cymosa **Tratt.**

攀援灌木。小枝有钩状皮刺。小叶长 2.5~6 cm，宽 8~25 mm，基部近圆形，托叶线形。复伞房花序，花瓣白色，倒卵形。果球形。

蔷薇属 软条七蔷薇

Rosa henryi **Boulenger**

灌木。小叶片长圆形、卵形、椭圆形或椭圆状卵形。花 5~15 朵，成伞形伞房状花序；花瓣白色。果近球形。

悬钩子属 粗叶悬钩子

Rubus alceifolius **Poir.**

攀援灌木。全株被锈色长柔毛。单叶，近圆形，边不规则 3~7 裂。顶生狭圆锥花序或近总状；花瓣白色。聚合果红色。

蔷薇属 金樱子

Rosa laevigata **Michx.**

攀援灌木。奇数羽状复叶；小叶椭圆状卵形至披针卵形，有锐锯齿。花单生于叶腋；花大，直径 5~8 cm。果梨形或倒卵圆形。

悬钩子属 寒莓

Rubus buergeri **Miq.**

小灌木。茎、花枝密被长柔毛，无刺或疏小刺。单叶，卵形，基部心形。总状花序，白色，总花梗、花梗密被长柔毛。果实近球形。

悬钩子属 小柱悬钩子

Rubus columellaris **Tutcher**

攀援灌木。小叶 3 枚，椭圆形或长卵状披针形。花 3~7 朵成伞房状花序；花瓣匙状长圆形或长倒卵形，白色。果实近球形或稍呈长圆形。

悬钩子属 湖南悬钩子

Rubus hunanensis **Hand.-Mazz.**

攀援灌木。小枝被粗毛，具刺。单叶，卵形，两面脉上被柔毛。圆锥花序，白色。果实直径 1~1.5 cm，由数个小核果组成。

悬钩子属 山莓

Rubus corchorifolius **L. f.**

灌木。单叶，卵形，叶面脉被毛，背面幼时密被柔毛。花单生或数朵生短枝，白色，花梗被毛。果实由很多小核果组成，红色。

悬钩子属 高粱泡

Rubus lambertianus **Ser.**

攀援灌木。幼枝被柔毛和小钩刺，单叶，卵形，3~7 波状浅裂，两面被柔毛。圆锥花序，花白色。果实由多数小核果组成，熟时红色。

悬钩子属 白花悬钩子

Rubus leucanthus **Hance**

攀援灌木。3小叶，小叶卵形或椭圆形，两面无毛，侧脉5~8对。花3~8朵形成伞房状花序，无毛；花瓣白色。聚合果红色。

悬钩子属 梨叶悬钩子

Rubus pirifolius **Sm.**

攀援灌木。小枝被粗毛，具刺。单叶，卵形，两面脉上被柔毛，。圆锥花序，白色。果实直径1~1.5 cm，由数个小核果组成。

悬钩子属 茅莓

Rubus parvifolius **L.**

灌木。被柔毛和钩状皮刺。小叶3~5，菱状圆卵形或倒卵形，具齿。伞房花序顶生或腋生；子房被毛。果卵圆形红色。

悬钩子属 锈毛莓

Rubus reflexus **Ker Gawl.**

攀援灌木。枝具疏小皮刺。单叶，心状长卵形，3~5浅裂。总状花序；花梗、总花梗、萼片密被茸毛；花瓣白色。果近球形。

悬钩子属 浅裂锈毛莓

Rubus reflexus **Ker Gawl. var. *hui* (Diels ex Hu) F. P. Metcalf**

攀援灌木。枝被锈色茸毛，具疏小皮刺。单叶，叶心状阔卵形或近圆形，长 8~13 cm，宽 7~12 cm，裂片急尖。花白。果近球形。

悬钩子属 深裂锈毛莓

Rubus reflexus **Ker Gawl. var. *lanceolobus* F. P. Metcalf**

攀援灌木。枝被茸毛，具疏小皮刺。单叶，心状宽卵形或近圆形，边缘 3~5 深裂，裂片披针形。花瓣白色。果实近球形。

悬钩子属 空心泡

Rubus rosifolius **Sm.**

直立灌木，枝具皮刺。小叶 3 枚，稀 5 枚，宽卵形至椭圆状卵形；托叶线形或线状披针形。花单生或成对，常顶生；花瓣白色。果实浅红色。

悬钩子属 红腺悬钩子

Rubus sumatranus **Miq.**

灌木。小枝、叶轴等被紫红色腺毛和皮刺。小叶 5~7 枚，长 3~8 cm，宽 1.5~3 cm，基部圆形，边缘具齿。萼片披针形。果实长圆形，桔红色。

悬钩子属 木莓

Rubus swinhoei Hance

灌木。单叶，自宽卵形至长圆披针形，长 5~11 cm。总状花序，白色，花梗、总花梗、花萼被紫褐色腺毛及小刺。果实由多数小核果组成。

花楸属 石灰花楸

Sorbus folgneri (C. K. Schneid.) Rehder

乔木。叶片卵形至椭圆卵形。花瓣卵形，先端圆钝，白色。果实椭圆形。花期 4~5 月，果期 7~8 月。

花楸属 水榆花楸

Sorbus alnifolia (Siebold & Zucc.) K. Koch

乔木。叶背无毛，侧脉 6~14 对，直达齿端，边缘重锯齿。果 2 室，直径 1 cm。

红果树属 红果树

Stranvaesia davidiana Decne.

乔木。单叶互生，托叶小，早落。伞房花序，萼管钟状，雄蕊 20 枚，子房半下位，5 室。梨果，有直立的宿萼。

A146 胡颓子科 Elaeagnaceae

胡颓子属 胡颓子

Elaeagnus pungens Thunb.

有棘刺灌木。叶椭圆形，长5~12 cm，宽2~5 cm，花单生或数朵生，萼筒长3 mm。

A147 鼠李科 Rhamnaceae

鼠李属 长叶冻绿

Rhamnus crenata Siebold & Zucc.

灌木，无短枝，无刺，。叶倒卵形，长4~8 cm，宽2~4 cm，叶面幼时被毛，后无毛，背面被柔毛。聚伞花序被柔毛。核果球形。

枳椇属 枳椇

Hovenia acerba Lindl.

高大乔木，高10~25 m。叶互生，宽卵形，长8~17 cm，边缘常具锯齿。二歧式聚伞圆锥花序顶生和腋生。浆果状核果近球形。

马甲子属 马甲子

Paliurus ramosissimus (Lour.) Poir.

灌木。叶圆形，长3~5.5(7) cm，宽2.2~5 cm，仅有3基出脉，背面被毛；叶柄基部2针刺。花序被茸毛。果小，直径12~14 mm，被毛。

鼠李属 山绿柴

Rhamnus brachypoda **C. Y. Wu ex Y. L. Chen & P. K. Chou**

多刺灌木。稀椭圆形或近圆形，长 3~10 cm，宽 1.5~4.5 cm。雌雄异株，黄绿色，背面被微毛。核果倒卵状圆球形，直径 6~7 mm，成熟时黑色。

鼠李属 尼泊尔鼠李

Rhamnus napalensis **(Wall.) M. A. Lawson**

常绿直立灌木。叶革质至厚革质，阔椭圆形或倒卵状阔椭圆形，下面银白色。花淡白色。果实矩圆形，多汁。

雀梅藤属 亮叶雀梅藤

Sageretia lucida **Merr.**

藤状灌木无刺或具刺，小枝无毛。叶薄革质，互生或近对生，上面无毛，下面仅脉腋具髯毛，侧脉每边 5~6(7) 条，上面平。核果椭圆形，长 10~12 mm。

雀梅藤属 皱叶雀梅藤

Sageretia rugosa **Hance**

灌木，叶卵形、卵状长圆形，长 3~7 cm，宽 2~4 cm，叶面幼时被茸毛，背面密被锈色茸毛，柄长 3~7 mm。花簇生，无梗。

雀梅藤属 雀梅藤
Sagеretia thea (Osbeck) M. C. Johnst.

灌木。叶圆形或椭圆形，长 1~4 cm，宽 7~25 mm，背面被毛；柄长 2~7 mm。花序轴长 2~5 cm；花瓣顶端 2 浅裂。核果近圆球形。

翼核果属 翼核果
Ventilago leiocarpa Benth.

藤状灌木。单叶互生，卵状矩圆形，长 4~8 cm。花单生或数个簇生于叶腋。核果近球形，顶部具翅，翅长圆形，长 3~5 cm。

A148 榆科 Ulmaceae

朴属 朴树
Celtis sinensis Pers.

乔木。单叶互生，基部明显 3 出脉，叶脉在末达边之前弯曲。花具柄；萼片覆瓦状排列。核果直径 5 mm；柄长 5~10 mm。

朴属 假玉桂
Celtis timorensis Span.

常绿乔木，木材有恶臭。叶革质，长 5~13 cm，宽 2.5~6.5 cm。小聚伞圆锥花序，果容易脱落。果宽卵状，先端残留花柱基部而成一短喙状。

山黄麻属 光叶山黄麻

Trema cannabina Lour.

灌木或小乔木。叶卵形，长 4~10 cm，宽 1.8~4 cm，边缘具齿。雌雄同株，雌花序常生于上部，或雌雄同序。核果近球形。

山黄麻属 山黄麻

Trema tomentosa (Roxb.) H. Hara

乔木。单叶互生，宽卵形或卵状矩圆形，长 7~15 cm，宽 3~7 cm，边缘有细锯齿，偏斜，被毛。花单性；花被片 5。核果小。

A149 大麻科 Cannabaceae

糙叶树属 糙叶树

Aphananthe aspera (Thunb.) Planch.

落叶乔木，高达 25 m。叶纸质，卵形或卵状椭圆形，长 5~10 cm，宽 3~5 cm。雄花内凹陷呈盔状；雌花花被裂片条状披针形。核果近球形、椭圆形或卵状球形。

葎草属 葎草

Humulus scandens **(Lour.) Merr.**

缠绕草本，具倒钩刺。叶掌状 5~7 深裂，基部心脏形，表面粗糙。雄花小，黄绿色，圆锥花序；雌花序球果状，苞片三角形。

A150 桑科 Moraceae

波罗蜜属 二色波罗蜜

Artocarpus styracifolius **Pierre**

乔木。叶互生，2 列，长 3.5~12.5 cm，宽 1.5~3.5 cm，背面被苍白粉沫状毛。花序单生于叶腋；雌雄同株。聚花果球形，直径 4 cm。

波罗蜜属 白桂木

Artocarpus hypargyreus **Hance ex Benth.**

乔木。叶革质，互生，椭圆形或倒卵状长圆形，长 7~22 cm，全缘，背面被灰色短茸毛。花序单个腋生。聚花果近球形，果直径 4 cm，黄色。花期 5~8 月，果期 6~8 月。

构属 藤构

Broussonetia kaempferi **Siebold**

蔓生藤状灌木。叶互生，螺旋状排列，通常长 3.5~8 cm，宽 2~3 cm。花雌雄异株，雄花序短穗状；雌花集生为球形头状花序。聚花果直径 1 cm。

构属 构树

Broussonetia papyrifera (L.) L’H é r. ex Vent.

乔木。叶螺旋状排列，边缘具粗锯齿，被毛。雌雄异株；雄花序为柔荑花序；雌花序球形头状。聚花果肉质，熟时橙红色。

榕属 石榕树

Ficus abelii Miq.

灌木，高 1~2.5 m。叶长 2.5~12 cm，宽 1~4 cm，叶背密被毛。雄花散生榕果内壁；雌花无花被。果梨形，肉质，直径 5~17 mm。

榕属 矮小天仙果

Ficus erecta Thunb.

落叶小乔木或灌木。叶椭圆状倒卵形，长 6~22 cm，宽 3~13 cm，叶面稍粗糙，基部心形。雌花花被片 4~6，宽匙形。果球形，直径 5~20 mm。

榕属 黄毛榕

Ficus esquiroliana H. L é v.

小乔木或灌木。叶互生，广卵形，长 10~27 cm，宽 8~25 cm。雄花生榕果内壁口部。果着生于叶腋内，直径 2~3 cm，表面有瘤体。

榕属 水同木

Ficus fistulosa **Reinw. ex Bl.**

常绿小乔木。叶互生，厚纸质，倒卵形至长圆形，通常长 10~20 cm，宽 5~10 cm，全缘或微波状，表面无毛。榕果簇生于老干发出的瘤状枝上，近球形，直径 1.5~2 cm，光滑。

榕属 台湾榕

Ficus formosana **Maxim.**

常绿灌木。高 1.5~3 m。叶为倒披针形，通常长 4~12 cm，宽 1.5~3.5 cm，叶面有瘤体。雄花散生榕果内壁。果卵形，直径 6~8 mm。

榕属 异叶榕

Ficus heteromorpha **Hemsl.**

落叶灌木或小乔木。叶多形，琴形、椭圆形、椭圆状披针形，长 10~18 cm，宽 2~7 cm，侧脉和叶柄长红色。榕果成对生短枝于叶腋，无总梗，直径 6~10 mm，成熟时紫黑色。

榕属 粗叶榕

Ficus hirta Vahl

常绿灌木或小乔木。全株被长硬毛。叶互生，卵形，长6~33 cm，宽2~30 cm，不裂至3~5裂，边缘有锯齿。果直径1~2 cm。

榕属 对叶榕

Ficus hispida L. f.

灌木或小乔木。叶通常对生，厚纸质，卵状长椭圆形或倒卵状矩圆形。榕果陀螺形，成熟黄色；雄花生于其内壁口部。

榕属 青藤公

Ficus langkokensis Drake

乔木。叶互生，椭圆状披针形，3出脉，长7~19 cm，宽2~7 cm，基部不对称，叶背红褐色。果直径5~12 mm，柄长5~20 mm。

榕属 琴叶榕

Ficus pandurata Hance

小灌木。叶提琴形或倒卵形，长3~15 cm，宽1.2~6 cm，背面叶脉有疏毛和小瘤点；叶柄疏被糙毛。果梨形，直径6~10 mm。

榕属 薜荔

Ficus pumila L.

攀援或匍匐藤本。不结果枝节叶卵状心形；结果枝上叶卵状椭圆形，长 4~12 cm，宽 1.5~4.5 cm。果倒锥形，大，直径 3~4 cm。

榕属 羊乳榕

Ficus sagittata Vahl

幼时为附生藤本，后为独立乔木。叶卵状椭圆形，长 6~24 cm，宽 3~12.5 cm。雌花生于另一植株。果球形，直径 1~1.5 cm。

榕属 珍珠莲

Ficus sarmentosa Buch.-Ham. ex J. E. Sm. var. *henryi* (King ex D. Oliv.) Corner

攀援藤状灌木。叶长圆状披针形，长 6~25 cm，宽 2~9 cm，背面密被褐色长柔毛，小脉网结成蜂窝状。果直径达 17 mm，被长毛。

榕属 笔管榕

Ficus subpisocarpa Gagnep.

落叶乔木。叶互生或簇生，长圆形，长 6~15 cm，宽 2~7 cm，边缘微波状。总花梗长 2~5 mm。果扁球形，直径 5~8 mm。

榕属 变叶榕

Ficus variolosa Lindl. ex Benth.

常绿灌木或小乔木。叶薄狭椭圆形至椭圆状披针形，长 4~15 cm，宽 1.2~5.7 cm，边脉连结。瘦果直径 5~15 mm，表面具瘤体。

榕属 杂色榕

Ficus variegata Blume

乔木。叶阔卵形，长达 20 cm。果着生于无叶茎干上，直径 1~2.5 cm。

柘属 构棘

Maclura cochinchinensis (Lour.) Corner

直立或攀援状灌木。叶革质，长圆形，通常长 3~8 cm，宽 2~2.5 cm。球形头状花序，苞片锥形，内面具 2 个黄色腺体。聚合果成熟时橙红色。

柘属 柘

Maclura tricuspidata Carri è re

攀援灌木或乔木。叶有时三浅裂，无毛。雌雄异株，头状花序；雄蕊 4 枚。

桑属 鸡桑

Morus australis Poir.

灌木或小乔木。叶长 3~9 cm，宽 2~5.5 cm；叶柄长 1~1.5 cm，边缘常 3~5 裂。雄蕊序长 1.5~2 cm，雌花花被片暗绿色。聚花果短椭圆形。

桑属 桑

Morus alba L.

乔木或灌木。叶面光滑无毛，长达 19 cm，宽达 11.5 cm；叶柄长达 6 cm。雌雄花序均穗状；雄蕊序长 2~3.5 cm。聚花果卵状椭圆。

桑属 长穗桑

Morus wittiorum Hand.-Hazz.

落叶乔木或灌木。叶纸质，长圆形至宽椭圆形，基生叶脉三出。穗状花序具柄，总花梗短。聚花果狭圆筒形，长 10~16 cm。核果卵圆形。

A151 荨麻科 Urticaceae

苎麻属 密球苎麻

Boehmeria densiglomerata **W. T. Wang**

多年生草本。叶对生，叶片草质，心形或圆卵形。雄性花序分枝，雌性花序不分枝，穗状。瘦果卵球形或狭倒卵球形，光滑。花期6~8月。

苎麻属 海岛苎麻

Boehmeria formosana **Hayata**

多年生草本或亚灌木，茎四棱。叶对生，椭圆形或卵状椭圆形，长 6~16 cm，宽 2~6 cm，边缘具粗锯齿。花序串珠状。瘦果近球形。

苎麻属 野线麻

Boehmeria japonica **(L. f.) Miq.**

亚灌木或多年生草本。叶对生，叶片纸质，近圆形、圆卵形或卵形。穗状花序单生于叶腋，雌雄异株。瘦果倒卵球形，光滑。

苎麻属 苎麻

Boehmeria nivea **(L.) Gaudich.**

灌木或亚灌木。茎上部与叶柄密被长硬毛。叶圆卵形或宽卵形，互生；托叶分生，钻状披针形。圆锥花序腋生。瘦果近球形。

苎麻属 八角麻

Boehmeria tricuspis **(Hance) Makino**

亚灌木或多年生草本。叶对生，五角形或者为扁卵形，长11~20 cm，宽 10~20 cm，顶端 3 齿裂，边粗齿。花序串珠状。瘦果。

楼梯草属 锐齿楼梯草

Elatostema cyrtandrifolium **(Zoll. & Mor.) Miq.**

多年生草本。叶片草质或膜质，斜椭圆形，长 5~12 cm，宽2.2~4.7 cm。苞片大，约 5 个，宽卵形，小苞片多且密集。瘦果褐色。

楼梯草属 渐尖楼梯草

Elatostema acuminatum **(Poir.) Brongn.**

亚灌木。茎多分枝，无毛。叶斜狭椭圆形或长圆形，长 2~10 cm，宽 0.9~3.4 cm，顶端骤尖或渐尖。花序雌雄异株或同株。瘦果椭圆球形。

楼梯草属 盘托楼梯草

Elatostema dissectum **Wedd.**

草本。叶斜长圆形，长 8~10 cm，宽 2~3 cm，近无柄，两面无毛。雄花序托椭圆形，长 1 cm。

楼梯草属 楼梯草

Elatostema involucratum **Franch. & Sav.**

多年生草本。叶互生，斜长圆形，长 8~15 cm，宽 2~6 cm，顶端渐尖，不对称，柄长 4~8 mm。雌雄异株。瘦果狭椭圆球形。

糯米团属 糯米团

Gonostegia hirta **(Blume ex Hassk.) Miq.**

多年生草本。茎蔓生，长 50~100 cm。叶对生，草质或纸质，宽披针形至狭披针形，长 3~10 cm。团伞花序腋生。瘦果卵球形。

紫麻属 紫麻

Oreocnide frutescens **(Thunb.) Miq.**

灌木稀小乔木。叶常生于枝的上部，卵状长圆形，长 5~17 cm，宽 1.5~7 cm。团伞花序呈簇生状；花被片 3。瘦果卵球状。

赤车属 短叶赤车

Pellionia brevifolia **Benth.**

小草本。叶斜椭圆形，长 1~3 cm，宽 6~20 mm，顶端圆钝，不对称；柄长 1~2 mm。花被片 5，不等大，2 个船状狭长圆形。瘦果狭卵球形。

赤车属 华南赤车

Pellionia grijsii **Hance**

多年生草本。叶草质，斜长椭圆形，长 10~16 cm，宽 3~6 cm，顶端渐尖，不对称，柄长 1~4 mm。瘦果椭圆球形，有小瘤状突起。

赤车 异被赤车

Pellionia heteroloba **Wedd.**

多年生草本。叶互生，斜长圆形、斜披针形或倒披针形。花序雌雄异株。瘦果狭椭圆球形，有小瘤状突起。花期冬季至春季。

赤车属 赤车

Pellionia radicans **(Siebold & Zucc.) Wedd.**

多年生草本。叶斜狭卵形，长 2~5 cm，宽 1~2 cm，顶端急尖，不对称，边缘波状齿，柄长 1~4 mm。雌雄异株。瘦果近椭圆球形。

赤车属 蔓赤车

Pellionia scabra **Benth.**

亚灌木。叶草质，斜菱状披针形，长 2~8 cm，宽 1~3 cm，不对称，柄长 1~3 mm。常雌雄异株；雌花序密集。瘦果近椭圆球形。

冷水花属 湿生冷水花

Pilea aquarum **Dunn**

草本。叶同对的近等大，宽椭圆形或卵状椭圆形。花雌雄异株；雄花序聚伞圆锥状；雌花序聚伞状。

冷水花属 大叶冷水花

Pilea martinii **(H. L é v.) Hand.–Mazz.**

草本。茎肉质，叶近膜质，同对的常不等大，两侧不对称，长 7~20 cm，宽 3.5~12 cm，边缘有齿，基出脉 3。花雌雄异株。瘦果狭卵形。

冷水花属 小叶冷水花

Pilea microphylla **(L.) Liebm.**

肉质小草本。叶同对不等大，倒卵形，长 5~20 mm，宽 2~5 mm。聚伞花序密集成近头状，具梗；花被片 4，卵形。瘦果卵形，熟时变褐色。

冷水花属 盾叶冷水花

Pilea peltata Hance

肉质草本。叶盾状着生，肉质，卵形，长 2~5 cm，宽 2~4 cm。

冷水花属 三角形冷水花

Pilea swinglei Merr.

草本，无毛。高 7~30 cm。叶宽卵形、近正三角形或狭卵形，长 1~5.5 cm，宽 0.8~3 cm，边缘有数枚牙齿状锯齿或圆齿。雌花花被片 2，极不等大。

雾水葛属 雾水葛

Pouzolzia zeylanica (L.) Benn. & R. Br.

多年生草本。叶全部对生，卵形或宽卵形，长 1.2~3.8 cm，宽 0.8~2.6 cm。团伞花序通常两性；花被椭圆形或近菱形。瘦果卵球形，淡黄白色。

雾水葛属 多枝雾水葛

Pouzolzia zeylanica (L.) Benn. & R. Br. var. *microphylla* (Wedd.) W. T. Wang

多年生草本或亚灌木，长 40~100(200) cm，多分枝。茎下部叶对生，上部叶互生，分枝的叶通常全部互生或下部对生，叶形变化较大，卵形、狭卵形至披针形。

藤麻属 藤麻

Procris crenata C . B. Rob.

多年生草本。茎肉质，叶两侧稍不对称，狭长圆形，顶端渐尖，基部渐狭，侧脉每侧 5~8 条。花序簇生。瘦果褐色，狭卵形。

A153 壳斗科 Fagaceae

锥属 甜槠

Castanopsis eyrei (Champ. ex Benth.) Tutcher

乔木。叶革质，长 5~13 cm，宽 1.55cm，顶部长渐尖。壳斗有 1 坚果，阔卵形，2~4 瓣开裂，刺及壳壁被毛。坚果阔圆锥形。

锥属 米槠

Castanopsis carlesii (Hemsl.) Hayata

乔木。叶小，披针形，长 4~12 cm，宽 1~3.5cm；叶柄长通常不到 10 mm。雄圆锥花序近顶生；雌花的花柱 3 或 2 枚。坚果近圆球形或阔圆锥形。

锥属 罗浮锥

Castanopsis fabri Hance

常绿乔木，高 8~20 m。叶长椭圆状披针形，长 8~18 cm，上部 1~5 对锯齿，背面有红褐色鳞秕。花序直立。每壳斗 2~3 坚果。

柯属 烟斗柯

Lithocarpus corneus **(Lour.) Rehder**

乔木。叶常聚生枝顶，椭圆形，长 4~20 cm，宽 1.5~7 cm，中部以上边缘有齿。雌花通常着生于雄花序轴下段。壳斗半圆形。

柯属 厚斗柯

Lithocarpus elizabethae **(Tutcher) Rehder**

乔木。叶披针形，长 8.5~14.5 cm，宽 2.4~3.8 cm，全缘，无毛。雄穗状花序三数穗排成圆锥花序，有时单穗腋生。壳斗半球形，包裹果大部分。

柯属 柯

Lithocarpus glaber **(Thunb.) Nakai**

乔木。嫩枝、嫩叶背及花序轴密被灰黄色短茸毛。叶革质或厚纸质，倒卵形、倒卵状椭圆形，全缘或上部 2~4 浅齿。壳斗碟状或浅碗状，包基部。坚果椭圆形。

柯属 菴耳柯

Lithocarpus haipinii **Chun**

乔木。叶厚硬且质脆，宽椭圆形、卵形、倒卵形或倒卵状椭圆形。幼嫩壳斗全包幼小的坚果，成熟壳斗碟状或盆状。

柯属 硬壳柯

Lithocarpus hancei **(Benth.) Rehder**

乔木。叶薄纸质至硬革质，叶形变异较大，通常长 8~14 cm，宽 2.5~5 cm，全缘或上部 2~4 浅齿。花序直立。壳斗包着坚果不到 1/3。

柯属 水仙柯

Lithocarpus naiadarum **(Hance) Chun**

乔木。枝、叶无毛。叶硬纸质，狭长椭圆形或长披针形，长通常为其宽度的 5~10 倍，宽 1~3 cm，叶柄甚短，叶背无蜡鳞层。壳斗浅碟状，包着坚果底部。

柯属 木姜叶柯

Lithocarpus litseifolius **(Hance) Chun**

乔木。枝无毛。叶纸质至近革质，椭圆形、倒卵状椭圆形或卵形，全缘。壳斗浅碟状，包坚果底部。花期 5~9 月，果期翌年 6~10 月。

A154 杨梅科 Myricaceae

杨梅属 杨梅

Myrica rubra **(Lour.) Siebold & Zucc.**

常绿乔木，枝无毛。单叶互生，常聚生枝顶，长椭圆状或楔状披针形至倒卵形，背面有腺点。雌雄异株。核果球状，径 1~3 cm。

A155 胡桃科 Juglandaceae

黄杞属 少叶黄杞

***Engelhardia* fenzlii**

小乔木。叶片椭圆形至长椭圆形，长 5~13 cm，宽 2.5~5 cm，基部歪斜。圆锥状或伞形状花序束，花稀疏散生。果球形，直径 3~4 mm。

黄杞属 黄杞

***Engelhardia roxburghiana* Wall.**

半常绿乔木，高达 10 m。羽状复叶互生；小叶 3~5 对，长椭圆状披针形，长 6~14 cm。葇荑花序。果序长达 15~25 cm；坚果具翅。

化香树属 化香树

***Platycarya strobilacea* Siebold & Zucc.**

乔木，枝髓部坚实，不呈薄片状。雌花组成球穗花序。球果长宽约 15 mm，苞片长圆形。小坚果有 2 翅，包藏于木质的苞片内。

A158 桦木科 Betulaceae

桦木属 亮叶桦

***Betula luminifera* H. Winkl.**

乔木。叶长 4.5~10 cm，宽 2.5~6 cm，顶端骤尖，基部圆形，边缘具齿，侧脉 12~14 对。果序长圆柱形，下垂。小坚果倒卵形，具翅。

A163 葫芦科 Cucurbitaceae

绞股蓝属 绞股蓝

Gynostemma pentaphyllum **(Thunb.) Makino**

草质攀援植物。叶呈鸟足状，具3~9小叶；小叶片卵状长圆形或披针形，中央小叶长3~12 cm。雌雄异株；圆锥花序。果肉质。

赤瓟属 大苞赤瓟

Thladiantha cordifolia **(Blume) Cogn.**

草质藤本。叶片卵状心形，边缘有胼胝质小齿。雌雄异株；雄花3至数朵呈短总状花序；雌花单生。果实长圆形，有10条纵纹。

栝楼属 王瓜

Trichosanthes cucumeroides **(Ser.) Maxim.**

藤本。叶常3~5裂，叶基深心形，基出掌状脉。卷须2歧。花雌雄异株；花萼筒喇叭形，花冠具极长的丝状流苏。果实卵圆形，成熟时橙红色。

马瓞儿属 钮子瓜

Zehneria bodinieri **(H. Lév.) W. J. de Wilde & Duyfjes**

草质藤本。叶宽卵形，边缘有小齿或深波状锯齿。雌雄同株；雄花常3~9朵着生；雌花单生。果球状，果柄长3~12 mm。

马瓟儿属 马瓟儿
Zehneria japonica **(Thunb.) H. Y. Liu**

攀援或平卧草本。叶近三角形，脉上有极短的柔毛，背面淡绿色。雄蕊数朵生于叶腋内，花冠淡黄色。果实长圆形或狭卵形，成熟后桔红色。

A166 秋海棠科 Begoniaceae

秋海棠属 食用秋海棠
Begonia edulis **H. L é v.**

多年生草本，高 40~60 cm。叶互生；叶边缘有浅而疏的三角形之齿，浅裂达 1/2 或略短于 1/3。雄花粉红色，呈 2~3 回二歧聚伞状。蒴果下垂。

秋海棠属 紫背天葵
Begonia fimbristipula **Hance**

多年生无茎草本。叶基生，具长柄；叶边缘有大小不等三角形重锯齿。花粉红色，2~3 回二歧聚伞状花序；雄花花被片 4；雌花花被片 3。蒴果具有不等 3 翅。

秋海棠属 香花秋海棠
Begonia handelii **Irmsch.**

多年生草本。植株高 10~17 cm。叶斜卵形。子房 3 室，果无翅。

秋海棠属 癞叶秋海棠

Begonia leprosa **Hance**

多年生草本，植株高 2~10 cm。叶近圆形。子房 3 室。果无翅。

秋海棠属 粗喙秋海棠

Begonia longifolia **Blume**

多年生草本。叶两侧极不相等，掌状脉。花白色，花被片 4，雌花柱头呈螺旋状扭曲。蒴果轮廓近球形，顶端具粗厚长喙，无翅，无棱。

秋海棠属 裂叶秋海棠

Begonia palmata **D. Don**

草本，茎高 30~60 cm，被锈褐色茸毛。单叶互生，叶 5~7 浅裂，被长硬毛。雌雄同株；花玫瑰色或白色；子房 2 室。蒴果。

秋海棠属 红孩儿

Begonia palmata **D. Don var. *bowringiana* (Champ. ex Benth.) J. Golding & C. Kareg.**

草本，茎被锈褐色茸毛。叶形变异大，通常斜卵形，上面密被短硬毛，偶混长硬毛。雌雄同株；花玫瑰色或白色。蒴果。

秋海棠属 掌裂秋海棠

Egonia pedatifida H. L é v.

草本，只有根状茎，植株被毛。叶5~6深裂，叶柄密被长柔毛。子房2室。果有翅。

A168 卫矛科 Celastraceae

南蛇藤属 过山枫

Celastrus aculeatus Merr.

藤状灌木，枝具棱。叶多为椭圆形或长圆形，长5~10 cm，宽2.5~5 cm。聚伞花序短，花2~3朵。蒴果3室。种子新月形。

南蛇藤属 大芽南蛇藤

Celastrus gemmatus Loes.

灌木。叶长方形，卵状椭圆形或椭圆形，长6~12 cm，宽3.5~7 cm。聚伞花序顶生及腋生，顶生花序长约3 cm。蒴果球状，直径10~13mm。

南蛇藤属 青江藤

Celastrus hindsii Benth.

藤状灌木。叶长圆状椭圆形，长7~12 cm，宽1.5~6 cm，边缘具锯齿。顶生聚伞圆锥花序，腋生花序具1~3花。蒴果球形，1室。

南蛇藤属 独子藤

Celastrus monospermus Roxb.

藤状灌木，小枝具细纵棱。叶长圆状宽椭圆形或窄椭圆形，长 7~15 cm，宽 3~8 cm，背面白色。二歧聚伞花序排成聚伞圆锥状。蒴果宽椭圆形。种子 1 颗，椭圆形。

卫矛属 百齿卫矛

Euonymus centidens H. L é v.

灌木，高 6 m。叶纸质或近革质，窄长椭圆形或近长倒卵形，长 3~10 cm。聚伞花序 1~3 花，稀较多；花淡黄色。蒴果 4 深裂。

卫矛属 扶芳藤

Euonymus fortunei (Turcz.) Hand.–Mazz.

攀援灌木，小枝圆柱形。叶椭圆形，长 3~8 cm，宽 1.5~3.5 cm。聚伞花序 3~4 次分枝；花序梗长 1.5~3 cm。果近球形，无刺。

卫矛属 疏花卫矛

Euonymus laxiflorus Champ. ex Benth.

灌木，枝 4 棱形。叶卵状椭圆形，长 5~12 cm，宽 2~4 cm。聚伞花序分枝疏松，5~9 花。子房每室 2 胚珠。果倒圆锥形，具 5 阔棱。

卫矛属 中华卫矛

Euonymus nitidus **Benth.**

灌木。小枝为四棱形。叶卵形或者倒卵形，通常长 5~8 cm，宽 2.5~4 cm。花瓣基部窄缩成短爪。果卵状三角形，直径 9~17mm，顶端 4 浅裂。

假卫矛属 密花假卫矛

Microtropis gracilipes **Merr. & F. P. Metcalf**

灌木。叶近革质，长 5~11 cm，宽 1.5~3.5 cm，先端渐尖或窄渐尖，基部楔形。密伞花序或团伞花序腋生或侧生；花序梗长 1~2.5 cm；小花无梗，密集近头状；花 5 朵。

翅子藤属 程香仔树

Loeseneriella concinna **A. C. Sm.**

藤本，小枝具粗糙皮孔。叶长圆状椭圆形，长 3.5~6 cm，宽 1.5~3.5 cm。聚伞花序；花瓣薄肉质，淡黄。蒴果倒卵状椭圆形。

梅花草属 梅花草

Parnassia palustris **L.**

多年生草本。高 12~20(30) cm。叶片卵形至长卵形，偶有三角状卵形，长 1.5~3 cm，宽 1~2.5 cm，基部近心形，边全缘。花单生于茎顶；花瓣白色。蒴果卵球形，4 瓣开裂。

A170 牛栓藤科 Connaraceae

红叶藤属 小叶红叶藤
Rourea microphylla (Hook. & Arn.) Planch.

攀援灌木。奇数羽状复叶；7~17 小叶，叶片顶端骤尖。聚伞花序排成圆锥花序；花瓣有纵脉纹。蓇葖果单生，宽 4~5 mm。

A171 酢浆草科 Oxalidaceae

酢浆草属 酢浆草
Oxalis corniculata L.

草本。茎细弱，多分枝，匍匐茎节上生根。叶基生或茎上互生；小叶 3，倒心形。花单生或伞形花序状。蒴果长圆柱形。

酢浆草属 红花酢浆草
Oxalis corymbosa DC.

多年生直立草本。地下部分有球状鳞茎。叶基生；小叶 3，扁圆状倒心形。二歧聚伞花序；花瓣 5，紫色。蒴果室背开裂。

A173 杜英科 Elaeocarpaceae

杜英属 中华杜英
Elaeocarpus chinensis (Gardner & Champ.) Hook. f. ex Benth.

常绿小乔木。单叶互生，卵状披针形或披针形，长 5~8 cm，宽 2~3 cm，背有细小黑腺点。花瓣 5，长圆形。核果椭圆形，直径 5 mm。

杜英属 杜英

Elaeocarpus decipiens **Hemsl.**

常绿乔木，高 5~15 m。叶披针形，长 7~12 cm，宽 2~3.5 cm。总状花序多生于叶腋及无叶的去年枝条上，长 5~10 cm。果椭圆形，直径 2~3 cm。

杜英属 褐毛杜英

Elaeocarpus duclouxii **Gagnep.**

乔木。叶长圆形，宽 3~6 cm，先端急尖，基部楔形，下面被褐色毛，边缘有齿；叶柄被褐色毛。花瓣上半部撕裂。核果椭圆形，宽 1.7~2 cm。

杜英属 日本杜英

Elaeocarpus japonicus **Siebold & Zucc.**

乔木。单叶互生，革质，通常卵形，长 6~12 cm，宽 3~6 cm，叶背有细小黑腺点。总状花序生于叶腋。核果椭圆形，直径 8 mm。

杜英属 山杜英

Elaeocarpus sylvestris **(Lour.) Poir.**

小乔木，小枝无毛。叶长 4~8 cm，宽 2~ 4 cm，基部窄楔形，下延，两面均无毛。总状花序，花瓣上半部撕裂。果椭圆形，长 1~1.2 cm。

猴欢喜属 猴欢喜
Sloanea sinensis (Hance) Hemsl.

常绿乔木。叶常为长圆形或狭窄倒卵形，长 8~15 cm，宽 3~7 cm，全缘。花多朵簇生；花瓣 4。蒴果球形，直径 2.5~3 cm。

A180 古柯科 Erythroxylaceae

古柯属 东方古柯
Erythroxylum sinense C. Y. Wu

灌木或小乔木。叶纸质，长椭圆形、倒披针形或倒卵形，长 5~12 cm，宽 2~3.5 cm，顶端渐尖。花腋生，2~7 花簇生于极短的总花梗上，或单花腋生。核果长圆形。

A183 藤黄科 Clusiaceae

藤黄属 木竹子
Garcinia multiflora Champ. ex Benth.

常绿乔木。叶对生，革质，长圆状卵形或长圆状倒卵形，边缘微反卷。圆锥花序；花瓣倒卵形。浆果球形，直径 2~3.5 cm。

藤黄属 岭南山竹子
Garcinia oblongifolia Champ. ex Benth.

乔木。叶近革质，长 5~10 cm，宽 2~3.5 cm，基部楔形，中脉上面微隆起。花小，花瓣倒卵状长圆形。浆果一般为球形，通常直径 2.5~3.5 cm。

A184 胡桐科 Calophyllaceae

红厚壳属 薄叶红厚壳

Calophyllum membranaceum **Gardner & Champ.**

灌木至小乔木。叶对生，边缘反卷，侧脉极多而密，近平行。聚伞花序腋生；花两性；花瓣 4；子房 1 室。果卵状长圆球形。

A186 金丝桃科 Hypericaceae

金丝桃属 小连翘

Hypericum erectum **Thunb.**

草本。叶长椭圆形，长 1.5~5 cm，宽 8~13 mm，基部心形抱茎，背面密被腺点。花序顶生，多花，伞房状聚伞花序；花瓣黄色。蒴果卵珠形。

金丝桃属 地耳草

Hypericum japonicum **Thunb.**

一年生或多年生草本。叶对生，卵形，长小于 2 cm，散布透明腺点。花序具 1~30 花；花瓣椭圆形；花柱长 10 mm。蒴果无腺条纹。

金丝桃属 元宝草

Hypericum sampsonii **Hance**

多年生草本。叶基部合生为一体，茎中间穿过，果有泡状腺体。叶对生，无柄，坚纸质，边缘密生有黑色腺点。花瓣淡黄色。蒴果。

风筝果属 风筝果
Hiptage benghalensis **(L.) Kurz**

攀援灌木。叶片革质，长圆形，长 9~18 cm，宽 3~7 cm，背面常具 2 腺体，全缘，幼时淡红色，被短柔毛，老时变绿色，无毛。总状花序腋生或顶生，花瓣白色。翅果。

A200 堇菜科 Violaceae

堇菜属 如意草
Viola arcuata **Blume**

多年生草本。基生叶深绿色，三角状心形或卵状心形；托叶披针形，长 5~10 mm。花淡紫色或白色，具长梗。蒴果长圆形，长 6~8 mm。

堇菜属 七星莲
Viola diffusa **Ging.**

一年生草本。叶片卵形或卵状长圆形，长 1.5~3.5 cm，边缘具钝齿及缘毛。花较小，淡紫色或浅黄色；萼片披针形。蒴果长圆形。

堇菜属 柔毛堇菜
Viola fargesii **Boissieu**

多年生草本。植株被白色长柔毛。叶近基生或互生于匍匐枝上；叶卵形，叶长 2~6 cm。花白色，花瓣长圆状倒卵形，长 1~1.5 cm。蒴果长圆形。

堇菜属 长萼堇菜

Viola inconspicua Blume

多年生草本，植株无茎，无匍匐枝。叶基生，莲座状，叶片三角形，宽 1~3.5 cm。花淡紫色，有暗色条纹。蒴果长圆形。

堇菜属 亮毛堇菜

Viola lucens W. Becker

低矮小草本。高 5~7 cm，全体被白色长柔毛。无地上茎，具匍匐枝。叶基生，莲座状，叶长圆状卵形或者长圆形，长 1~2 cm，宽 0.5~1.3 cm，先端钝，基部心形或圆，边缘具圆齿。

堇菜属 浅圆齿堇菜

Viola schneideri W. Becker

多年生草本。叶片卵形，长 2~7 cm，边缘浅圆齿，齿尖端具腺体。花白色或淡紫色；萼片披针形。蒴果长圆形，长 5~7 mm。

A204 杨柳科 Salicaceae

山桂花属 山桂花

Bennettiodendron leprosipes (Clos) Merr.

常绿小乔木。树皮有臭味。叶近革质，长 4~18 cm，宽 3.5~7 cm，边缘有粗齿和带不整齐的腺齿。圆锥花序顶生。浆果成熟时红色至黄红色，球形。

嘉赐树属 爪哇脚骨脆

Casearia velutina Blume

灌木，高 1.5~2.5 m。叶为纸质，卵状长圆形，少为卵形，长 5~8 cm，边缘有锐齿。花小，淡紫色，数朵簇生于叶腋。蒴果。

天料木属 天料木

Homalium cochinchinense (Lour.) Druce

落叶小乔木或灌木，高 2~10 m。叶宽椭圆状长圆形至倒卵状长圆形，长 6~15 cm。花单个或簇生排成总状；花白色。蒴果倒圆锥状。

柳属 长梗柳

Salix dunnii C. K. Schneid.

灌木或小乔木。叶椭圆形。花序梗长约 1 cm，花药卵球形，黄色；苞片卵形或倒卵形。

A207 大戟科 Euphorbiaceae

铁苋菜属 铁苋菜

Acalypha australis L.

一年生草本。叶长卵形，边缘具圆锯；叶柄具毛。雌雄花同序，腋生；雌花苞片 1~2 枚，长约 10 mm，有齿。蒴果具 3 个分果爿。

乌桕属 山乌桕

Triadica cochinchinensis **Lour.**

落叶乔木。叶互生，叶椭圆形，长 5~10 cm，宽 3~5 cm；叶柄顶端 2 腺体。雌雄同株；总状花序；雌花生于花序轴下部。蒴果。

乌桕属 圆叶乌桕

Triadica rotundifolia **(Hemsl.) Esser**

乔木。叶近圆形，长 5~11 cm，宽 6~12 cm，基部圆钝或浅心形，叶柄顶端 2 腺体。种子有蜡质，无斑纹。

乌桕属 乌桕

Triadica sebifera **(L.) Small**

乔木。叶互生，纸质，叶片阔卵形，长 3~10 cm，宽 5~9 cm。花单性，雌雄同株，总状花序；雄花花梗纤细，雌花花梗圆柱形。蒴果近球形。

油桐属 油桐

Vernicia fordii **(Hemsl.) Airy Shaw**

落叶乔木，高达 10 m。叶卵圆形，长 8~18 cm；叶柄顶端 2 腺体。雌雄同株；花瓣卵圆形，白色，有淡红色脉纹。核果近球状。

油桐属 木油桐

Vernicia montana **Lour.**

落叶乔木，高达 20 m。叶阔卵形，长 8~20 cm，裂缺常有杯状腺体；叶柄顶端有 2 枚具柄的杯状腺体。花瓣白色。核果 3 棱，有皱纹。

A209 粘木科 Ixonanthaceae

粘木属 粘木
Ixonanthes reticulata Jack

灌木或乔木。单叶互生，椭圆形或长圆形，侧脉 5~12 对；叶柄有狭边。二歧或三歧聚伞花序，花白色。蒴果卵状圆锥形。

A211 叶下珠科 Phyllanthaceae

五月茶属 五月茶
Antidesma bunius (L.) Spreng.

乔木。叶片纸质，长椭圆形、倒卵形或长倒卵形，长 8~23 cm，宽 3~10 cm；托叶线形，早落。雄花序为穗状花序；雌花序为总状花序。核果成熟时红色。

五月茶属 黄毛五月茶
Antidesma fordii Hemsl.

灌木或小乔木。小枝、叶背、托叶密被黄色柔毛。叶长圆形或椭圆形，背面凸出。雄花序穗状；雌花序总状。核果纺锤形。

五月茶属 酸味子
Antidesma japonicum Siebold & Zucc.

乔木或灌木。叶片纸质至近革质，椭圆形至长圆状披针形，长 3.5~13 cm。总状花序顶生，长达 10 cm。核果椭圆形，长约 5~6 mm。

重阳木属 秋枫
Bischofia javanica **Blume**

大乔木。三出复叶，叶长 7~15 cm，宽 4~8 cm，顶端尖，基部宽楔形至钝，边缘有浅锯齿；叶柄具腺体。圆锥花序。果近圆球形。

土蜜树属 禾串树
Bridelia balansae **Tutcher**

乔木，高达 17 m。单叶互生，椭圆形或长椭圆形，长 5~25 cm，边缘反卷。雌雄同序，团伞花序腋生。核果长卵形，1 室。

黑面神属 黑面神
Breynia fruticosa **(L.) Hook. f.**

灌木，高 1~3 m。叶阔卵形或菱状卵形，长 3~7 cm。花单生或 2~4 朵簇生于叶腋；雌花花萼花后增大。蒴果圆球状，顶端无喙。

土蜜树属 土蜜树
Bridelia tomentosa **Blume**

灌木或小乔木。幼枝、叶背、叶柄和托叶被毛。叶长圆形，长 3~9 cm，侧脉 8~10 对。雌花瓣无毛。核果 2 室，直径 5 mm。

白饭树属 白饭树

Flueggea virosa (Roxb. ex Willd.) Royle

灌木，小枝具纵棱槽，红褐色。叶椭圆形、长圆形或近圆形，背白色。雌雄异株；花淡黄色。蒴果浆果状，果皮淡白色。

算盘子属 算盘子

Glochidion puberum (L.) Hutch.

灌木。叶长圆形。花 2~5 朵簇生于叶腋内；雄花常生于小枝下部，雌花则上部。蒴果扁球状，边缘有 8~10 条纵沟，6~8 室。

算盘子属 毛果算盘子

Glochidion eriocarpum Champ. ex Benth.

灌木，全株几被长柔毛。单叶互生，2 列，狭卵形或宽卵形，基部钝。花单生或 2~4 朵簇生于叶腋内。蒴果扁球状，4~5 室。

算盘子属 白背算盘子

Glochidion wrightii Benth.

灌木或乔木。高 1~8 m。叶长圆形或披针形，长 2.5~5.5 cm，常呈镰状弯斜，基部偏斜，背白。花簇生叶腋。蒴果扁球形，3 室。

叶下珠属 青灰叶下珠

Phyllanthus glaucus Wall. ex M ü ll. Arg.

灌木，高可达 4 m，全株无毛。叶为椭圆形，通常长 3~6 cm，宽 1.5~2.5 cm。花 3~7 朵簇生于叶腋，直径约 3 mm。蒴果浆果状，紫黑色。

叶下珠属 珠子草

Phyllanthus niruri L.

一年生草本。叶狭椭，长 6~10 mm，宽 3~5 mm。常 1 朵雄花和 1 朵雌花双生于每一叶腋内；花梗长约 1.5 mm；雌花萼 6。蒴果扁球形。

叶下珠属 叶下珠

Phyllanthus urinaria L.

一年生草本。叶长圆形，长 7~15 mm，宽 3~6 mm。雄花 2~4 朵簇生于叶腋；雌花单生，雌花梗长不及 0.5 mm。蒴果具小凸刺。

A212 牻牛儿苗科 Geraniaceae

老鹳草属 野老鹳草

Geranium carolinianum L.

一年生草本。叶片圆肾形，上部羽状深裂，小裂片条状矩圆形。花瓣淡紫红色，倒卵形。

A214 使君子科 Combretaceae

风车子属 风车子
Combretum alfredii Hance

灌木。叶长 12~20 cm，宽 4.8~7.3 cm，先端渐尖，基部楔尖。小苞片线状，萼钟状，花瓣黄白色，花丝伸出萼外。果椭圆形，有4翅。

A215 千屈菜科 Lythraceae

萼距花属 香膏萼距花
Cuphea balsamona Cham. & Schltdl.

草本或灌木，全株具黏质腺毛。叶卵状披针形，长 1.5~5 cm。花萼细小，长1 cm以下；花瓣6，近等长。蒴果包藏于萼管内，侧裂。

紫薇属 广东紫薇
Lagerstroemia fordii Oliv. & Koehne

乔木。叶阔披针形或椭圆状披针形。顶生圆锥花序。蒴果褐色，卵球形，长 1~1.2 cm，直径 7~9 mm，无毛。

紫薇属 紫薇
Lagerstroemia indica L.

落叶灌木或小乔木。小枝具4棱，略成翅状。叶椭圆形。圆锥花序顶生；花瓣6，皱缩；雄蕊 36~42 枚。蒴果室背开裂。

节节菜属 圆叶节节菜
Rotala rotundifolia (Buch.-Ham. ex Roxb.) Koehne

一年生草本。茎直立，丛生。叶对生，近圆形、阔倒卵形或阔椭圆形。花单生；花瓣淡紫红色；花萼无附属物。蒴果椭圆形。

A216 柳叶菜科 Onagraceae

丁香蓼属 水龙
Ludwigia adscendens (L.) H. Hara

多年生浮水或上升草本。叶倒卵形。花单生于上部叶腋；花瓣乳白色，基部淡黄色。蒴果淡褐色，圆柱状，具10条纵棱。

丁香蓼属 草龙
Ludwigia hyssopifolia (G. Don) Exell

一年生直立草本。叶披针形至线形，侧脉在近边缘不明显环结。花腋生；萼片4；花瓣4，倒卵形，黄色；雄蕊8枚。蒴果近无梗。

丁香蓼属 毛草龙
Ludwigia octovalvis (Jacq.) P. H. Raven

多年生粗壮直立草本。植株常被黄褐色粗毛。叶披针形至线状披针形。花单生；花瓣倒卵状楔形。蒴果圆柱状，具8条棱。

丁香蓼属 黄花水龙

Ludwigia peploides (Kunth) P. H. Raven subsp. *stipulacea* (Ohwi) P. H. Raven

多年生浮水或上升草本。浮水茎节上常生圆柱状海绵状贮气根状浮器。花瓣黄色，不能正常结果。

子楝树属 子楝树

Decaspermum gracilentum (Hance) Merr. & L. M. Perry

灌木至小乔木。嫩枝被灰褐色或灰色柔毛。叶对生，纸质或薄革质，椭圆形。聚伞花序腋生；花 4 数；花瓣白。浆果具柔毛。

A218 桃金娘科 Myrtaceae

岗松属 岗松

Baeckea frutescens L.

灌木，多分枝。叶小，线形，先端尖。花小，白色，单生于叶腋内；萼管钟状，萼齿 5；花瓣圆形，分离；子房下位，花柱宿存。蒴果小。

桃金娘属 桃金娘

Rhodomyrtus tomentosa (Aiton) Hassk.

常绿灌木。叶对生，椭圆形或倒卵形，叶背被灰色茸毛，离基 3 出脉，具边脉。花单生；花瓣 5，倒卵形，紫红色。浆果壶形。

蒲桃属 华南蒲桃

Syzygium austrosinense (Merr. & L. M. Perry) H. T. Chang & R. H. Miao

灌木至小乔木，枝 4 棱。叶对生，椭圆形，长 4~7 cm，宽 2~3 cm，脉距 1~1.5 mm。聚伞花序顶生。果球形，直径 6~7 mm。

蒲桃属 赤楠

Syzygium buxifolium Hook. & Arn.

灌木或小乔木，枝具棱。2~3 叶，叶阔椭圆形，长 1.5~3 cm，宽 1~2 cm，脉距 1~1.5 mm。聚伞花序顶生。核果球形，直径 5~7 mm。

蒲桃属 红鳞蒲桃

Syzygium hancei Merr. & L. M. Perry

灌木或乔木。枝圆柱形。叶椭圆形，长 3~7 cm，宽 1.5~4 cm，脉距 2 mm。圆锥花序腋生；花瓣 4。果球形，直径 5~6 mm。

蒲桃属 广东蒲桃

Syzygium kwangtungense Merr. & L. M. Perry

小乔木。叶片革质，椭圆形至狭椭圆形，先端钝或略尖，长 5~8 cm，宽 1.5~4 cm，两面具腺点。圆锥花序顶生或近顶生，长 2~4 cm。果实球形，直径 7~9 mm。

蒲桃属 山蒲桃

Syzygium levinei (Merr.) Merr. & L. M. Perry

常绿乔木，枝圆柱形。叶椭圆形，长 4~8 cm，宽 1.5~3.5 cm，脉距 2~3.5 mm。圆锥花序；花瓣 4，分离。果球形，直径 7~8 mm。

蒲桃属 红枝蒲桃

Syzygium rehderianum Merr. & L. M. Perry

灌木至小乔木。枝为圆柱形，红色。叶椭圆形，长 4~7 cm，宽 2.5~3.5 cm，脉距 2~3.5 mm。聚伞花序腋生。果椭圆状卵形，直径 1 cm。

A219 野牡丹科 Melastomataceae

棱果花属 棱果花

Barthea barthei (Hance ex Benth.) Krasser

灌木。叶有 5 基出脉，叶背及花萼无腺点。雄蕊异型，4 枚，不等长，花药顶孔开裂；中轴胎座。蒴果。种子劲直。

柏拉木属 柏拉木

Blastus cochinchinensis Lour.

灌木。叶披针形至椭圆状披针形。聚伞花序腋生，密被小腺点；花瓣卵形，白色至粉红色。蒴果椭圆形，4 裂，为宿存萼所包。

柏拉木属 少花柏拉木

Blastus pauciflorus **(Benth.) Guillaumin**

灌木，茎圆柱形，全株被黄色小腺点。叶纸质，卵状披针形至卵形，长 3.5~6 cm，叶背及花萼被黄色腺点。聚伞花序组成小圆锥花序，顶生。蒴果椭圆形。花期 7 月，果期 10 月。

野海棠属 小叶野海棠

Bredia microphylla **H. L. Li**

匍匐亚灌木或草本。茎圆，密被红褐色柔毛。叶片卵形至卵圆形，长、宽 8~20 mm，全缘，5 基出脉，叶面密被短柔毛及疏糙伏毛。聚伞花序顶生，花 1~3 朵。蒴果杯形，四棱形，为宿存萼所包。

野海棠属 叶底红

Bredia fordii **(Hance) Diels**

小灌木或近草本，植株密被毛。叶坚纸质，边缘具齿牙，基出脉 7~9。花萼钟状漏斗形，花瓣紫色或紫红色。蒴果杯形，被刺毛。

异药花属 异药花

Fordiophyton faberi **Stapf**

草本或亚灌木，高 30~80 cm。茎四棱形，有槽。叶片膜质，披针形至卵形，5 基出脉。苞片通常紫红色，透明；花瓣红色或紫红色。蒴果。

野牡丹属 细叶野牡丹

Melastoma × *intermedium* Dunn

小灌木和灌木。叶椭圆形或长圆状椭圆形，长 2~4 cm，宽 8~20 mm。伞房花序顶生；花瓣玫瑰红色至紫色。果坛状球形。

野牡丹属 多花野牡丹

Melastoma affine D. Don

灌木。分枝多，被毛。叶片坚纸质。伞房花序生于分枝顶端；花瓣粉红色至红色；子房半下位。蒴果坛状球形，顶端平截，与宿存萼贴生。

野牡丹属 地菍

Melastoma dodecandrum Lour.

匍匐草本。叶卵形或椭圆形，3~5 基出脉，常仅边缘被糙伏毛。聚伞花序顶生；花瓣菱状倒卵形，被疏缘毛。果坛状球形。

野牡丹属 野牡丹

Melastoma malabathricum L.

小灌木。叶片长圆形到披针形卵形，长 2~4 cm 叶卵形，7 出脉。花序近头状的伞房状；花瓣粉红色至红色。蒴果坛状球形，顶端平截。

野牡丹属 毛菍

***Melastoma sanguineum* Sims**

大灌木。被基部膨大的毛；叶坚纸质，卵状披针形，基出脉5，被毛。伞房花序；花瓣粉红色或紫红色。果杯状球形，为宿萼所包，被毛。

金锦香属 朝天罐

***Osbeckia opipara* C.Y.Wu & C.Chen**

灌木。茎被毛，叶坚纸质，卵形至卵状披针形，顶端渐尖，两面被毛，5基出脉。花萼4裂，花瓣深红色至紫色，卵形。蒴果长卵形，被毛。

谷木属 谷木

***Memecylon ligustrifolium* Champ. ex Benth.**

灌木或小乔木。叶革质，对生，椭圆形至卵形，长5.5~8 cm，宽2.5~3.5 cm，两面无毛。聚伞花序腋生或生于叶腋。核果浆果状，球形，直径1 cm。

锦香草属 锦香草

***Phyllagathis cavaleriei* (H. L é v. & Vaniot) Guillaum**

草本，茎四棱形。叶广卵形、广椭圆形或圆形，7~9基出脉。伞形花序顶生；花瓣粉红色至紫色。蒴果杯形，顶端冠4裂；宿存萼具8纵肋。

肉穗草属 楮头红
***Sarcopyramis napalensis* Wall.**

直立草本，茎四棱形。叶广卵形，边具齿，叶面被毛，叶柄具狭翅。聚伞花序，基部具2枚叶状苞片，花瓣粉红色。蒴果杯形，具四棱。

蜂斗草属 蜂斗草
***Sonerila cantonensis* Stapf**

草本或亚灌木，株高20~50 cm。茎无翅，被粗毛。叶卵形或椭圆状卵形。聚伞花序顶生；花3基数，花瓣长7 mm。蒴果倒圆锥形。

蜂斗草属 海棠叶蜂斗草
***Sonerila plagiocardia* Diels**

植株高20 cm，茎具纵棱。棱及叶柄具明显的翅。

A226 省沽油科 Staphyleaceae

山香圆属 锐尖山香圆
***Turpinia arguta* (Lindl.) Seem.**

落叶灌木。单叶对生，长圆形至椭圆状披针形，长7~22 cm，宽2~6 cm，边缘具疏锯齿，齿尖具硬腺体。圆锥花序。果近球形。

山香圆属 山香圆

Turpinia montana **(Blume) Kurz**

小乔木。叶对生，羽状复叶，纸质，先端尾状渐尖，基部宽楔形，边缘具齿。圆锥花序顶生，花萼 5，花瓣 5。果球形，紫红色。

A228 旌节花科 Stachyuraceae

旌节花属 中国旌节花

Stachyurus chinensis **Franch.**

落叶灌木。叶柄长 1~2 cm，常暗紫色；叶互生，长 5~12 cm，宽 3~7 cm。穗状花序先叶开放，长 5~10 cm；花黄色。果实圆球形，直径 6~7 cm。

旌节花属 西域旌节花

Stachyurus himalaicus **Hook. f. & Thomson**

灌木。叶长圆状披针形或披针形，基部圆形，边缘具锐尖锯齿。

A238 橄榄科 Burseraceae

橄榄属 橄榄

Canarium album **(Lour.) Rauesch.**

乔木。小叶 3~6 对，披针形或椭圆形，背面疣状突起。花腋生；雄花序为聚伞圆锥花序；雌花序为总状。果卵圆形至纺锤形。

A239 漆树科 Anacardiaceae

南酸枣属 南酸枣

Choerospondias axillaris (Roxb.) B. L. Burtt & A. W. Hill

落叶乔木。羽状复叶；7~15 小叶，卵形，基部偏斜。雄花聚伞圆锥花序；雌花单生；子房 5 室。核果椭圆形，顶端 5 个眼孔。

黄连木属 黄连木

Pistacia chinensis Bunge

乔木或灌木。奇数羽状复叶，9~13 小叶。雌雄异株，无花瓣，雄蕊 3~5 枚；雌花中无退化雄蕊；子房 1 室。

漆树属 盐肤木

Rhus chinensis Mill.

落叶小乔木或灌木。7~13 小叶，背面密被灰褐色绵毛；叶轴有翅。圆锥花序；花杂性，有花瓣；子房 1 室。核果小，有咸味。

漆树属 滨盐麸木

Rhus chinensis Mill. var. *roxburghii* (DC.) Rehder

落叶小乔木或灌木。枝、叶和花序等多部密被锈色柔毛。奇数羽状复叶有小叶 2~6 对，叶轴无翅，叶背被白粉。圆锥花序宽大，多分枝。核果球形，略压扁，成熟时红色。

漆属 野漆
Toxicodendron succedaneum (L.) Kuntze

落叶乔木或小乔木，高达 10 m。奇数羽状复叶互生；小叶 3~6 对，长圆状椭圆形或卵状披针形，长 4~10 cm。圆锥花序腋生。核果偏斜。

漆属 木蜡树
Toxicodendron sylvestre (Siebold & Zucc.) Kuntze

落叶乔木，高达 10 m。奇数羽状复叶互生；小叶 3~6 对，稀 7 对，卵形或长圆形，长 4~10 cm，宽 2~4cm。圆锥花序。核果极偏斜。

A240 无患子科 Sapindaceae

槭树属 青榨槭
Acer davidii Franch.

落叶乔木。叶纸质，长 6~14 cm，宽 4~9 cm，边缘不整齐锯齿，侧脉 11~12 对，叶面无毛，背面脉被毛。花黄绿色，成下垂的总状花序。翅果长 2.5~3 cm。

槭树属 罗浮槭
Acer fabri Hance

常绿乔木。叶革质，披针形，长 7~11 cm，宽 2~3 cm，叶面无毛，背面脉腋被毛，全缘；叶柄长 1 cm。花杂性，常伞房花序。翅果，长 2.5~3 cm。

槭树属 中华槭
Acer sinense Pax

落叶乔木。叶近于革质，基部为心脏形，长 10~14 cm，宽 12~15 cm。多花组成下垂顶生圆锥花序，花瓣 5，白色。小坚果椭圆形。

槭树属 岭南槭
Acer tutcheri Duthie

乔木。叶阔卵形，长 6~7 cm，宽 8~11 cm，常 3 裂至近中部，裂片具锐锯齿，3 基出脉，两面无毛。圆锥花序。翅果长 2~2.5 cm。

患子属 无患子
Sapindus saponaria L.

落叶大乔木。小叶 5~8 对，近对生，叶长椭圆状披针形或稍呈镰形。花序顶生，圆锥形；花辐射对称；花瓣 5。发育分果爿近球形。

A241 芸香科 Rutaceae

黄皮属 齿叶黄皮
Clausena dunniana H. L é v.

小乔木。复叶有 5~15 小叶，披针形或卵形，长 5~12 cm，宽 2.5~5 cm。萼片及花瓣 4 枚。果近球形，直径 1~1.5 cm。

山小橘属 小花山小橘

Glycosmis parviflora **(Sims) Little**

灌木或小乔木。3~5 小叶羽状复叶。花近无梗，两性，花瓣覆瓦状排列，花柱短，宿存，心皮合生。浆果。

蜜茱萸属 三桠苦

Melicope pteleifolia **(Champ. ex Benth.) T. G. Hartley**

乔木。指状 3 小叶对生；叶椭圆形，长 6~12 cm，全缘，叶面密布油点。聚伞花序腋生；花多，花瓣有透明油点。种子蓝黑色。

茵芋属 乔木茵芋

Skimmia arborescens **T. Anderson ex Gamble**

小乔木。叶较薄，干后薄纸质，椭圆形或长圆形，或为倒卵状椭圆形，长 5~18 cm，宽 2~6 cm。花序轴被微柔毛或无毛。果圆球形径 6~8 mm。

四数花属 华南吴萸

Tetradium austrosinense **(Hand.-Mazz.) T. G. Hartley**

乔木，高 6~20 m。羽状复叶，7~11 小叶；叶狭椭圆形，长 7~12 cm，宽 3.5~6 cm，背被毡毛及细小腺点。花 5 数。蓇葖果。

四数花属 楝叶吴萸

Tetradium glabrifolium (Champ. ex Benth.) T. G. Hartley

乔木，高达 20 m。羽状复叶；5~11 小叶，卵形至披针形，长 6~10 cm，宽 2.5~4 cm，两面无毛，不对称。二歧聚伞花序；花 5 数。蓇葖果。

飞龙掌血属 飞龙掌血

Toddalia asiatica (L.) Lam.

木质攀援灌木，刺小而密。三出复叶互生，有透明油点。雌、雄花序均为圆锥状。核果橙红或朱红色，近球形。种子肾形。

花椒属 椿叶花椒

Zanthoxylum ailanthoides Siebold & Zucc.

落叶乔木，高稀达 1 m。小叶整齐对生，狭长披针形或位于叶轴基部的近卵形，长 7~18 cm，宽 2~6 cm。花序顶生，花瓣淡黄白色。

花椒属 竹叶花椒

Zanthoxylum armatum DC.

落叶小乔木。小叶对生，披针形，长 3~12 cm，宽 1~3 cm。花序近腋生或同时生于侧枝之顶。果紫红色。

花椒属 簕欓花椒

Zanthoxylum avicennae (Lam.) DC.

落叶乔木。羽状 13~18(25) 小叶，小叶斜方形、倒卵形，长 4~7 cm，宽 1.5~2.5 cm。花序顶生；花瓣黄白色。分果瓣淡紫红色。

花椒属 大叶臭花椒

Zanthoxylum myriacanthum Wall. ex Hook. f.

小乔木，高稀达 15 m。羽状 11~17 小叶，椭圆形，长 10~20 cm，宽 4~9 cm，多油点，无白粉。花序顶生；花被片 2 轮。蓇葖果。

花椒属 两面针

Zanthoxylum nitidum (Roxb.) DC.

灌木。羽状复叶；3~7 小叶，对生，椭圆形，长 5~12 cm，宽 2.5~6 cm，顶端急尾尖，叶缘缺口处有一腺体。花被片 2 轮。蓇葖果。

花椒属 花椒簕

Zanthoxylum scandens Blume

攀援灌木。羽状 7~23 小叶，卵形，长 3~8 cm，宽 1.5~3 cm，两侧不对称。伞形花序腋生或顶生；花瓣 4。分果瓣紫红色。

A242 苦木科 Simaroubaceae

苦木属 苦树

Picrasma quassioides (D. Don) Benn.

落叶乔木。叶互生，奇数羽状复叶，长 15~30 cm；小叶 9~15，边缘具锯齿。花雌雄异株；花瓣 5。核果长 6~8 mm，宽 5~7 mm。

A243 楝科 Meliaceae

麻楝属 麻楝

Chukrasia tabularis A. Juss.

乔木，高达 25 m。羽状复叶；10~17 小叶互生。圆锥花序顶生；子房 3~5 室，胚珠多数；雄蕊着生于雄蕊管顶端。蒴果近球形。

浆果楝属 浆果楝

Cipadessa baccifera (Roth.) Miq.

灌木或小乔木。9~11 小叶羽状复叶。花丝仅基部合生，上部分离；子房 5 室，子房每室有胚珠 1~2 颗。核果。种子无翅。

樫木属 香港樫木

Dysoxylum hongkongense **(Tutcher) Merr.**

乔木。嫩枝被黄色短柔毛或近无毛。奇数羽状复叶，小叶10~16枚，小叶长椭圆形，基部偏斜，两面无毛。圆锥花序生于枝顶之叶腋；花瓣5，白色。蒴果梨形，直径约4 cm。

香椿属 红椿

Toona ciliata **M. Roem.**

大乔木。羽状复叶，小叶对生或近对生，先端尾状渐尖，基部一侧圆形，另一侧楔形。圆锥花序顶生，花萼5裂，花瓣5。蒴果长椭圆形。

香椿属 香椿

Toona sinensis **(A. Juss.) M. Roem.**

乔木。羽状复叶；14~28小叶，两面无毛。雄蕊10枚；子房5室，每室有胚珠6~12颗。蒴果椭圆形，长1.5~2 cm，有5纵棱。

A247 锦葵科 Malvaceae

黄葵属 黄葵

Abelmoschus moschatus **Medik.**

草本，高1~2 m。叶掌状3~5深裂，边缘具锯齿，两面被硬毛。花单生叶腋；小苞片7~10枚；花黄色。果椭圆形，长5~6 cm。

黄麻属 甜麻

***Corchorus aestuans* L.**

一年生草本。叶卵形或阔卵形，两面被毛。花瓣 5；子房被毛。蒴果圆筒形，有 6 纵棱，其中 3~4 棱呈翅状突起，3~4 瓣开裂。

翅子树属 翻白叶树

***Pterospermum heterophyllum* Hance**

叶二形；盾形叶，掌状 3–5 裂，或成长树上的叶矩圆形至卵状矩圆形。花单生或聚伞花序；花瓣 5。蒴果木质，矩圆状卵形。种子具膜质翅。

赛葵属 赛葵

***Malvastrum coromandelianum* (L.) G ü rcke**

亚灌木状。全株疏被毛。叶卵状披针形，边缘具粗锯齿。花单生于叶腋；小苞片 3 枚；花瓣 5。果直径约 6 mm，分果爿 8~12。

A276 檀香科 Santalaceae

寄生藤属 寄生藤
Dendrotrophe varians **(Blume) Miq.**

攀援灌木。茎、叶发达，有正常的绿色叶片。叶厚，倒卵形至阔椭圆形，长 3~7 cm，宽 2~4.5 cm。雌雄异株。核果卵状，带红色，长 1~1.2 cm。

A278 青皮木科 Schoepfiaceae

青皮木属 华南青皮木
Schoepfia chinensis **Gardner & Champ.**

落叶小乔木，高 2~6 m。叶长椭圆形或卵状披针形，长 5~9 cm，宽 2~4.5 cm。花 2~3 朵。果椭圆状或长圆形，基座边缘具 1 枚小裂齿。

A279 桑寄生科 Loranthaceae

鞘花属 双花鞘花
Macrosolen bibracteolatus **(Hance) Danser**

灌木。叶椭圆形，叶柄长极短。花序具花 2 朵，每花有 1 苞片和 2 小苞片。

鞘花属 鞘花
Macrosolen cochinchinensis **(Lour.) Van Tiegh.**

灌木，高 0.5~1.3 m。叶椭圆形，侧脉 4~5 对；叶柄长 5~10 mm。总状花序具花 4~8 朵；每花有 1 苞片和 2 小苞片。浆果近球形。

梨果寄生属 红花寄生

Scurrula parasitica L.

灌木，嫩枝被毛。叶长 5~8 cm，宽 2~4 cm。总状花序，被毛，花红色，密集；花冠顶部 4 裂，反折。果梨形，红黄色，果皮平滑。

钝果寄生属 广寄生

Taxillus chinensis (DC.) Danser

寄生性灌木。叶对生或者近对生，为卵形，通常长 3~6 cm，宽 2.5~4 cm，幼时被锈色星状毛，后无毛。伞形花序具花 1~4 朵，通常 2。果椭圆状或近球形，果皮密生小瘤体。

钝果寄生属 锈毛钝果寄生

Taxillus levinei (Merr.) H. S. Kiu

灌木。叶对生近对生，长 6~8 cm，宽 2~3.5 cm，被锈色茸毛。果卵球形。

A283 蓼科 Polygonaceae

荞麦属 金荞麦

Fagopyrum dibotrys (D. Don) Hara

草本，有块根。叶三角形、心形、宽卵形、箭形或线形；托叶鞘膜质。伞房花序，花两性；花被 5 深裂，果时不增大。瘦果具 3 棱。

蓼属 毛蓼

Persicaria barbata **(L.) H. Hara**

草本，茎直立，粗壮，高 40~90 cm。叶披针形，被毛；托叶鞘长 2~3 cm，密被长粗伏毛。穗状花序长 7~15 cm；花被 5 裂。瘦果卵形，具 3 棱。

蓼属 火炭母

Persicaria chinensis **(L.) H.Gross**

多年生草本。叶卵形或长卵形，全缘。头状花序再排成圆锥状，顶生或腋生。瘦果包藏于含于白色透明或微带蓝色的宿存花被内。

蓼属 金线草

Persicaria filiformis **(Thunb.) Nakai**

多年生草本。叶椭圆形或长椭圆形，长 6~15 cm，宽 4~8 cm；叶柄长 1~1.5 cm。花柱缩存，密被红色糙毛。瘦果卵形，双凸镜状，褐色。

蓼属 长箭叶蓼

Persicaria hastatosagittata **(Makino) Nakai ex T. Mori**

一年生草本。叶披针形或椭圆形，长 3~7(10)cm，宽 1~2(3) cm。总状花序呈短穗状，顶生或腋生，花被片宽椭圆形。瘦果卵形。

蓼属 水蓼

Persicaria hydropiper **(L.) Spach**

草本。节膨大，茎有明显的腺点。叶长 4~8 cm，宽 0.5~2.5 cm，被毛。花序长，花疏；花瓣有腺点，5 深裂，稀 4 裂。瘦果三棱形。

蓼属 愉悦蓼

Persicaria jucunda **(Meisn.) Migo**

一年生草本。叶椭圆状披针形，长 6~10 cm，宽 1.5~2.5 cm；托叶鞘被粗伏毛。总状花序呈穗状，花序较壮，花较密。瘦果卵形，黑色。

蓼属 蚕茧草

Persicaria japonica **(Meisn.) H. Gross ex Nakai**

多年生草本。叶披针形，两面疏生短硬伏毛；托叶鞘筒状，具硬伏毛，顶端截形。总状花序呈穗状，长 6~12 cm，顶生，数个再集成圆锥状；雌雄异株，花被 5 深裂。瘦果有光泽。

蓼属 柔茎蓼

Persicaria kawagoeana **(Makino) Nakai**

一年生草本。叶线状披针形或狭披针形，长 3~6 cm，宽 0.4~0.8 cm。总状花序呈穗状，顶生或腋生。瘦果卵形，黑色。

蓼属 酸模叶蓼

Persicaria lapathifolia **(L.) Delarbre**

一年生草本，高 40~90 cm。茎节部常膨大。叶披针形，长 5~15 cm，上面常有一个大的黑褐色新月形斑点；叶鞘膜质。花序密集。瘦果。

蓼属 长鬃蓼

Persicaria longiseta **(Bruijn) Moldenke**

一年生草本。茎高 30~60 cm，节部稍膨大。叶披针形或宽披针形，长 5~13 cm，宽 1~2 cm。总状花序呈穗状；每苞内具 5~6 花。瘦果具 3 棱。

蓼属 杠板归

Persicaria perfoliata **(L.) H. Gross**

一年生草本。有刺植物，茎具棱。叶三角形，长 3~7 cm，宽 2~5 cm；托叶叶状。短总状花序；每苞片内具花 2~4 朵；花被 5 裂。瘦果球形。

蓼属 丛枝蓼

Persicaria posumbu **(Buch.–Ham. ex D. Don) H. Gross**

一年生草本。叶卵状披针形或卵形，长 3~6（8）cm，纸质；托叶鞘筒状。总状花序呈穗状；花被片椭圆形。瘦果卵形，黑褐色。

何首乌属 何首乌

Pleuropterus multiflorus **(Thunb.) Nakai**

多年生缠绕藤本。块根肥厚，茎木质化，无卷须。叶卵形或长卵形，长 3~7 cm，基部心形。圆锥状花序；花被 5 深裂。瘦果卵形，具 3 棱。

蓼属 伏毛蓼

Persicaria pubescens **(Blume) H. Hara**

一年生草本。茎直立，高 60~90 cm，疏生短硬伏毛，中上部多分枝。叶卵状披针形或宽披针形，两面密被短硬伏毛；无辛辣味，叶腋无闭花受精花。花被上部红色。瘦果无光泽。

萹蓄属 习见蓼蓄

Polygonum plebeium **R. Br.**

一年生草本，茎平卧。叶片小，两面无毛，托叶鞘无明显的脉。雄蕊 5 枚。果长不及 2 mm。

虎杖属 虎杖

Reynoutria japonica **Houtt.**

多年生草本。茎高 1~2 m，具明显的纵棱，散生红色或紫红斑点。叶片大，心形。雌雄异株；花序圆锥状，腋生。瘦果卵形，具 3 棱。

酸模属 长刺酸模

Rumex trisetifer **Stokes**

一年生草本。茎下部叶长圆形或披针状长圆形。花序总状，顶生和腋生，具叶，再组成大型圆锥状花序。花两性，多花轮生。

A284 茅膏菜科 Droseraceae

茅膏菜属 锦地罗

Drosera burmanni **Vahl**

草本，地上茎短。叶基生，莲座状，楔形。花序花葶状，1~3 条，具花 2~19 朵，长 6~22 cm；苞片戟形；萼片背面有乳头状腺点。蒴果。

茅膏菜属 茅膏菜

Drosera peltata **Smith**

多年生草本，高 9~32 cm。植株淡绿色，具紫红色汁液。基生叶莲座状密集，茎生叶互生，半月形。螺状聚伞花序。蒴果 3~5 裂，稀 6 裂。

茅膏菜属 匙叶茅膏菜
Drosera spatulata **Labill.**

地上茎短。叶基生，莲座状，叶匙状或倒卵形。花轴和萼背面被头状腺毛。

A295 石竹科 Caryophyllaceae

鹅肠菜属 鹅肠菜
Myosoton aquaticum **(L.) Moench**

二年生或多年生草本。叶卵状心形或卵状披针形，长 2.5~5.5 cm，宽 1~3 cm。顶生二歧聚伞花序；花 5 基数，花瓣 2 深裂。蒴果卵圆形。

繁缕属 雀舌草
Stellaria alsine **Grinum**

二年生草本，高 15~25(35) cm。叶片披针形至长圆状披针形，长 5~20 mm，宽 2~4 mm。聚伞花序通常具 3~5 花，顶生或花单生于叶腋。蒴果卵圆形。

A297 苋科 Amaranthaceae

牛膝属 土牛膝

Achyranthes aspera L.

多年生草本，高 20~120 cm。叶纸质，宽卵状倒卵形，长 1.5~7 cm，宽 0.4~4 cm。穗状花序顶生；总花梗具棱角。胞果卵形，长 2.5~3 mm。

牛膝属 牛膝

Achyranthes bidentata Blume

多年生草本。叶片椭圆形，少数倒披针形，长 4.5~12 cm，宽 2~7.5 cm。穗状花序顶生及腋生；小苞片刺状。胞果矩圆形，黄褐色。

莲子草属 喜旱莲子草

Alternanthera philoxeroides (Mart.) Griseb.

多年生草本。茎直立，中空。叶长圆形至倒卵形，下面有颗粒状突起。头状花序；花白色，光亮；能育雄蕊 5 枚。果实未见。

莲子草属 莲子草

Alternanthera sessilis (L.) R. Br. ex DC.

多年生草本。叶对生，条状倒披针形至倒卵状矩圆形，常无毛。头状花序腋生；苞片、小苞片和花被均白色；能育雄蕊 3 枚。胞果倒心形。

苋属 凹头苋

Amaranthus blitum L.

一年生草本，全体无毛。叶卵形或菱状卵形，顶端凹缺。花成腋生花簇，生在茎端和枝端者成直立穗状花序或圆锥花序。胞果扁卵形。种子环形。

苋属 刺苋

Amaranthus spinosus L.

一年生草本，植株具刺。叶互生，菱状卵形或卵状披针形，顶端圆钝，全缘，无毛。圆锥花序腋生及顶生；花被具凸尖。胞果矩圆形。

苋属 绿穗苋

Amaranthus hybridus L.

一年生草本。叶片卵形或菱状卵形。圆锥花序顶生，细长，上升稍弯曲。胞果卵形。种子近球形，黑色。

苋属 皱果苋

Amaranthus viridis L.

一年生草本。叶片卵形，顶端有1芒尖。穗状花序组成圆锥花序顶生；花被片背部有1绿色隆起中脉。果扁球形，极皱缩。

青葙属 青葙

Celosia argentea L.

一年生草本，全体无毛。叶互生，矩圆披针形、披针形或披针状条形。花在茎端或枝端成无分枝的塔状或圆柱状穗状花序。胞果卵形。

刺藜属 土荆芥

Dysphania ambrosioides (L.) Mosyakin & Clemants

草本，高 50~80 cm。有强烈香味。叶片矩圆状披针形至披针形，下面散生油点。花通常 3~5 个团集。胞果扁球形，完全包于花被内。

A305 商陆科 Phytolaccaceae

商陆属 垂序商陆

Phytolacca americana L.

多年生草本，茎有时带紫红色。叶椭圆状卵形或卵状披针形。总状花序顶生或侧生；花白色，微带红晕。果序下垂，浆果扁球形。种子肾圆形。

A309 粟米草科 Molluginaceae

粟米草属 粟米草

Mollugo stricta L.

一年生草本，高 10~30 cm。叶基生和茎生，叶片披针形，中脉明显。二歧聚伞花序，无毛；花被片 5。蒴果近球形，与宿存花被等长，3 瓣裂。

A312 落葵科 Basellaceae

落葵薯属 落葵薯

Anredera cordifolia (Ten.) Steenis

多年生草本。叶椭圆状卵形，长 9~18 cm，顶端急尖，基部楔形。总状花序顶生或侧生，花白色，微带红晕。浆果扁球形，熟时紫黑色。

A315 马齿苋科 Portulacaceae

马齿苋属 马齿苋

Portulaca oleracea L.

一年生肉质草本。叶片扁平，肥厚，倒卵形，似马齿状，长 1~3 cm，顶端圆钝或平截，有时微凹。花黄色，倒卵形。蒴果卵球形。

A318 蓝果树科 Nyssaceae

马蹄参属 马蹄参

Diplopanax stachyanthus Hand.–Mazz.

乔木，茎无皮刺。单叶，无毛，羽状脉。花在花序轴上部为穗状排列，中部与下部为无总梗的或有总梗，近头状花序式的伞形花序。核果特大，长圆形，长 3~4 cm。

蓝果树属 蓝果树

Nyssa sinensis Oliv.

落叶乔木。叶纸质或薄革质，互生，椭圆形；叶柄淡紫绿色，长 1.5~2 cm。花序伞形或短总状，总花梗长 3~5 cm。核果成熟时深蓝色。

杨桐属 两广杨桐

Adinandra glischroloma Hand.-Mazz.

小乔木，高3~8 m。叶互生，革质，长圆状椭圆形，长8~13 cm，宽2.5~4.5 cm，边全缘，稀单朵生于叶腋。花梗粗短。果圆球形，熟时黑色。

杨桐属 长毛杨桐

Adinandra glischroloma Hand.-Mazz. var. *jubata* (H. L. Li) Kobuski

本种和两广杨桐的主要区别为：仅在于顶芽、嫩枝、叶片下面，尤其是叶缘均密被特长的锈褐色长刚毛，毛长达5 mm。

杨桐属 杨桐

Adinandra millettii (Hook. & Arn.) Benth. & Hook. f. ex Hance

灌木或小乔木。叶互生，革质，长圆状椭圆形，长4.5~9 cm，宽2~3 cm。花单朵腋生，萼片5，花瓣5，白色。果圆球形，宿存花柱。

红淡比属 红淡比

Cleyera japonica Thunb.

灌木或小乔木。叶长圆形，长6~9 cm，宽2~3 cm，全缘；嫩枝有棱。花常2~4朵腋生；花瓣5，白色；萼片圆形。果球形，熟时紫黑色。

红淡比属 厚叶红淡比

Cleyera pachyphylla Chun ex H. T. Chang

灌木或小乔木，全株无毛。叶长圆形，长 9~13 cm，宽 4~6 cm，边缘疏生细齿，稍反卷，下面被红色腺点。花腋生；萼片卵形。果球形。

柃木属 尖叶毛柃

Eurya acuminatissima Merr. & Chun

灌木或小乔木。叶坚纸质或薄革质，卵状椭圆形，两面无毛。花 1~3 朵腋生；花瓣 5，白色。果疏被毛。花期 9~11 月，果期翌年 7~8 月。

柃木属 尖萼毛柃

Eurya acutisepala Hu & L. K. Ling

灌木或小乔木。嫩枝圆柱形，密被短柔毛，老枝无毛。叶薄革质，长圆形或倒披针状长圆形，下面疏被短柔毛。花 2~3 朵腋生，萼片顶端尖，花药具 5~7 分格；子房密被柔毛。果实疏被柔毛。

柃木属 翅柃

Eurya alata Kobuski

灌木。全株无毛。嫩枝具显著 4 棱。叶长圆形，顶端窄缩呈短尖状，基部楔形，边缘有齿。花瓣 5，白色。果实圆球形，熟时蓝黑色。

柃木属 短柱柃

Eurya brevistyla Kobuski

灌木或小乔木。全株除萼片外均无毛。叶长 5~9 cm，宽 2~3.5 cm，边缘有齿。花 1~3 朵腋生，雌花花柱极短。果实圆球形，成熟时蓝黑色。

柃木属 米碎花

Eurya chinensis **R. Br.**

常绿灌木，嫩枝有棱，被毛。叶倒卵形，长 3~4.5 cm，宽 1~1.8 cm，基部楔形，边缘有锯齿。花 1~4 朵簇生于叶腋；花瓣白色。浆果。

柃木属 二列叶柃

Eurya distichophylla **Hemsl.**

灌木或小乔木，高 1.5~7 m。叶披针形，长 3~6 cm，宽 8~15 mm，基部圆形。花 1~3 朵簇生于叶腋；子房被毛；花柱 3 裂。果被柔毛。

柃木属 华南毛柃

Eurya ciliata **Merr.**

灌木或小乔木，高 3~10 m。叶长圆状披针形，长 5~12 cm，宽 1.5~3 cm，基部两侧稍偏斜。花 1~3 朵簇生于叶腋；子房被毛；花柱 4~5 裂。果被柔毛。

柃木属 岗柃

Eurya groffii **Merr.**

常绿灌木或小乔木。叶披针形或披针状长圆形，长 5~10 cm，宽 1.2~2.2 cm，背面被长毛，边缘有细齿。花 1~9 朵簇生于叶腋，白色。浆果圆球形。

柃木属 微毛柃

Eurya hebeclados Y. Ling

灌木或小乔木，高 1.5~5 m。叶革质，长圆状椭圆形、椭圆形或长圆状倒卵形，长 4~9 cm，宽 1.5~3.5 cm。花 4~7 朵簇生于叶腋，花梗长约 1 mm，被微毛。果实圆球形。

柃木属 凹脉柃

Eurya impressinervis Kobuski

灌木或小乔木，嫩枝有棱。叶长圆形，长 6~11 cm，宽 2~3.5 cm，叶面侧脉凹陷，与四角柃相似。

柃木属 细枝柃

Eurya loquaiana Dunn

灌木或小乔木。叶卵状披针形，长 4~9 cm，宽 1.5~2.5 cm，下面中脉被毛，边缘细齿。花 1~4 朵簇生；子房无毛；花柱 3 裂。果无毛。

柃木属 黑柃

Eurya macartneyi Champ.

常绿小乔或灌木。叶长圆形，长 6~14 cm，宽 2~4.5 cm，基部圆钝，边缘上部有齿。子房无毛；花柱 3 裂。浆果球形，果直径约 5 mm。

柃木属 格药柃

Eurya muricata **Dunn**

灌木或小乔木。叶椭圆形，长 5~8.5 cm，宽 2~3.2 cm，基部楔形，边缘有锯齿。花 1~5 朵簇生叶腋；花瓣 5，白色。果圆球形，熟时紫黑色。

柃木属 长毛柃

Eurya patentipila **Chun**

灌木。叶披针形，长 6~10 cm，宽 2~2.5 cm，叶面有金色腺点，背面被长毛。花 1~3 朵腋生，花梗被柔毛；花瓣 5。果圆球形，密被长柔毛。

柃木属 细齿叶柃

Eurya nitida **Korth.**

常绿灌木或小乔木。全株无毛。叶长圆形或倒卵状长圆形，长 4~7 cm，宽 1.5~2.5 cm，边缘有锯齿。花 1~4 朵簇生于叶腋。浆果圆球形。

柃木属 红褐柃

Eurya rubiginosa **H. T. Chang**

灌木。叶卵状披针形，长 8~12 cm，宽 2.5~4 cm，叶背红褐色，边缘有细锯齿。花 1~3 朵簇生于叶腋。果圆球形，长约 4 mm，熟时紫黑色。

柃木属 窄基红褐柃

Eurya rubiginosa **H. T. Chang var.** ***attenuata*** **H. T. Chang**

灌木，高 2.5~3.5 cm。叶革质，叶片较窄，侧脉斜出，基部楔形；叶柄较长。花丝短；萼片无毛。果实较小，浆果。

柃木属 窄叶柃

Eurya stenophylla **Merr.**

灌木，嫩枝有棱，无毛。叶狭披针形，长 3~6 cm，宽 7~10 mm，基部楔形，边缘有锯齿。花 1~3 朵簇生于叶腋。果长卵形。

柃木属 单耳柃

Eurya weissiae **Chun**

灌木。叶椭圆形，长 4~8 cm，宽 1.5~3.3 m，基部耳形，两侧不对称，背面被长毛，边缘有细齿。花柱 3 裂，与穿心耳柃相似。子房及果无毛。

五列木属 五列木

Pentaphylax euryoides **Gardner & Champ.**

常绿乔木或灌木。单叶互生，革质，卵形至长圆状披针形。总状花序腋生或顶生，花辐射对称；花萼、花瓣 5 枚；子房 5 室。蒴果椭圆状。

厚皮香属 厚皮香

Ternstroemia gymnanthera (Wight & Arn.) Bedd.

灌木或小乔木，高 1.5~10 m。叶革质，为倒卵状长圆形，长 6~10 cm，宽 3~4.5 cm。花瓣 5，淡黄白色。果为球形，通常直径 10~15 mm。

厚皮香属 亮叶厚皮香

Ternstroemia nitida Merr.

灌木或小乔木。全株无毛。叶硬纸质或薄革质，干后常呈黑褐色。花杂性，通常单朵生于叶腋，花梗纤细，长 1.5~2 cm。果实长卵形，长 1~1.2 cm，果梗较纤细，长约 2 cm。

厚皮香属 厚叶厚皮香

Ternstroemia kwangtungensis Merr.

小乔木。叶倒卵形、倒卵圆形、椭圆状卵圆形或近圆形。花单生于叶腋，杂性；花瓣 5，白色。果扁球形。种子假种皮鲜红色。

铁榄属 铁榄

Sinosideroxylon pedunculatum (Hemsl.) H. Chuang

乔木。小枝被锈色柔毛。叶互生，密聚小枝先端，革质，卵形或卵状披针形，长 7~9 cm，宽 3~4 cm，两面无毛。花序梗通常长 1~3 cm。浆果卵球形，长约 2.5 cm。

A333 山榄科 Sapotaceae

铁榄属 革叶铁榄

Sinosideroxylon pedunculatum (Hemsl.) H. Chuang

乔木，嫩枝、幼叶被锈色茸毛，后变无毛。叶老时革质，椭圆形至披针形或倒披针形。花单生或2~5朵簇生于叶腋，无总梗。果椭圆形，长1~1.5(1.8) cm。

A334 柿科 Ebenaceae

柿树属 丹霞柿

Diospyros danxiaensis (R.H.Miao & W.Q.Liu) Y.H.Tong & N.H.Xia

常绿乔木，无枝刺。果实幼时被毛，成熟后光滑。

柿树属 乌材

Diospyros eriantha Champ. ex Benth.

常绿乔木或灌木，树皮黑褐色。幼枝、冬芽、叶下面脉上、幼叶叶柄和花序等处有锈色粗伏毛。叶纸质，长圆状披针形。花序腋生，聚伞花序式。果卵形，直径约8 mm，熟时黑紫色。

柿树属 柿

Diospyros kaki Thunb.

落叶乔木。叶卵状椭圆形，长7~17 cm，宽5~10 cm，两面幼时被毛，背面被柔毛。果为卵形或者扁球形，直径3~8 cm；果梗长1 cm。

柿树属 野柿

Diospyros kaki Thunb. var. *silvestris* Makino

落叶乔木。与柿的主要区别：小枝及叶柄常密被黄褐色柔毛。叶较栽培柿树的叶小，叶下面被毛较多。花较小。果直径2~5 cm。

柿树属 罗浮柿
Diospyros morrisiana Hance

落叶乔木或小乔木。叶革质，长椭圆形或卵形，长 5~10 cm，宽 2.5~4 cm。雄花序聚伞花序式；雌花单生于叶腋。果球形，直径 1.6~2 cm。

柿树属 延平柿
Diospyros tsangii Merr.

灌木或小乔木。叶长圆形，长 3~10 cm，宽 1.5~4 cm，两面无毛。聚伞花序短小，有花 1 朵。果球形，直径约 2.5 cm，果梗长 3 mm。

A335 报春花科 Primulaceae

紫金牛属 九管血
Ardisia brevicaulis Diels

矮小灌木。叶狭卵形或卵状披针形，长 7~14（18）cm，全缘，背面腺点明显。伞形花序；花瓣粉红色，卵形，顶端急尖。果鲜红色。

紫金牛属 小紫金牛
Ardisia chinensis Benth.

灌木。叶倒卵形或椭圆形，长 3~7.5 cm，宽 1.5~3 cm；叶柄长 3~10 mm。亚伞形花序单生，有花 3~5 朵；雄蕊为花瓣长的 2/3。果球形。

紫金牛属 朱砂根

Ardisia crenata Sims

常绿灌木。叶椭圆形或椭圆状披针形，长 7~10 cm，宽 2~4 cm，边缘皱波状或波状齿，齿尖有腺点。伞形花序；萼片具腺点。果鲜红色。

紫金牛属 百两金

Ardisia crispa (Thunb.) A. DC.

灌木。叶基部楔形，具明显的边缘腺点，无毛。亚伞形花序生于花枝顶端，花萼具腺点，无毛；花瓣卵形，具腺点。果球形，鲜红色，具腺点。

紫金牛属 灰色紫金牛

Ardisia fordii Hemsl.

小灌木，具匍匐状根茎，无分枝。叶椭圆状披针形或倒披针形。伞形花序，花枝具叶；花瓣红色或粉红色，具腺点。果球形，深红色，具腺点。

紫金牛属 走马胎

Ardisia gigantifolia Stapf

大灌木或亚灌木，具匍匐茎，无分枝。叶簇生于茎顶端，椭圆形至倒卵状披针形；叶柄具波状狭翅。花瓣白色或粉红色，具疏腺点。果球形，红色。

紫金牛属 大罗伞树
Ardisia hanceana Mez

灌木。叶片坚纸质，椭圆状或长圆状披针形，齿尖具腺点，两面无毛。复伞房状伞形花序。果球形。花期5~6月，果期11~12月。

紫金牛属 山血丹
Ardisia lindleyana D. Dietr.

常绿灌木或小灌木。叶革质，长圆形至椭圆状披针形，近全缘或具微波状齿，齿尖具明显边缘腺点。亚伞形花序。果深红色。

紫金牛属 紫金牛
Ardisia japonica (Thunb) Blume

小灌木或亚灌木。叶对生或近轮生，叶片坚纸质或近革质，椭圆形至椭圆状倒卵形，长4~7 cm，宽1.5~4 cm，边缘具细锯齿。亚伞形花序。果球形，鲜红色转黑色。

紫金牛属 心叶紫金牛
Ardisia maclurei Merr.

近草质亚灌木或小灌木，具匍匐茎。叶互生，基部心形，长4~6 cm，宽2.5~4 cm，两面被毛。花萼被毛，花瓣卵形。果球形，暗红色。

紫金牛属 虎舌红
Ardisia mamillata Hance

常绿矮小灌木，全株常被紫红色毛。叶互生或簇生于茎顶端，坚纸质，倒卵形至长圆状倒披针形。伞形花序。果径鲜红色。花期6~7月，果期11月至翌年1月。

紫金牛属 莲座紫金牛
Ardisia primulifolia Gardner & Champ.

小灌木或近草本。基生叶呈莲座状，长6~17 cm，具边缘腺点，被锈色卷曲长柔毛，具长缘毛，萼片长圆状披针形，果鲜红色，具疏腺点。

紫金牛属 光萼紫金牛
Ardisia omissa C. M. Hu

小乔木或灌木。叶螺旋状着生，近莲座状，叶片长圆状椭圆形，纸质，有腺点。复亚伞形花序腋生，花两性。浆果核果状，球形。

紫金牛属 罗伞树
Ardisia quinquegona Blume

常绿灌木至小乔木。枝、叶背被鳞片。叶长圆状披针形，长8~16 cm，宽2~4 cm，全缘，边缘腺点不明显或无。伞形花序。果扁球形。

紫金牛属 细罗伞

Ardisia sinoaustralis **C. Chen**

小灌木，枝被微柔毛。叶椭圆状卵形，长 1.5~3.5 cm，宽 1~1.5 cm，两面有腺点，边缘波状齿，花着生于花枝上。

酸藤子属 酸藤子

Embelia laeta **(L.) Mez**

常绿攀援灌木或藤本。枝无毛。叶坚纸质，倒卵状椭圆形，长 5~8 cm，宽 2.5~3.5 cm，边全缘，无腺点。总状花序。果球形。

酸藤子属 当归藤

Embelia parviflora **Wall. ex A. DC.**

攀援灌木或藤本。叶二列，叶片坚纸质，卵形，顶端钝或圆形，长 1~2 cm，宽 0.6~1 cm，全缘。亚伞形花序或聚伞花序，花瓣白色或粉红色。果球形，暗红色。

酸藤子属 白花酸藤果

Embelia ribes **Burm. f.**

攀援灌木或藤本。枝无毛。叶坚纸质，倒卵状椭圆形，长 5~8 cm，宽 2.5~3.5 cm，边全缘。圆锥花序顶生。果球形或卵形，红或深紫色。

酸藤子属 厚叶白花酸藤果

Embelia ribes **Burm. f. subsp.** ***pachyphylla*** **(Chun ex C. Y. Wu & C. Chen) Pipoly & C. Chen**

攀援灌木或藤本。很少具皮孔，小枝密被柔毛。叶片厚，革质或几肉质，叶面光滑，具皱纹，中脉下陷，背面被白粉。果直径2~3 mm。

酸藤子属 密齿酸藤子

Embelia vestita **Roxb.**

常绿攀援灌木或藤本，枝无毛。叶坚纸质，长圆状卵形，长5~10 cm，宽2~4 cm，边缘有细密锯齿。总状花序腋生。果具腺点。

酸藤子属 平叶酸藤子

Embelia undulata **(Wall.) Mez**

攀援藤本或小乔木，枝无毛。叶倒披针形，长6~12 cm，宽2~4 cm，边全缘。总状花序；花4数；花萼基部连合达1/3。果直径1~1.5 cm。

珍珠菜属 广西过路黄

Lysimachia alfredii **Hance**

茎簇生。叶对生，上部茎叶较大，长3.5~11 cm，宽1~5.5 cm。苞片阔椭圆形；花萼裂片狭披针形，花冠黄色。蒴果近球形。

珍珠菜属 过路黄

Lysimachia christiniae **Hance**

茎平卧延伸。叶对生，长 1.5~8 cm，宽 1~6 cm，透光可见密布的透明腺条。花单生于叶腋；花萼分裂近达基部，花冠黄色。蒴果球形。

珍珠菜属 延叶珍珠菜

Lysimachia decurrens **G. Forst.**

多年生草本，无毛。高 40~90 cm。叶片披针形，长 6~13 cm，宽 1.5~4 cm，基部楔形，下延至叶柄成狭翅，两面均有黑色腺点。总状花序顶生，花冠白色。蒴果球形或略扁。

珍珠菜属 临时救

Lysimachia congestiflora **Hemsl.**

茎匍匐，密被多细胞卷曲柔毛。叶对生，卵形或阔卵形，长 1~3.5 cm，宽 0.7~2 cm，顶端锐尖，基部近圆形，与过路黄、巴东过路黄相似。花 3~5 朵近头状，花黄色。

珍珠菜属 灵香草

Lysimachia foenum-graecum **Hance**

草本，茎具棱。叶互生，阔卵形或椭圆形，长 4~11 cm，宽 2~6 cm。花单生叶腋，黄色。

珍珠菜属 大叶过路黄

Lysimachia fordiana Oliv.

茎簇生，直立。叶对生，叶长 6~18 cm，宽 3~12.5 cm，基部阔楔形，两面密布黑色腺点。花冠黄色，基部合生。蒴果近球形。

珍珠菜属 阔叶假排草

Lysimachia petelotii Merr.

叶椭圆形，长 4~18cm，宽 1.3~7 cm，先端尖，基部渐狭，侧脉 6~7 对，网脉极密。花萼分裂近达基部，花冠黄色，分裂近达基部，裂片线形。

珍珠菜属 星宿菜

Lysimachia fortunei Maxim.

草本。叶互生，长椭圆状披针形至椭圆形，长 5~11 cm，宽 1~2.5 cm，顶端渐尖，基部楔形，两面有褐色腺点。花较长，较疏生。蒴果纵裂。

杜茎山属 杜茎山

Maesa japonica (Thunb.) Moritzi ex Zoll.

灌木。叶片革质，叶形多变，几全缘或中部以上具疏齿，两面无毛。总状花序或圆锥花序腋生；有 1 对小苞片，具腺点。果球形。

杜茎山属 金珠柳
Maesa montana A. DC.

灌木，枝、花序被毛及鳞片。叶椭圆形或长圆状披针形，长7~14 cm，宽3~7 cm，叶面无毛，背面疏被硬毛。

杜茎山属 鲫鱼胆
Maesa perlarius (Lour.) Merr.

常绿灌木，植株被毛。叶纸质或近坚纸质，椭圆状卵形或椭圆形。总状花序或圆锥花序腋生；有1对小苞片，无腺点。果球形。

铁仔属 密花树
Myrsine seguinii H. Lév.

常绿小乔木。叶长圆状倒披针形至倒披针形，长7~17 cm，宽1.5~5 cm，全缘，顶端渐尖。伞形花序或花簇生。果球形或近卵形。

铁仔属 针齿铁仔
Myrsine semiserrata Wall.

大灌木或小乔木。叶椭圆形或披针形，长5~9 cm，宽2.5~3 cm，边缘有锐锯齿。伞形花序或花簇生，腋生；花冠白色至淡黄色。果球形。

铁仔属 光叶铁仔

Myrsine stolonifera (Koidz.) Walker

灌木。叶椭圆状披针形，长 6~8 cm，宽 1.5~3 cm，上部边缘有 1~2 对齿。伞形花序，每花基部具 1 苞片。果球形，红色变蓝黑色。

A336 山茶科 Theaceae

山茶属 长尾毛蕊茶

Camellia caudata Wall.

灌木至乔木。枝被短微毛。叶通常为长圆形，长 5~9 cm，宽 1~2 cm，顶端尾状渐尖。苞片 3~5 枚；花瓣背面被毛；子房仅 1 室发育；花丝管长 6~8 mm。

山茶属 心叶毛蕊茶

Camellia cordifolia (F. P. Metcalf) Nakai

灌木。叶革质，为长圆状披针形或长卵形，通常长 6~10 cm，宽 1.5~3 cm，边缘有相隔 1.5~2 mm 的细锯齿。花腋生及顶生，单生或成对。蒴果近球形。

山茶属 贵州连蕊茶

Camellia costei H. L é v.

灌木或小乔木。叶椭圆形，长 4~7 cm，宽 1.3~2.6 cm。苞片 4~5 枚；萼片基部合生；子房仅 1 室发育；花丝管长 7~9 mm。蒴果圆球形。

山茶属 尖连蕊茶

Camellia cuspidata (Kochs) Wright ex Gard.

灌木。叶革质，卵状披针形，长 5~8 cm，宽 1.5~2.5 cm。花单独顶生；花萼杯状，花冠白色；花瓣 6~7 片。蒴果圆球形，直径 1.5 cm。

山茶属 柃叶连蕊茶

Camellia euryoides Lindl.

灌木至乔木。幼枝被长柔毛。叶小，似柃叶状，椭圆形，长 2~4 cm，宽 7~14 mm。苞片 4~5 枚；子房仅 1 室发育；花丝管长 7~9 mm。

山茶属 糙果茶

Camellia furfuracea (Merr.) Cohen-Stuart

灌木至小乔木。叶革质，为长圆形或者披针形，长 8~15 cm，宽 2.5~4 cm。花 1~2 朵顶生及腋生，无柄，白色；苞片、萼片及花瓣 7~8 片。蒴果球形。

山茶属 广东毛蕊茶

Camellia melliana Hand.-Mazz.

灌木。叶狭披针形，长 4~6 cm，宽 1~1.5 cm。花冠白色；花瓣 5~6 片，近革质。蒴果近球形。

山茶属 油茶

Camellia oleifera Abel

灌木至乔木。叶革质，叶柄长 4~8 mm，有粗毛。苞被片未分化，厚革质；花白色，直径 3~6 cm；花丝分离，花柱合生。果直径 3~5 cm。

山茶属 南山茶

Camellia semiserrata C. W. Chi

灌木至乔木。叶椭圆形，长 9~15 cm，基部楔形；柄长 1~1.7 cm。苞被片未分化，花红色，直径 7~9 cm；花丝合生。果大，直径 7~9 cm。

山茶属 茶

Camellia sinensis (L.) Kuntze

灌木至乔木。叶长圆形或椭圆形，长 4~12 cm。花 1~3 朵腋生，白色；苞片 2 枚；萼片宿存；子房被毛；花丝分离。果三角状球形。

核果茶属 小果核果茶
Pyrenaria microcarpa **(Dunn) H. Keng**

乔木。叶革质，椭圆形至长圆形，长 4.5~12 cm，宽 2~4 cm，边缘有细锯齿。花白色，苞片 2，卵圆形，萼片 5，圆形。蒴果三角球形。

核果茶属 大果核果茶
Pyrenaria spectabilis **(Champ. ex Benth.) C. Y. Wu & S. X. Yang**

常绿乔木。叶革质，为椭圆形或者长圆形，长 12~16 cm，宽 4~7 cm，侧脉 10~14 对。花单生枝顶，白色。蒴果球形，果爿 5 片。种子肾形。

木荷属 疏齿木荷
Schima remotiserrata **H. T. Chang**

乔木。叶厚革质，长圆形或椭圆形，长 12~16 cm，宽 5~6.5 cm。边缘有疏钝齿。花 6~7 朵簇生于枝顶叶腋；苞片 3 片，1 片紧贴萼片。蒴果宽 1.5 cm。

木荷属 木荷
Schima superba **Gardner & Champ.**

常绿大乔木。叶革质，椭圆形，长 7~12 cm，宽 4~6.5 cm，边缘有钝锯齿，背无毛。花生于枝顶叶腋；萼片半圆形。蒴果球形。

紫茎属 钝叶紫茎
Stewartia obovata (Chun & H. T. Chang) J. Li & T. L. Ming

乔木，高 5 m，嫩枝无毛或被微毛。叶倒卵形，长 7~12 cm，宽 3~4.5 cm，先端钝或略圆，基部微心形。萼片倒卵形。蒴果 2~3 个聚生于枝顶，排成总状。

紫茎属 柔毛紫茎
Stewartia villosa Merr.

乔木，嫩枝、叶均有披散柔毛，老叶变秃净。叶革质，长圆形，边缘有锯齿。花单生；花瓣黄白色。蒴果长 1.8 cm。花期 6~7 月，果期 10~11 月。

A337 山矾科 Symplocaceae

山矾属 腺叶山矾
Symplocos adenophylla Wall.

乔木，被毛。叶长 6~11 cm，宽 1.8~3 cm，边缘具齿，齿缝间有椭圆形半透明的腺点。总状花序，花萼 5 裂，花冠白色，5 深裂。核果椭圆形。

山矾属 腺柄山矾
Symplocos adenopus Hance

灌木或小乔木，芽、嫩枝、叶背被褐色柔毛。叶椭圆状卵形，长 8~16 cm，叶缘有腺点和柔毛；叶柄有腺齿。团伞花序腋生。核果圆柱形。

山矾属 薄叶山矾
Symplocos anomala Brand

小乔木或灌木。顶芽、嫩枝被褐色柔毛。叶薄革质，狭椭圆形至卵形，长 5~11 cm，宽 1.5~3 cm，叶面有光泽。总状花序腋生。核果长 7~10 mm，被短柔毛，有明显的纵棱。

山矾属 华山矾
Symplocos chinensis (Lour.) Druce

灌木。嫩枝、叶柄、叶背被毛。叶纸质，椭圆形或倒卵形，边缘有细尖锯齿。圆锥花序，花冠白色，芳香。核果卵状圆球形，熟时蓝色。

山矾属 南国山矾
Symplocos austrosinensis Hand.-Mazz.

乔木。嫩枝具棱，被紧贴的柔毛。叶纸质，两面均无毛，披针形，长 4~10 cm，宽 1.5~3 cm，先端具镰刀状的尾状渐尖，边缘具稀疏的细齿。团伞花序有花约 10 朵。核果圆柱形。

山矾属 越南山矾
Symplocos cochinchinensis (Lour.) S. Moore

乔木。幼枝、叶柄、叶背中脉被红褐茸毛。叶通常椭圆形，长 9~20 cm，宽 3~6 cm，边全缘或具腺尖齿，叶背被柔毛。穗状花序。果球形。

山矾属 密花山矾

Symplocos congesta Benth.

常绿乔木或灌木。叶近革质，两面无毛，椭圆形或倒卵形，常全缘或疏生细尖锯齿。团伞花序腋生于近枝端的叶腋。核果圆柱形。花期 8~11 月，果期翌年 1~2 月。

山矾属 羊舌树

Symplocos glauca (Thunb.) Koidz.

乔木。叶狭椭圆形或倒披针形，长 6~15 cm，宽 2~4 cm，全缘或有腺质尖齿，背苍白。穗状花序常有分枝，长 1~1.5 cm。核果长卵形。

山矾属 长毛山矾

Symplocos dolichotricha Merr.

乔木，高 12 m。嫩枝、叶两面及叶柄被开展长毛。叶椭圆形，长 6~13 cm，宽 2~5 cm，全缘或有疏细齿。团伞花序。果近球形。

山矾属 毛山矾

Symplocos groffii Merr.

乔木。幼枝、叶柄、中脉、叶背脉及叶缘被开展长硬毛。叶椭圆形，长 5~8 cm，宽 2~3 cm，全缘或具疏尖齿。穗状花序。果椭圆形。

山矾属 光叶山矾

Symplocos lancifolia Siebold & Zucc.

小乔木。幼枝、嫩叶背面、花序被黄色柔毛。叶卵形或阔披针形，长 3~6 cm，宽 1.5~2.5 cm，边缘具浅齿。穗状花序。果近球形。

山矾属 能高山矾

Symplocos nokoensis (Hayata) Kanehira

灌木。嫩枝有褐色茸毛，老枝无毛。叶革质，长圆状卵形或倒卵形，长 1.5~2.3 cm，宽 0.8~1.2 cm，先端钝，基部圆钝或阔楔形，两面均无毛，边缘有疏圆齿。核果卵形。

山矾属 光亮山矾

Symplocos lucida (Thunb.) Siebold & Zucc.

灌木或树木。叶片长圆形到狭椭圆形，无毛，基部楔形，侧脉 4~15 对。苞片和小苞片宿存，宽倒卵形，无毛。核果卵球形或椭圆形。

山矾属 白檀

Symplocos paniculata Miq.

落叶灌木或小乔木。叶椭圆卵形，倒卵形，长 4~11 cm，宽 2~4 cm。圆锥花序长 5~8 cm；花冠白色。核果熟时蓝色，卵状球形，稍偏斜。

山矾属 南岭山矾

Symplocos pendula **Wight var.** ***hirtistylis*** **(C . B. Clarke) Noot.**

常绿小乔木。芽、花序、苞片及萼均被灰色或灰黄色柔毛。叶近革质，为椭圆形、倒卵状椭圆形或者卵形，通常长 5~12 cm，宽 2~4.5 cm，全缘或具疏圆齿。核果长 4~5 mm，外面被柔毛。

山矾属 铁山矾

Symplocos pseudobarberina **Gontsch.**

乔木。叶长 5~10 cm，宽 2~4 cm，先端尖，基部楔形。小苞片三角状卵形，萼裂片卵形，花冠白色，5 深裂。核果长圆状卵形，宿萼裂片。

山矾属 多花山矾

Symplocos ramosissima **Wall. ex G. Don**

灌木或小乔木。嫩枝被短柔毛，老枝无毛。叶膜质，椭圆状披针形或卵状椭圆形，先端具尾状渐尖，边缘有腺锯齿。总状花序长 1.5~3 cm，核果长圆形，长 9~12 mm，有微柔毛。

山矾属 老鼠矢

Symplocos stellaris **Brand**

常绿乔木。叶厚革质，披针状椭圆形，通常全缘。团伞花序着生枝的叶痕上。核果狭卵状圆柱形。花期 4~5 月，果期 6 月。

山矾属 山矾
Symplocos sumuntia **Buch.–Ham. ex D. Don**

乔木。叶长 3.5~8 cm，宽 1.5~3 cm，先端尾状渐尖，边缘具齿，中脉在叶面凹下。萼筒倒圆锥形，花冠白色，5 深裂。核果卵状坛形。

山矾属 微毛山矾
Symplocos wikstroemiifolia **Hayata**

灌木或乔木。嫩枝、叶背和叶柄均被紧贴的细毛。叶纸质或薄革质，椭圆形，阔倒披针形或倒卵形，长 4~12 cm，宽 1.5~4 cm。总状花序长 1~2 cm。核果卵圆形，长 5~10 mm。

山矾属 黄牛奶树
Symplocos cochinchinensis **(Lour.) S. Moore var. laurina Nooteb.**

小乔木或灌木。顶芽、嫩枝被褐色柔毛。叶薄革质，狭椭圆形、椭圆形或卵形。总状花序腋生。核果长圆形。花、果期 4~12 月，边开花边结果。

A339 安息香科 Styracaceae

赤杨叶属 赤杨叶
Alniphyllum fortunei **(Hemsl.) Makino**

乔木。叶倒卵状椭圆形，长 8~15（20）cm，宽 4~7（11）cm。总状花序或圆锥花序，花白色或粉红色。蒴果长圆形，外果皮肉质。

银钟花属 银钟花

Halesia macgregorii **Chun**

乔木。叶柄长5~10 cm；叶椭圆形，长5~13 cm，宽3~4.5 cm。花白色，常下垂，直径约1.5 cm，2~7朵丛生于叶腋。核果长2.5~4 cm，宽2~3 cm，有4翅。

山茉莉属 岭南山茉莉

Huodendron biaristatum **(W. W. Smith) Rehd. var. *parviflorum*** **(Merr.) Rehder**

本变种和原变种双齿山茉莉不同点：小枝和叶柄无毛。叶较小，长5~10 cm，宽2.5~4.5 cm；侧脉每边4~6条，中脉和侧脉干时上面隆起；无毛。

陀螺果属 陀螺果

Melliodendron xylocarpum **Hand.-Mazz.**

乔木，高6~20 m。叶卵状披针形，纸质，长9.5~21 cm，叶柄长3~10 mm。花白色；花冠裂片长圆形，两面被茸毛。果实有5~10棱或脊。

木瓜红属 广东木瓜红

Rehderodendron kwangtungense **Chun**

乔木。叶纸质至革质，长圆状椭圆形或椭圆形，长7~16 cm，宽3~8 cm，边缘有疏离锯齿，两面均无毛。总状花序，花开于长叶前。果有5~10棱，棱间平滑。

安息香属 赛山梅

Styrax confusus **Hemsl.**

小乔木。叶革质，椭圆形，长 4~14 cm，宽 2.5~7 cm。总状花序顶生，有花 3~8 朵；花白色；小苞片线形。果实近球形或倒卵形，常具皱纹。

安息香属 芬芳安息香

Styrax odoratissimus **Champ. ex Benth.**

小乔木，高 4~10 m。嫩枝、嫩叶、花轴、花梗、花萼密被星状短茸毛。叶卵形或卵状长圆形，长 4~15 cm，宽 2~8 cm，边缘有不明显锯齿。

安息香属 白花龙

Styrax faberi **Perkins**

灌木。嫩枝、叶柄、花轴、小苞片、花梗、花萼被星状毛。叶卵状椭圆形，长 4~11 cm，宽 3~5.5 cm，边缘有细锯齿。果顶端圆形。

安息香属 栓叶安息香

Styrax suberifolius **Hook. & Arn.**

落叶乔木，高 4~20 m。叶椭圆形，全缘，背面密被灰色或锈色星状茸毛。总状花序或圆锥花序；花冠 4（5）裂。果实卵状球形。

安息香属 越南安息香
Styrax tonkinensis **(Pierre) Craib ex Hartwich**

乔木。枝、叶背、花轴、花梗、花萼密被星状茸毛。叶椭圆形，长5~18 cm，宽4~10 cm，边近全缘或上部有疏齿。花白色。果被毛。

A342 猕猴桃科 Actinidiaceae

猕猴桃属 京梨猕猴桃
Actinidia callosa **Lindl. var. *henryi* Maxim.**

小枝较坚硬，洁净无毛。叶长8~10 cm，宽4~5.5 cm，边缘锯齿细小，背面脉腋上有髯毛。果乳头状至矩圆圆柱状，长可达5 cm。

猕猴桃属 毛花猕猴桃
Actinidia eriantha **Benth.**

中大型落叶藤本，枝被长硬毛。叶卵状长圆形，长9~16 cm，宽4.5~6 cm，顶端渐尖，基部浅心形，叶面被长硬毛，背面被星状茸毛。花白色。果卵球形。花期5~6月，果期11月。

猕猴桃属 阔叶猕猴桃
Actinidia latifolia **(Gardner & Champ.) Merr.**

藤本，枝近无毛。叶阔卵形，长8~13 cm，宽5~8.5 cm，基部圆形或微心形，叶面无毛，背面被星状短茸毛。花多，白色。果圆柱形。

水东哥属 水东哥

Saurauia tristyla **DC.**

小乔木，高 3~6 m，枝有鳞片状刺毛。叶倒卵状椭圆形，长 10~28 cm，宽 4~11 cm，叶缘具刺状锯齿。花瓣基部合生。浆果球形。

A343 桤叶树科 Clethraceae

桤叶树属 单毛桤叶树

Clethra bodinieri **H. L é v.**

常绿灌木或小乔木。叶披针形或椭圆形，长 5~9(11.5) cm，宽 1~2.5（3） cm。总状花序单生，长 5~13 cm。蒴果具宿存萼，直径约 4 mm，密被绢状硬毛。

桤叶树属 云南桤叶树

Clethra delavayi **Franch.**

落叶灌木或小乔木。叶卵状椭圆形，长 5~11cm，宽 1.5~3.5cm，嫩叶两面被星状毛。总状花序单生枝端；花序被星状毛。蒴果近球形。

A345 杜鹃花科 Ericaceae

假木荷属 广东假木荷

Craibiodendron scleranthum **(Dop) Judd var. *kwangtungense*** **(S.Y.Hu) Judd**

常绿乔木。叶互生，革质，椭圆形，长 6~8 cm，宽 1.8~3 cm。总状花序腋生；花萼杯状，裂片近圆形。蒴果扁球形，外果皮木质化。

吊钟花属 灯笼树

Enkianthus chinensis Franch.

落叶灌木或小乔木。枝叶无毛。叶常聚生枝顶，纸质，长圆形，长 3~4（5）cm，宽 2~2.5 cm，边缘具钝锯齿。花梗纤细，花下垂，花冠阔钟形，口部 5 浅裂。

吊钟花属 齿缘吊钟花

Enkianthus serrulatus (E. H. Wilson) C. K. Schneid.

灌木或小乔木。叶椭圆形，长 4~9 cm，宽 2~3.5 cm，边缘具细锯齿。伞形花序顶生；花冠钟形，白绿色，长约 1 cm，口部 5 浅裂，裂片反卷。果直立。

吊钟花属 吊钟花

Enkianthus quinqueflorus Lour.

灌木或小乔木。叶倒卵形，长 6~12 cm，宽 2~4 cm，边全缘。常 3~8（13）朵组成伞房花序；花冠宽钟状，白色或淡红色。果直立。

白珠树属 滇白珠

Gaultheria leucocarpa Blume var. *yunnanensis* (Franch.) T. Z. Hsu & R. C. Fang

灌木。花序有花 3~6 朵，不分枝。浆果状蒴果，为肉质和花后增大的花萼所包裹。

南烛属 珍珠花

Lyonia ovalifolia **(Wall.) Drude**

常绿或落叶灌木或小乔木。叶革质，卵形或椭圆形。总状花序长 5~10 cm，着生于叶腋。蒴果球形。种子短线形，无翅。

杜鹃花属 刺毛杜鹃

Rhododendron championiae **Hook.**

灌木，高 0.5~5 m。叶为纸质，呈椭圆形，长 7~17.5 cm，宽 2~5 cm；叶柄长 12~17 mm。花冠狭漏斗状，淡红色或白色。蒴果圆筒状，稍弯曲。

水晶兰属 水晶兰

Monotropa uniflora **L.**

腐生草本。无叶绿素，白色，叶鳞片状。花单朵顶生，俯垂。蒴果。

杜鹃花属 云锦杜鹃

Rhododendron fortunei **Lindl.**

灌木或小乔木。叶长圆形，长 7~17 cm，宽 4~8 cm，两端圆钝。顶生总状伞房花序；子房和花柱有腺体。果长圆状卵形，长 2.5~3 cm。

杜鹃花属 弯蒴杜鹃

Rhododendron henryi Hance

常绿灌木。叶椭圆状披针形，长 5.5~11 cm，宽 1.5~3 cm，表面光滑。伞房花序生于枝顶叶腋，花冠淡紫色或粉红色。蒴果圆柱形，长 3~5 cm。

杜鹃花属 鹿角杜鹃

Rhododendron latoucheae Franch.

灌木。叶长 5~13 cm，宽 2.5~5.5 cm，先端尖，边缘反卷，下面淡灰白色，中脉和侧脉凹陷。花冠白色或带粉红色。蒴果圆柱形，具纵肋。

杜鹃花属 广东杜鹃

Rhododendron kwangtungense Merr. & Chun

落叶灌木。叶集生枝顶，革质，披针形至长圆状披针形或椭圆状披针形。伞形花序顶生，密被锈色刚毛和短腺头毛。花冠狭漏斗形。蒴果长圆状卵形。

杜鹃花属 南岭杜鹃

Rhododendron levinei Merr.

灌木或小乔木。叶革质，椭圆形，长 4.5~8 cm，两面后变无毛。花序顶生，有 2~4 花伞形着生，白色。蒴果长圆形，长约 2 cm。

杜鹃花属 满山红

Rhododendron mariesii **Hemsl. & E. H. Wilson**

落叶灌木。叶厚纸质或近于革质，常 2~3 集生枝顶，椭圆形，边缘微反卷。花通常 2 朵顶生；花冠紫红色。蒴果椭圆状卵球形。

杜鹃花属 马银花

Rhododendron ovatum **(Lindl.) Planch. ex Maxim.**

常绿灌木。叶卵形或椭圆状卵形。花冠淡紫色、紫色或粉红色，辐状。蒴果阔卵球形，且为增大而宿存的花萼所包围。

杜鹃花属 毛棉杜鹃

Rhododendron moulmainense **Hook.**

灌木或小乔木。叶厚革质，集生枝端，近于轮生，边缘反卷。花芽长圆锥状卵形，花冠狭漏斗形，5 深裂。蒴果圆柱状，花柱宿存。

杜鹃花属 猴头杜鹃

Rhododendron simiarum **Hance**

灌木。叶厚革质，倒卵状披针形，长 4~12 cm，宽 2~3.5 cm，叶背被黄色丛卷毛。子房被星状毛；花柱基部有腺点。

杜鹃花属 杜鹃
Rhododendron simsii **Planch.**

灌木。幼枝、叶柄、花梗、花萼、子房和果密被红褐色糙伏毛。叶椭圆形，长 3.5~7 cm，宽 1~2.5 cm。花猩红色，雄蕊 10 枚，花柱无毛。

越桔属 长尾乌饭
Vaccinium longicaudatum **Chun ex W. P. Fang & Z. H. Pan**

常绿灌木，高 1.5~4 m。叶片革质，叶较大，长达 7.5 cm。总状花序腋生；花筒筒状，白色。浆果球形，近成熟时红色。

越桔属 南烛
Vaccinium bracteatum **Thunb.**

常绿灌木或小乔木。除花序、花外全株无毛。叶片薄革质，椭圆形、菱状椭圆形、披针状椭圆形至披针形。总状花序顶生和腋生。浆果熟时紫黑色。花期 6~7 月，果期 8~10 月。

越桔属 江南越桔
Vaccinium mandarinorum **Diels**

常绿灌木或小乔木。叶片卵形或长圆状披针形。总状花序腋生和生于枝顶叶腋；花冠白色，有时带淡红色，微香。花期 4~6 月，果期 6~10 月。

越桔属 广西越桔

Vaccinium sinicum Sleumer

常绿小灌木。叶厚革质，倒卵形，长 1.4~1.7 cm，宽 8~11 mm，顶端短尖，边全缘。花 3~5 朵总状。

A348 茶茱萸科 Icacinaceae

定心藤属 定心藤

Mappianthus iodoides Hand.-Mazz.

木质大藤本。叶对生，长椭圆形至长圆形，叶脉在背面凸起明显。花序交替腋生。核果大，椭圆形，长 2~3.5cm，宽 1~1.5cm，肉甜味。

假柴龙树属 马比木

Nothapodytes pittosporoides (Oliv.) Sleumer

灌木或乔木。叶长圆形或倒披针形，长 (7)10~15(24) cm，宽 2~4.5(6) cm。聚伞花序；花瓣黄色，条形，宽 1~2 mm，先端反折，肉质。核果。

A351 丝缨花科 Garryaceae

桃叶珊瑚属 桃叶珊瑚

Aucuba chinensis Benth.

常绿小乔木或灌木。叶椭圆形或阔椭圆形，边缘锯齿或腺齿。雌花序长 4~5 cm，雄花序长 5~13 cm，雄花紫红色。果圆柱状或卵状。

A352 茜草科 Rubiaceae

水团花属 水团花
Adina pilulifera (Lam.) Franch. ex Drake

小乔木。叶对生，椭圆形至椭圆状披针形，长 4~12 cm，宽 1.5~3 cm；叶柄长 2~6 cm。头状花序明显腋生。果序径 8~10 mm。

茜树属 香楠
Aidia canthioides (Champ. ex Benth.) Masam.

常绿灌木或乔木。叶长圆状披针形，长 4~9 cm，宽 1.5~7 cm。聚伞花序腋生；花梗长 5~16 mm；花萼外面被毛。浆果球形。

茜树属 茜树
Aidia cochinchinensis Lour.

常绿灌木或小乔木，嫩枝无毛。叶对生，椭圆形，长 5~22 cm，宽 2~8 cm。聚伞花序与叶对生；花梗长常不及 5 mm。浆果球形。

茜树属 多毛茜草树
Aidia pycnantha (Drake) Tirveng.

常绿灌木或乔木，嫩枝密被锈色柔毛。叶革质或纸质，对生，长圆状椭圆形，长 10~20 cm，宽 3~8 cm。聚伞花序与叶对生。浆果球形。

鱼骨木属 猪肚木

Canthium horridum **Blume**

灌木。有刺植物，小枝被毛。叶卵状椭圆形，长 2~4 cm，宽 1~2 cm，侧脉 2~3 对。花小，单生或数朵簇生于叶腋。核果卵形，单生或孪生。

流苏子属 流苏子

Coptosapelta diffusa **(Champ. ex Benth.) Steenis**

藤本或攀缘灌木。叶对生，坚纸质至革质，卵形、卵状长圆形至披针形。花单生于叶腋。蒴果稍扁球形。花期 5~7 月，果期 5~12 月。

风箱树属 风箱树

Cephalanthus tetrandrus **(Roxb.) Ridsdale & Bakh. f.**

落叶灌木或小乔木。叶对生或轮生，卵形至卵状披针形，长 10~15 cm，宽 3~5 cm；托叶阔卵形。头状花序。坚果顶部有宿存萼檐。种子具翅状。

狗骨柴属 狗骨柴

Diplospora dubia **(Lindl.) Masam**

灌木或乔木。叶交互对生，革质，卵状长圆形、长圆形、椭圆形或披针形，两面无毛，叶背网脉不明显。花腋生。浆果近球形。

栀子属 栀子
Gardenia jasminoides J. Ellis

常绿灌木。叶对生，革质，叶形多样，通常为长圆状披针形，长 3~25 cm，宽 1.5~8 cm。花单朵生于枝顶，单瓣。浆果常卵形。

耳草属 剑叶耳草
Hedyotis caudatifolia Merr. & F. P. Metcalf

直立粗壮草本，嫩枝方形。叶披针形，长 6~13 cm，宽 1.5~2.5 cm，尾状尖，基部楔形。圆锥花序式，花冠管内面被毛。蒴果开裂。

耳草属 金毛耳草
Hedyotis chrysotricha (Palib.) Merr.

匍匐草本，被金色粗毛。叶阔披针形，长 2~2.8 cm，宽 1~1.2 cm。花 1~3 朵腋生。果不开裂。

耳草属 伞房花耳草
Hedyotis corymbosa L.

披散草本。叶对生，膜质，狭披针形，长 1~2 cm，宽 1~3 mm，两面略粗糙。伞房花序；有明显总花梗；花冠白或粉红。蒴果膜质。

耳草属 牛白藤

Hedyotis hedyotidea **(DC.) Merr.**

草质藤本，老茎无毛，小枝老时圆形。叶对生，膜质，长卵形或卵形，基部楔形或钝。伞形花序较小。蒴果室间开裂为2，顶部隆起。

耳草属 纤花耳草

Hedyotis tenelliflora **Blume**

披散草本，全株无毛。叶线形，长2~3 cm，宽2~3 mm，仅中脉。花1~3朵簇生于叶腋内；无花梗。果无毛，仅顶端开裂。

耳草属 粗毛耳草

Hedyotis mellii **Tutcher**

直立粗壮草本，茎和枝近方柱形，幼时被毛。叶对生，纸质，卵状披针形，两面均被疏短毛。聚伞花序顶生和腋生。蒴果椭圆形，成熟时开裂为两个果爿。

粗叶木属 粗叶木

Lasianthus chinensis **(Champ. ex Benth.) Benth.**

灌木。叶大，长圆形，长12~22 cm，宽2.5~6 cm，下面脉上被短柔毛。花簇生于叶腋内，无苞片，花萼裂片三角形。核果直径6~7 mm。

粗叶木属 焕镛粗叶木

Lasianthus chunii H. S. Lo

灌木。叶披针形，长 8~15 cm，宽 2~5.5 cm，下面脉被短硬毛，侧脉 7~8 对。花 2~4 朵簇生于叶腋；花萼裂片三角形。核果扁球形，长约 5 mm。

粗叶木属 广东粗叶木

Lasianthus curtisii King & Gamble

灌木。叶下面密被长柔毛和长硬毛，侧脉 6 对。花簇生于叶腋内，无花梗，常无苞片；花萼裂片线状披针形。果直径 4~5 mm。

粗叶木属 罗浮粗叶木

Lasianthus fordii Hance

灌木，高 1~2m。枝无毛。叶长圆状披针形，长 5~12 cm，宽 2~4 cm，尾尖，无毛或背面脉上被硬毛，侧脉 4~6 对。花簇生于叶腋。果无毛。

粗叶木属 西南粗叶木

Lasianthus henryi Hutch.

灌木。枝密被贴伏茸毛。叶为长圆形，通常叶长 8~15 cm，宽 2.5~5.5 cm，背面脉被毛，侧脉 6~8 对。花 2~4 朵簇生叶腋，近无梗。核果近球形。

粗叶木属 日本粗叶木

Lasianthus japonicus Miq.

灌木。叶长圆形或披针状长圆形，通常长 9~15 cm，宽 2~3.5 cm，下面脉上被贴伏的硬毛。花常 2~3 朵簇生。核果球形，径约 5 mm。

黄棉木属 黄棉木

***Metadina trichotoma* (Zoll. & Moritzi) Bakh. f.**

乔木。顶芽圆锥形。叶对生，长 6~15 cm，宽 2~4 cm，顶端尾状渐尖，基部渐尖；托叶三角状。头状花序，花冠高脚碟状，雄蕊伸出。

巴戟天属 鸡眼藤

***Morinda parvifolia* Bartl. ex DC.**

藤本。叶对生，呈倒卵形至倒卵状长圆形，通常长 2~5 cm，宽 0.3~3 cm，侧脉 3~4 对。花序 2~9 伞状排列。聚花果近球形，直径 6~15 mm。

巴戟天属 羊角藤

***Morinda umbellata* L. subsp. *obovata* Y. Z. Ruan**

藤本。叶倒卵形、倒卵状披针形，长 6~9 cm，宽 2~3.5 cm，侧脉 4~5 对，上面常具蜡质。花序 3~11 伞状排列。聚花果直径 7~12 mm。

玉叶金花属 玉叶金花

***Mussaenda pubescens* W. T. Aiton**

攀援灌木，小枝密被短柔毛。叶卵状披针形，长 5~8 cm，宽 2.5 cm，上面近无毛，下面密被短柔毛。“花叶”阔椭圆形，长 2.5~5 cm。

玉叶金花属 黐花

***Mussaenda shikokiana* Makino**

直立或攀援灌木。叶对生，广卵形或广椭圆形。聚伞花序顶生；花冠黄色。浆果近球形，直径约 1 cm。

腺萼木属 华腺萼木
Mycetia sinensis (Hemsl.) Craib

灌木。叶长圆状披针形，长 8~20 cm，宽 3~5 cm。聚伞花序顶生，单生或 2~3 个簇生；花萼外面被毛；花冠外面无毛。果近球形，径 4~4.5 mm。

新耳草属 薄叶新耳草
Neanotis hirsuta (L. f.) W. H. Lewis

匍匐草本。叶卵形或椭圆形，长 2~4 cm，宽 1~1.5 cm，顶端短尖，基部下延至叶柄。花序有花 1 至数朵，常聚集成头状。蒴果扁球形。

蛇根草属 广州蛇根草
Ophiorrhiza cantonensis Hance

匍匐草本或亚灌木，高约 1.2 m。叶纸质，常长圆状椭圆形，全缘，叶长 12~16 cm。花序顶生；小苞片果时宿存。蒴果僧帽状。

蛇根草属 日本蛇根草
Ophiorrhiza japonica Blume

草本。叶片纸质，卵形，有时狭披针形，长 4~8（10）cm，宽 1~3 cm。花序顶生，有花多朵；花冠白色或粉红色。蒴果长 3~4 mm。

蛇根草属 东南蛇根草
Ophiorrhiza mitchelloides **(Masam.) H. S. Lo**

草本。叶纸质，阔卵形或阔卵状近圆形，有时卵形，长1~2 cm，宽0.7~1.8 cm。花序顶生，有花1~2朵；花冠白色，漏斗状高脚碟形。蒴果倒心状。

鸡矢藤属 鸡矢藤
Paederia foetida **L.**

藤状灌木。叶对生，膜质，卵形或披针形；托叶卵状披针形。圆锥花序腋生或顶生；花有小梗；花冠紫蓝色。果阔椭圆形。小坚果具1阔翅。

大沙叶属 大沙叶
Pavetta arenosa **Lour.**

灌木，小枝无毛。叶对生，膜质，长圆形至倒卵状长圆形；托叶阔卵状三角形。花序顶生；花冠白色。浆果球形，顶部有宿存的萼檐。

大沙叶属 香港大沙叶
Pavetta hongkongensis **Bremek.**

灌木或小乔木。叶对生，膜质，长圆形至椭圆状倒卵形，长8~15 cm，宽3~6.5 cm。花序生于侧枝顶部；萼管钟形；花冠白色。果球形。

九节属 九节
Psychotria asiatica L.

常绿灌木或小乔木。叶对生，革质，长圆形、椭圆状长圆形等，全缘，叶背仅脉腋内被毛。聚伞花序通常顶生。核果红色。

九节属 溪边九节
Psychotria fluviatilis Chun ex W. C. Chen

小灌木。叶倒披针形，长 5~11 cm，宽 1~4 cm，无毛，干时榄绿色。聚伞花序顶生或腋生，少花；花萼倒圆锥形，4~5 裂。果长圆形。

九节属 蔓九节
Psychotria serpens L.

常绿攀缘或匍匐藤本。叶对生，纸质或革质，叶形变化很大，常呈卵形或倒卵形，长 0.7~9 cm。聚伞花序顶生。浆果状核果常白色。

九节属 假九节
Psychotria tutcheri Dunn

直立灌木。叶对生，长 5.5~22 cm，宽 2~6 cm。伞房花序式的聚伞花序；总花梗、花梗、花萼外面常被粉状微柔毛。核果球形，成熟时红色，有纵棱及宿萼。

茜草属 金剑草
Rubia alata **Wall.**

草质攀援藤本。叶4片轮生，薄革质，线形、披针状线形或狭披针形。花序腋生或顶生，通常比叶长；花冠白色或淡黄色。花期夏初至秋初，果期秋、冬季。

茜草属 多花茜草
Rubia wallichiana **Decne.**

藤本。叶4~6片轮生，披针形，长不及宽的3倍，长2~7 cm。圆锥花序腋生和顶生；花冠紫红色、绿黄色、白色。浆果黑色。

蛇舌草属 白花蛇舌草
Scleromitrion diffusum **(Willd.) R. J. Wang**

一年生披散草本。植株纤细，无毛。叶对生，膜质，线形，长1~3 cm，宽1~3 mm。花常单生，稀有双生，无总花梗。蒴果膜质，扁球形。

丰花草属 阔叶丰花草
Spermacoce alata **Aubl.**

草本。茎和枝均为四棱柱形，棱上具狭翅。叶椭圆形或卵状长圆形，长2~7.5 cm，宽1~4 cm。花数朵丛生于托叶鞘内。蒴果椭圆形。

乌口树属 白皮乌口树
Tarenna depauperata **Hutch.**

灌木，枝淡黄色。叶椭圆状倒卵形，长4~15 cm，宽2~6 cm，两面无毛，侧脉5~11对。果有1~2粒种子。

乌口树属 白花苦灯笼

Tarenna mollissima (Hook. & Arn.) B. L. Rob.

灌木，全株密被灰褐色柔毛。叶披针形，长 4.5~25 cm，宽 1~10 cm，侧脉 8~12 对。伞房状的聚伞花序顶生。果近球形。

钩藤属 毛钩藤

Uncaria hirsuta Havil.

藤本，嫩枝被毛。叶革质，长 8~12 cm，宽 5~7 cm，被毛，托叶阔卵形。头状花序单生于叶腋，花冠裂片长圆形。小蒴果纺锤形。

钩藤属 钩藤

Uncaria rhynchophylla (Miq.) Miq. ex Havil.

木质藤本。叶无毛，纸质，椭圆形，长 5~12 cm，宽 3~7 cm，背面有白粉；托叶明显 2 裂，裂片狭三角形。花无梗。果序直径 1~1.2 cm。

A353 龙胆科 Gentianaceae

穿心草属 罗星草

Canscora andrographioides Griff. ex C. B. Clarke

一年生小草本，茎四棱形。叶卵状披针形，长 1~5 cm，宽 0.5~2.5 cm，3~5 脉。雄蕊 1~2 枚发育。蒴果内藏，矩圆形。种子圆形。

龙胆属 五岭龙胆
Gentiana davidii Franch.

多年生草本。叶线状披针形，叶具莲座状叶丛。花数朵顶生，蓝色，长 2.5~4 cm。蒴果内藏或外露，狭椭圆形，长 1.5~1.7 cm。

龙胆属 华南龙胆
Gentiana loureiroi (G. Don) Griseb.

草本。叶具莲座状叶丛，植株矮小，单花顶生，紫色，长 1.2~1.4 cm。

双蝴蝶属 香港双蝴蝶
Tripterospermum nienkui (C. Marquand) C. J. Wu

缠绕草本。基生叶丛生；茎生叶卵形至卵状披针形，长 3~9 cm，宽 1.5~4 cm。花单生于叶腋；子房柄长不及 2 mm。浆果。种子紫黑色。

A354 马钱科 Loganiaceae

蓬莱葛属 蓬莱葛
Gardneria multiflora Makino

攀援灌木，全株无毛。叶片椭圆形、长椭圆形或卵形；叶柄间托叶线明显；叶腋内有钻状腺体。二至三歧聚伞花序腋生；花冠辐状，黄色或黄白色。浆果球形。

马钱属 密花马钱

Strychnos ovata **A. W. Hill**

攀援灌木。叶椭圆形、卵形，长 8~13 cm，宽 3~8 cm，5 基出脉，花密生。缺图，核实物种，没花情况下很难鉴定准确。

A355 钩吻科 Gelsemiaceae

断肠草属 钩吻

Gelsemium elegans **(Gardner & Champ.) Benth.**

常绿木质藤本，长 3~12 m。叶片卵形、卵状长圆形或卵状披针形，长 5~12 cm，宽 2~6 cm。组成顶生和腋生的三歧聚伞花序；花冠黄色，漏斗状。蒴果卵形或椭圆形。

A356 夹竹桃科 Apocynaceae

链珠藤属 链珠藤

Alyxia sinensis **Champ. ex Benth.**

藤状灌木。叶革质，对生或 3 片轮生，圆形至倒卵形，通常长 1.5~3.5 cm，边缘反卷。聚伞花序腋生或近顶生。核果 2~3 颗组成念珠状。

鳝藤属 鳝藤

Anodendron affine **(Hook. & Arn.) Druce**

攀援灌木。有乳汁，叶长圆状披针形，基部楔形。聚伞花序总状式，顶生，小苞片甚多；花冠裂片镰刀状披针形。蓇葖为椭圆形。

鹿角藤属 海南鹿角藤

Chonemorpha splendens **Chun et Tsiang**

木质藤本，具乳汁。小枝、总花梗、叶背和花萼筒被短茸毛。叶近革质，宽卵形或倒卵形，长 18~20 cm，宽 12~4 cm。花萼筒状，顶端两唇形；花冠淡红色。蓇葖近平行。

鹅绒藤属 刺瓜

Cynanchum corymbosum **Wight**

多年生草质藤本。叶卵形。聚伞花序腋外生，着花约 20 朵；副花冠顶端具 10 齿，5 个圆形齿和 5 个锐尖齿互生。蓇葖纺锤状，具弯刺。

匙羹藤属 匙羹藤

Gymnema sylvestre **(Retz.) R.Br. ex Sm.**

木质藤本，长达 4 m。叶倒卵形或卵状长圆形，仅叶脉上被微毛；叶柄长不及 1 cm。聚伞花序伞形状；蓇葖卵状披针形。

醉魂藤属 台湾醉魂藤

Heterostemma brownii **Hayata**

木质藤本，茎节间长。叶长 7~10 cm，宽 3.4~5.5 cm，叶柄顶端具腺体。聚伞花序伞形状，花蕾卵圆形；花冠近钟状，上部边缘反卷。

球兰属 荷秋藤

Hoya griffithii **Hook. f.**

附生攀援灌木。叶披针形或长圆状披针形，两端急尖，羽状脉。伞形状聚伞花序腋生；总花梗长 5~7 cm；花白色。

腰骨藤属 腰骨藤
Ichnocarpus frutescens (L.) W. T. Aiton

木质藤本，小枝、叶背、叶柄及总花梗无毛，仅幼枝上有短柔毛，具乳汁。叶卵圆形或椭圆形，长 5~10 cm，宽 3~4 cm。花冠 5 深裂，裂片线形，扭曲状。蓇葖一长一短，被短柔毛。

羊角拗属 羊角拗
Strophanthus divaricatus (Lour.) Hook. & Arn.

灌木。叶椭圆状长圆形，长 3~10 cm。聚伞花序顶生，花黄色，花冠漏斗状，裂片顶端延长成一长尾。蓇葖果叉生，木质。种子有喙。

帘子藤属 帘子藤
Pottsia laxiflora (Blume) Kuntze

常绿攀援灌木，长达 9 m。叶薄纸质，卵圆形，长 6~12 cm，宽 3~7 cm。总状式聚伞花序。蓇葖果双生，线状长圆形，下垂。

络石属 紫花络石
Trachelospermum axillare Hook. f.

木质藤本。叶长 8~15 cm，宽 3~4.5 cm，先端尖尾状，基部楔形。花紫色，萼裂片紧贴花冠筒上，花冠高脚碟状。蓇葖圆柱状长圆形，黏生。

络石属 络石

Rachelospermum jasminoides **(Lindl.) Lem.**

常绿木质藤本。叶为椭圆形至宽倒卵形，通常长 2~10 cm，宽 1~4.5 cm。雄蕊着生于膨大的花冠筒中部，花蕾顶端圆钝。蓇葖双生，叉开。

水壶藤属 酸叶胶藤

Urceola rosea **(Hook. & Arn.) D. J. Middleton**

木质大藤本。叶有酸味，对生，阔椭圆形，两面无毛，背被白粉。聚伞花序圆锥状；花冠近坛状，对称。蓇葖 2 枚叉开近直线。

A357 紫草科 Boraginaceae

斑种草属 柔弱斑种草

Bothriospermum zeylanicum **(J. Jacq.) Druce**

一年生草本，茎、叶、苞片、花萼被毛。叶椭圆形或狭椭圆形，长 1~2.5 cm，宽 0.5~1 cm。花序长 10~20 cm；花冠蓝色或淡蓝色。小坚果肾形。

厚壳树属 厚壳树

Ehretia acuminata **R. Br.**

落叶乔木，具条裂的黑灰色树皮。叶椭圆形、倒卵形或长圆状倒卵形，边缘有整齐的锯齿。聚伞花序圆锥状；花冠钟状。核果黄色或桔黄色。

厚壳树属 长花厚壳树
Ehretia longiflora Champ. ex Benth.

乔木。叶椭圆形、长圆形或长圆状倒披针形，顶端急尖，全缘，无毛。聚伞花序生侧枝顶端；花冠裂片比管长。核果淡黄色或红色。

附地菜属 附地菜
Trigonotis peduncularis (Trev.) Benth. ex Baker et Moore

一年生或二年生草本。基生叶呈莲座状，有叶柄，叶片匙形。花序生茎顶；花冠淡蓝色或粉色。早春开花，花期甚长。

A359 旋花科 Convolvulaceae

菟丝子属 菟丝子
Cuscuta chinensis Lam.

一年生寄生草本。茎细小，黄色。无叶。聚伞花序；雄蕊生于花冠裂口处下；花柱 2。蒴果球形，全部被宿存花冠包裹。

菟丝子属 金灯藤
Cuscuta japonica Choisy

一年生寄生缠绕草本。茎较粗壮，直径 1~2 mm，黄色至黄绿色，常具紫色斑点。穗状花序；花萼杯形；花冠粉红色或浅绿色。蒴果卵圆形。

番薯属 三裂叶薯

Ipomoea triloba **L.**

草本。叶宽卵形至圆形。花序腋生；花冠漏斗状，淡红色或淡紫红色。蒴果近球形，具花柱基形成的细尖，被细刚毛。种子4或较少，长3.5 mm，无毛。

三翅藤属 大果三翅藤

Tridynamia sinensis **(Hemsl.) Staples**

木质藤本。叶宽卵形，纸质，长5~10 cm，宽4~6.5 cm。蒴果球形，成熟时两个外萼片极增大，长圆形，长6.5~7 cm，宽1.2~1.5 cm。

A360 茄科 Solanaceae

鱼黄草属 篱栏网

Merremia hederacea **(Burm. f.) Hallier f.**

草质藤本。叶全缘，卵形，无毛。总花梗长达7 cm；花小，花冠黄色。蒴果扁球形或宽圆锥形，4瓣裂，果瓣有皱纹。种子4颗。

红丝线属 红丝线

Lycianthes biflora **(Lour.) Bitter**

亚灌木，高0.5~1.5 m。叶阔卵形或椭圆状卵形，长5~10 cm，宽2~7 cm。花序无柄，通常2~3朵着生于叶腋内；花萼10枚。浆果球形。

酸浆属 苦蘵

Physalis angulata L.

一年生草本。茎下部有棱，近无毛。叶卵形或卵状披针形，长3~6 cm，宽3~4 cm。花淡黄色，喉部常有紫色斑纹。浆果直径约1.2 cm。

茄属 喀西茄

Solanum aculeatissimum Jacq.

直立草本至亚灌木。被毛及刺，叶阔卵形，基部戟形，脉上具刺。蝎尾状花序，冠檐5裂，开放时先端反折。浆果球状，成熟时淡黄色。

酸浆属 小酸浆

Physalis minima L.

一年生草本。叶卵形或卵状披针形，长2~4 cm，宽1~2 cm。花淡黄色。果棱不明显。

茄属 少花龙葵

Solanum americanum Mill.

草本。茎披散具棱，无刺。叶卵状椭圆形或卵状披针形，长6~13 cm，宽2~4 cm，被毛。伞形花序，有花4~6朵；花冠白色。果球形。

茄属 牛茄子

Solanum capsicoides **Allioni [S. surattense Burm. f.]**

密刺灌木。叶阔卵形，长 5~13 cm，宽 4~15 cm，基部心形，边缘 3~7 浅裂，裂片三角形，脉两面有皮刺。果扁球形，直径 3.5 cm。

茄属 白英

Solanum lyratum **Thunb.**

草质藤本，长 0.5~1 m。叶互生，多数为琴形，长 3.5~5.5 cm，宽 2.5~4.8 cm。聚伞花序顶生或腋外生；花冠蓝紫色或白色。浆果球状，成熟时红黑色。

茄属 龙葵

Solanum nigrum **L.**

一年生直立草本。叶卵形，长 2.5~10 cm，宽 1.5~5.5 cm，基部下延至叶柄。蝎尾状花序腋外生；花冠白色，5 深裂。浆果球形，熟时黑色。

茄属 水茄

Solanum torvum **Sw.**

灌木，有刺，被星状毛。叶卵形或椭圆形，长 6~18 cm，宽 5~14 cm，背脉、叶柄有时有刺。伞房状聚伞花序。浆果球形。种子盘状。

龙珠属 龙珠

Tubocapsicum anomalum (Franch. & Sav.) Makino

无毛草本。叶互生，卵形或椭圆形，长 5~18 cm，宽 3~10 cm。花萼盘状，顶端截平。浆果球形，直径 8~12 mm。

A366 木樨科 Oleaceae

梣属 苦枥木

Fraxinus insularis Hemsl.

落叶大乔木，高 20~30 m。长圆形或椭圆状披针形，长 6~13 cm，宽 2~4.5 cm，花序梗扁平而短；花冠白色。翅果红色至褐色，长匙形。

茉莉属 清香藤

Jasminum lanceolarium Roxb.

大型攀援灌木，高 10~15 m。三出复叶；顶生小叶与侧生等大。聚伞花序圆锥状；花冠白色，高脚碟状，裂片 4~5 枚。果球形或椭圆形。

茉莉属 华素馨

Jasminum sinense Hemsl.

缠绕藤本，高 1~8 m。叶对生，小叶片纸质，卵形、宽卵形等。聚伞花序常呈圆锥状排列，顶生或腋生；花冠白色或淡黄色。果长圆形或近球形，呈黑色。

茉莉属 川素馨

Jasminum urophyllum **Hemsl.**

攀援灌木。叶对生，三出复叶；小叶片革质，宽卵形至披针形，基出3脉，直达叶端，两面光滑或下面被贴伏短柔毛。萼齿三角形，花冠白色。果椭圆形或近球形，长0.8~1.2 cm。

女贞属 华女贞

Ligustrum lianum **P. S. Hsu**

灌木或小乔木，高0.6~7（15）m。叶片革质，常绿，椭圆形，叶缘反卷。圆锥花序顶生；花序梗四棱形。果椭圆形，长0.6~1.2 cm。

女贞属 日本女贞

Ligustrum japonicum **Thunb.**

大型常绿灌木，无毛。叶片革质，椭圆形或宽卵状椭圆形，长5~8（10） cm，宽2.5~5 cm。圆锥花序塔形，花冠管与裂片近等长。果长圆形或椭圆形，外被白粉。

女贞属 小蜡

Ligustrum sinense **Lour.**

落叶灌木或小乔木。幼枝、叶、叶柄、花序轴及花梗被毛或无。叶纸质或薄革质，长2~9 cm，宽1~3.5 cm。圆锥花序顶生或腋生，塔形。果近球形。

女贞属 光萼小蜡

Ligustrum sinense Lour. var. *myrianthum* (Diels) Hoefker

幼枝、花序轴和叶柄密被锈色或黄棕色柔毛或硬毛。叶片革质，长椭圆状披针形、椭圆形至卵状椭圆形。花序腋生。

木樨属 细脉木樨

Osmanthus gracilinervis L. C. Chia ex R. L. Lu

常绿小乔木或灌木。枝叶无毛。叶片革质，椭圆形或狭椭圆形，长 5~9 cm，宽 2~3 cm，全缘。花序簇生于叶腋；花冠白色，花冠管与裂片近等长。果椭圆形，长约 1.5 cm。

木樨榄属 云南木樨榄

Olea tsoongii (Merr.) P. S. Green

乔木。果椭圆形，叶倒披针形，长 5~10 cm，宽 1.5~3 cm。叶片革质，为披针形、倒披针形或长椭圆状披针形，长 5~10 cm，宽 1.5~3.7 cm，先端渐尖或钝。

木樨榄属 厚边木樨

Osmanthus marginatus (Champ. ex Benth.) Hemsl.

常绿灌木或乔木。枝叶无毛。叶片厚革质，宽椭圆形至披针状椭圆形，长 9~15 cm，宽 2.5~4 cm，全缘。花序排列较紧密，长 1~2 cm，有花 10~20 朵。果椭圆形，长 2~2.5 cm。

水马齿属 水马齿

Callitriche palustris L.

一年生草本。高 30~40 cm。茎纤细，多分枝。叶互生，在茎顶常密集呈莲座状，浮于水面，倒卵形或倒卵状匙形，长 4~6 mm，宽约 3 mm。花单性，同株，单生叶腋。果倒卵状椭圆形。

车前属 车前

Plantago asiatica L.

草本，植株较小，高小于 30 cm。叶长 4~12 cm，宽 2.5~6.5 cm，两面疏生短柔毛，脉 5~7 条。花序 3~10 个。蒴果纺锤状卵形，周裂。

石龙尾属 石龙尾

Limnophila sessiliflora (Vahl) Blume

多年生草本。茎细长，沉水部分无毛。气生叶全部轮生，椭圆状披针形，具圆齿或开裂，长 5~18 mm，宽 3~4 mm。花冠紫蓝色或粉红色。蒴果近于球形。

车前属 长叶车前

Plantago lanceolata L.

多年生草本。叶基生呈莲座状；叶片纸质，线状披针形，全缘或具疏小齿，基部狭楔形，下延。花序 3~15 个；穗状花序紧密。蒴果狭卵球形。

A371 玄参科 Scrophulariaceae

野甘草属 野甘草
Scoparia dulcis L.

直立草本，枝有棱，无毛。叶对生或轮生，菱状卵形至菱状披针形，两面无毛。花单朵或更多成对生于叶腋，花冠小，白色。蒴果卵圆形至球形。

醉鱼草属 白背枫
Buddleja asiatica Lour.

灌木或乔木。幼枝、叶柄和花序均密被灰白色毛。叶对生，狭椭圆形或长披针形。总状花序窄而长；花冠管长3~4 mm。蒴果椭圆状。

婆婆纳属 阿拉伯婆婆纳
Veronica persica Poir.

铺散多分枝草本。叶卵形或圆形。总状花序很长；苞片互生，与叶同形且几乎等大；花冠蓝色、紫色或蓝紫色。蒴果肾形。种子背面具深的横纹。花期3~5月。

醉鱼草属 醉鱼草
Buddleja lindleyana Fortune

灌木，高1~3 m。小枝具四棱，棱上略有窄翅。叶对生，萌芽枝上为互生，长3~11 cm，宽1~5 cm。穗状聚伞花序顶生。蒴果有鳞片。

A373 母草科 Linderniaceae

母草属 长蒴母草

Lindernia anagallis (Burm. f.) Pennell

草本，长 10~40 cm，茎无毛。叶卵形，长 0.4~2 cm，宽 0.7~1.2 cm，两面无毛。总状花序；花萼 5 深裂；花冠二唇形。果卵状长圆形。

母草属 泥花草

Lindernia crustacea (L.) F. Muell.

草本。茎无毛。叶卵形，长 1~2 cm，宽 5~11 mm。花常单生兼有顶生总状花序，花萼 5 中裂。果椭圆形或倒卵形，与宿萼近等长。

母草属 母草

Lindernia crustacea (L.) F. Muell.

草本，茎无毛。叶卵形，长 1~2 cm，宽 5~11 mm。花常单生兼有顶生总状花序；花萼 5 中裂。果椭圆形或倒卵形，与宿萼近等长。

母草属 荨麻母草

Lindernia elata (Benth.) Wettst.

一年生直立草本。叶三角状卵形，长 1.2~2 cm，宽几相等，基部常下延成狭翅，边缘有齿，两面被毛。花冠小。蒴果椭圆形。

母草属 陌上菜

Lindernia procumbens **(Krock.) Borb ás**

直立草本。叶无柄，叶长 1~2.5 cm，宽 6~12 mm。花单生于叶腋，萼齿 5；花冠粉红色或紫色，上唇短，2 浅裂，下唇甚大于上唇，3 裂。

母草属 旱田草

Lindernia ruellioides **(Colsm.) Pennell**

草本，全株无毛。叶椭圆形，长 1~4 cm，宽 0.6~2 cm，边缘有锐锯齿。总状花序顶生；花萼 5 深裂；2 枚雄蕊不育，后方 2 枚能育。果柱形。

母草属 细茎母草

Lindernia pusilla **(Willd.) Bold.**

一年生细弱草本。叶下部者有短柄，上部者无柄，卵形至心形，边缘向背面反卷。花对生于叶腋；花冠紫色，下唇甚长于上唇。蒴果卵球形。

蝴蝶草属 二花蝴蝶草

Torenia biniflora **T. L. Chin & D. Y. Hong**

一年生草本，植株疏被极短的硬毛。叶为卵形或窄卵形，长 2~4 cm，基部钝圆。花序着生中、下部叶腋；顶端 1 朵花不发育，通常排成二歧状；发育的花通常 2 朵；花冠黄色。

蝴蝶草属 单色蝴蝶草
Torenia concolor **Lindl.**

匍匐草本，茎具4棱。叶片三角状卵形或长卵形，长1~4 cm，宽0.8~2.5 cm，边缘具齿。花单朵腋生或顶生；花冠蓝色或蓝紫色。

蝴蝶草属 紫斑蝴蝶草
Torenia fordii **Hook. f.**

草本，高25~40 cm。叶片宽卵形至卵状三角形，长3~5 cm，宽2.5~4 cm。总状花序顶生；苞片长卵形；花冠黄色。蒴果圆柱状。

A377 爵床科 Acanthaceae

狗肝菜属 狗肝菜
Dicliptera chinensis **(L.) Juss.**

二年生草本。茎具6条钝棱，节膨大。叶为卵状椭圆形，长2~7 cm，宽1.5~3.5 cm。聚伞花序；苞片大，阔卵形或近圆形；花粉色。

爵床属 鸭嘴花
Justicia adhatoda **L.**

灌木。叶长圆状披针形、披针形、卵形或椭圆状卵形，长15~20 cm，先端渐尖。穗状花序；苞片卵形或宽卵形；花冠白色。

爵床属 华南爵床

Justicia austrosinensis H. S. Lo

草本。叶卵形，长 5~10（15）cm，背面中脉被硬毛。穗状花序几无总花梗；苞片扇形或倒卵形，顶端有 1~3 枚尖头。蒴果。

纤穗爵床属 纤穗爵床

Leptostachya wallichii Nees

草本。叶对生，卵形，长 7~11 cm，宽 2.5~3 cm，镰刀状渐尖。穗状花序纤细，花对生，聚集成头状或单生，上部的偏向一侧。

叉柱花属 弯花叉柱花

Staurogyne chapaensis Benoist

草本。叶莲座状，长 2.5~14.5 cm，宽 2~6 cm，先端圆钝，基部心形，上面绿色被柔毛，背面苍白色，羽状脉。花冠淡蓝紫色，冠檐 5 裂。

马蓝属 板蓝

Strobilanthes cusia (Nees) Kuntze

多年生草本。节间膨大。叶大，椭圆形，长 10~20 cm，宽 4~9 cm，侧脉每边约 8 条。穗状花序；花冠蓝色。蒴果无毛。种子卵形。

马蓝属 曲枝假蓝

Strobilanthes dalzielii **(W. W. Sm.) Benoist**

亚灌木或多年生草本。茎之字形。叶卵形到卵状披针形，边缘有锯齿形。穗状花序，花冠略带紫色的蓝色或白色。蒴果线形长圆形。

马蓝属 球花马蓝

Strobilanthes dimorphotricha **Hance**

叶不等大，椭圆形、椭圆状披针形，上部各一对一大一小。花序头状；花萼裂片 5；花冠紫红色，冠檐裂片 5。蒴果长圆状棒形。种子 4 颗。

马蓝属 薄叶马蓝

Strobilanthes labordei **H. L é v.**

草本。叶椭圆形，两面被毛，叶具柄，长 2~3 cm。穗状花序密集；苞片叶状；花冠淡紫色；花萼明显与被白色硬毛。蒴果。

A379 狸藻科 Lentibulariaceae

狸藻属 黄花狸藻

Utricularia aurea **Lour.**

沉水小草本，匍匐枝极发达。叶器多，互生，长 2~6 cm，3~4 深裂达基部。花序长 5~25 cm；花黄色。种子五角形，无环生翅。

狸藻属 挖耳草

Utricularia bifida L.

陆生小草本，高 4~10 cm。叶线形或线状倒披针形，全缘。花序直立；花茎鳞片和苞片狭椭圆形，基部着生；花黄色。果梗弯垂。

狸藻属 短梗挖耳草

Utricularia caerulea L.

小草本。假根少数或多数，丝状，不分枝或分枝；匍匐枝丝状，具稀疏分枝。叶基生呈莲座状和散生于匍匐枝上，线形或窄倒卵形，先端圆，具 1 脉。蒴果果皮坚硬而不透明。

A382 马鞭草科 Verbenaceae

马鞭草属 马鞭草

Verbena officinalis L.

多年生草本。叶片卵圆形至倒卵形或长圆状披针形，基生叶边缘常有齿，茎生叶多数 3 深裂。穗状花序顶生和腋生。果长圆形。

A383 唇形科 Lamiaceae

筋骨草属 金疮小草

Ajuga decumbens Thunb.

草本，茎匍匐。叶匙形、倒卵状披针形，长达 14 cm，宽达 5 cm。花冠长 8~10 mm，淡蓝色或淡紫红色。坚果的果脐约占腹面 2/3。

广防风属 广防风

Anisomeles indica **(L.) Kuntze**

草本，植株有特殊气味，茎4棱。叶阔卵形，长4~9 cm，宽3~6.5 cm，顶端急尖，基部心形。轮伞花序排成长穗状花序。小坚果黑色。

紫珠属 华紫珠

Callicarpa cathayana **H. T. Chang**

灌木。叶长4~8 cm，宽1.5~3 cm，基部楔形，有显著的红色腺点，边缘密生细锯齿。聚伞花序3~4次分歧，花冠紫色。果实球形，紫色。

紫珠属 紫珠

Callicarpa bodinieri **H. L é v.**

灌木，小枝、叶片和花序均被星状毛。叶卵状长椭圆形或椭圆形，顶端渐尖或尾状尖，基部楔形，两面密生红色腺点。聚伞花序4~5次分歧。

紫珠属 多齿紫珠

Callicarpa dentosa **(H. T. Chang) W. Z. Fang**

小灌木，幼枝紫褐色，被星状毛。叶片椭圆形或长圆状披针形，长16~25 cm，宽5~7 cm。聚伞花序紧密；花冠白色，近无毛。果实球形，直径约2.5 mm。

紫珠属 白棠子树

Callicarpa dichotoma (Lour.) K. Koch

灌木。叶倒卵形或近椭圆形，长 2~6 cm，宽 1~3 cm，顶端渐尖或尾状尖，基部楔形，背面密被黄色腺点。聚伞花序。果球形。

紫珠属 藤紫珠

Callicarpa integerrima Champ. ex Benth. var. *chinensis* (C. Pei) S. L. Chen

攀援状灌木。叶阔卵形或阔椭圆形，长 6~11 cm，宽 3~7 cm，边缘全缘，背面密被星状毛。聚伞花序宽 6~9 cm，6~8 次分歧。果紫色。

紫珠属 毛叶老鸦糊

Callicarpa giraldii Hesse ex Rehder var. *subcanescens* Rehder

灌木。叶片宽卵形至椭圆形，长 10~17 cm，宽 4~10 cm；小枝、叶背面及花的各部分均密被灰白色星状柔毛。果实径约 2 mm。

紫珠属 枇杷叶紫珠

Callicarpa kochiana Makino

灌木。叶椭圆形、卵状椭圆形，长 12~22 cm，宽 4~8 cm，背面密被星状毛和分枝茸毛。花萼管状，檐部深 4 裂，宿萼几全包果实。

紫珠属 广东紫珠

Callicarpa kwangtungensis Chun

灌木，高约 2 m。叶片狭椭圆状披针形、披针形或线状披针形，长 15~26 cm，宽 3~5 cm。聚伞花序宽 2~3 cm；花冠白色或带紫红色。果实球形。

紫珠属 杜虹花

Callicarpa formosana Rolfe

灌木。叶片卵状椭圆形，长 6~14 cm，宽 3~5 cm，边缘有锯齿，下面密生黄褐色星状毛和透明腺点。聚伞花序。果实光滑。

紫珠属 钩毛紫珠

Callicarpa peichieniana Chun & S. L. Chen

灌木。小枝密被钩状糙毛及黄色腺点。叶菱状卵形或卵状椭圆形，长 2.5~6 cm，先端尾尖，基部楔形，密被黄色腺点。花序梗纤细，被钩状糙毛。果球形，紫红色。

紫珠属 红紫珠

Callicarpa rubella Lindl.

灌木。叶倒卵形或倒卵状椭圆形，长 10~15 cm，宽 4~8 cm，顶端尖，背面密被星状毛和黄色腺点。聚伞花序；花萼具黄色腺点。

大青属 灰毛大青

Clerodendrum canescens Wall. ex Walp.

灌木。全株密被灰色长柔毛。叶心形或阔卵形，长 6~18 cm，宽 4~15 cm，边缘粗齿。顶生花序；花冠白色变红色，冠管比萼管倍长。

大青属 大青

Clerodendrum cyrtophyllum Turcz.

小乔木，高 1~10 m。叶长 6~20 cm，宽 3~9 cm，顶端尖，基部圆形，背面常有腺点。花冠白色。果实球形，熟时蓝紫色，宿萼红色。

大青属 白花灯笼

Clerodendrum fortunatum L.

灌木。叶长圆形、卵状椭圆形，长 5~17 cm，宽达 5 cm，边缘浅波状齿。花萼紫红色；冠白色或淡红色，萼管与冠管等长。果近球形。

大青属 赪桐

Clerodendrum japonicum **(Thunb.) Sweet**

灌木，枝4棱。叶圆心形或阔卵状心形，长8~35 cm，宽6~27 cm，基部心形，边有小齿。顶生花序；冠红色，冠管比萼管倍长。

大青属 尖齿臭茉莉

Clerodendrum lindleyi **Decne. ex Planch.**

灌木，幼枝、叶、花序梗及花萼等被短柔毛。叶宽卵形或心形，基部脉腋有数个盘状腺体，叶缘有齿。伞房状聚伞花序密集；萼齿线状披针形。核果近球形。

大青属 广东大青

Clerodendrum kwangtungense **Hand.-Mazz.**

灌木。叶卵形或长圆形，长6~18 cm，宽2~7 cm，边全缘或浅波状齿。顶生花序；花冠白色，外面疏被短茸毛和腺点。核果球形，绿色。

大青属 海通

Clerodendrum mandarinorum **Diels**

乔木。叶卵状椭圆形、卵形或心形，长10~27 cm，宽6~20 cm。花序顶生；冠白色或淡紫色，冠管比萼管倍长。核果近球形。

风轮菜属 风轮菜

Clinopodium chinense (Benth.) Kuntze

多年生草本。叶卵圆形，长2~4 cm，宽1.3~2.6 cm，两面疏被毛。轮伞花序腋生；苞叶大，叶状。小坚果倒卵形，黄褐色。

风轮菜属 细风轮菜

Clinopodium gracile (Benth.) Matsum.

草本。叶卵形或披针形，长1.2~3.4 cm，宽1~2.4 cm，叶面近无毛。轮伞花序顶生组成总状花序式；苞叶针状。小坚果卵球形。

活血丹属 活血丹

Glechoma longituba (Nakai) Kupr Ian.

多年生草本，具匍匐茎。上部叶较大，叶片心形，长1.8~2.6 cm，宽2~3 cm，基部心形，边缘具圆齿。轮伞花序常2花。花萼管状。

锥花属 中华锥花

Gomphostemma chinense Oliv.

草本。叶椭圆形或卵状椭圆形，长4~13 cm，宽2~7 cm，叶面被星状毛，背面密被星状茸毛。花序生于茎基部；花柱基生。果脐小。

香茶菜属 线纹香茶菜

Isodon lophanthoides **(Buch.–Ham. ex D. Don) H. Hara**

草本，茎、叶柄、叶背、花序、花萼等密被黄色腺点。叶卵形，长 1.5~8.5 cm，宽 0.5~5.3 cm。苞片叶状；萼二唇形；雄蕊外伸。坚果。

益母草属 益母草

Leonurus japonicus **Houttuyn**

草本。叶轮廓变化很大，裂片呈长圆状菱形至卵圆形，通常长 2.5~6 cm，宽 1.5~4 cm。轮伞花序腋生；花冠粉红至淡紫红色。小坚果长圆状三棱形。

香茶菜属 狭基线纹香茶菜

Isodon lophanthoides **(Buch.–Ham. ex D. Don) H. Hara var. *gerardianus* (Bentham) H. Hara**

高大草本，高 30~150 cm。叶大，卵形，长达 20 cm，宽达 8.5 cm，先端渐尖，基部楔形。

石荠苎属 小鱼仙草

Mosla dianthera **(Buch.–Ham.) Maxim.**

草本，茎、枝被短柔。叶卵状披针形，长 1.2~3.5 cm，宽 0.5~1.8 cm。总状花序；花冠为不明显二唇形。小坚果近球形，具网脉。

石荠苎属 石荠苎

Mosla scabra (Thunb.) C. Y. Wu & H. W. Li

一年生草本。茎、枝均具4棱。叶为卵形或卵状披针形，通常长1.5~3.5 cm，宽0.9~1.7 cm。总状花序，花萼被柔毛。小坚果球形，具深雕纹。

紫苏属 野生紫苏

Perilla frutescens (L.) Britton var. *purpurascens* (Hayata) H. W. Li

草本。叶较小，卵形，长4.5~7.5 cm，宽2.8~5 cm，两面被疏柔毛，边缘粗锯齿。轮伞花序结成顶生穗状花序。小坚果较小，土黄色。

假糙苏属 狭叶假糙苏

Paraphlomis javanica (Blume) Prain var. *angustifolia* C. Y. Wu & H. W. Li ex C. L. Xiang, E. D. Liu & H. Peng

草本。叶卵圆状披针形直至狭长披针形，长7~15 cm，宽3~8.5 cm，具极不显著的细圆齿。萼齿尖明显针状，具细刚毛。小坚果。

豆腐柴属 豆腐柴

Premna microphylla Turcz.

直立灌木。叶揉之有臭味，长3~13 cm，宽1.5~6 cm，顶端尖，基部渐狭窄下延至叶柄两侧。花冠淡黄色。核果紫色，球形。

鼠尾草属 荔枝草

Salvia plebeia **R. Br.**

一年生草本。叶互生，为倒卵形、倒披针形，长 3.5~7.5 cm，宽 1.5~2.5 cm，琴状羽状半裂或大头羽状深裂。花序常单生枝顶。瘦果扁。

黄芩属 半枝莲

Scutellaria barbata **D. Don**

茎四棱形。叶长 1.3~3.2 cm，宽 0.5~1.4 cm。花单生于叶腋内；花冠紫蓝色，冠檐2唇形，上唇盔状。小坚果扁球形，具小疣状突起。

黄芩属 韩信草

Scutellaria indica **L.**

草本。叶心状卵形，长 1.5~2.6 cm，宽 1.2~2.3 cm，顶端圆，基部心形，两面被柔毛。花蓝紫色，长 1.4~1.8 cm。小坚果。种子横生。

黄芩属 偏花黄芩

Scutellaria tayloriana **Dunn**

多年生草本，茎被白色长柔毛。基生叶常 3~4 对，初时呈莲座状，叶椭圆形或卵状椭圆形，长 4.5~5.5 cm，先端圆或钝，基部心形或圆，具浅波状齿。花冠淡紫或紫蓝色。

黄芩属 南粤黄芩

Scutellaria wongkei Dunn

茎密被毛。叶具柄，坚纸质，为卵圆形，通常长 0.9~2.2 cm，宽 0.4~1.4 cm。花腋生于小分枝叶腋中。花冠淡蓝色，冠檐 2 唇形。花盘扁圆形。

香科科属 血见愁

Teucrium viscidum Blume

草本。叶卵形或卵状长圆形，长 3~10 cm，宽 2~4 cm，基部圆形或楔形。轮伞花序；花冠白色，淡红色或淡紫色。小坚果扁球形。

牡荆属 牡荆

Vitex negundo L. var. *cannabifolia* (Siebold & Zucc.) Hand.-Mazz.

灌木。掌状复叶有 5 小叶，长圆状披针形至披针形，边缘有粗齿，叶背密生灰白色茸毛。圆锥花序式顶生；花序梗被毛。核果近球形。

牡荆属 山牡荆

Vitex quinata (Lour.) F. N. Williams

常绿乔木。掌状复叶，有3~5小叶，倒卵形至倒卵状椭圆形，两面仅中脉被毛。聚伞花序排成顶生圆锥花序。核果熟后黑色。

A384 通泉草科 Mazaceae

通泉草属 通泉草

Mazus pumilus (Burm. f.) Steenis

一年生草本，高3~30 cm。茎生叶倒卵状匙形，长超过2 cm，边缘波状疏齿。总状花序通常有花3~20朵。蒴果球形。种子多数。

A386 泡桐科 Paulowniaceae

泡桐属 台湾泡桐

Paulownia kawakamii T. It

小乔木，高6~12 m。叶片心脏形。小聚伞花序无总花梗，位于下部者具短总梗；花冠近钟形，浅紫色至蓝紫色。花期4~5月，果期8~9月。

A387 列当科 Orobanchaceae

来江藤属 岭南来江藤

Brandisia swinglei Merr.

灌木，全体密被褐灰色星状茸毛。叶片卵圆形，稀卵状长圆形，长3~11 cm，宽1~5.5 cm，顶端锐头至近尾状长锐尖。花单生于叶腋；萼钟形；花冠黄色。

阴行草属 腺毛阴行草

Siphonostegia laeta S. Moore

一年生草本。叶对生，叶片三角状长卵形。花冠黄色，有时盔背部微带紫色。蒴果黑褐色，卵状长椭圆形。

A392 冬青科 Aquifoliaceae

冬青属 满树星

Ilex aculeolata Nakai

落叶灌木。叶卵形，长 3~7 cm，宽 1.5~3.5 cm，顶端尾尖，背无毛，边有锯齿。花序单生于长枝的叶腋内；花白色。果黑色，球形。

冬青属 凹叶冬青

Ilex championii Loes.

乔木，枝具棱。叶卵形、倒卵形，长 2~4 cm，宽 1.5~2.5 cm，无毛，顶端圆钝或微凹。聚伞花序，花白色。果扁球形，直径 3~4 mm。

冬青属 沙坝冬青

Ilex chapaensis Merr.

落叶乔木。叶在长枝上互生，在短枝上簇生于枝顶端。花白色，雄花序假簇生，花 6~8 基数。果球形，宿存于花萼、柱头，具 6 或 7 粒分核。

冬青属 冬青

Ilex chinensis **Sims**

常绿乔木。叶长 5~11 cm，宽 2~4 cm，先端渐尖，边缘具圆齿。花萼浅杯状，花冠辐状，花瓣卵形，反折。果长球形，成熟时红色。

冬青属 巨果冬青

Ilex chingiana **Hu & Tang var. *megacarpa* (H. G. Ye & H. S. Chen) L. G. Lei**

乔木。枝具棱。叶长圆形，长 9~14.5 cm，宽 4~5.2 cm，叶两面有腺点，无毛，全缘，稍反卷。果扁球形，直径 2~2.6 cm。

冬青属 齿叶冬青

Ilex crenata **Thunb.**

多枝常绿灌木，高可达 5 m。叶倒卵形，通常长 1~3.5 cm，宽 5~15 mm。雄花 1~7 朵排成聚伞花序；雌花单花，2 或 3 花组成聚伞花序；花 4 基数。果球形，直径 6~8 mm。

冬青属 黄毛冬青

Ilex dasyphylla **Merr.**

常绿灌木或乔木，密被黄色短硬毛。叶卵形或椭圆形，全缘或中上部有小齿。花白色。果黑色，球形，分核 4~6。

冬青属 显脉冬青
Ilex editicostata Hu & T. Tang

常绿灌木至小乔木。叶片厚革质，披针形或长圆形，长 10~17 cm，主脉在叶面明显隆起。果近直径 6~10 mm，成熟时红色。

冬青属 厚叶冬青
Ilex elmerrilliana S. Y. Hu

小乔木，无毛，枝具棱。叶厚革质，椭圆形，长 5~9 cm，宽 2~3.5 cm，无毛，全缘。花序簇生；苞片卵形，无毛。果球形，直径 5 mm，分核 6 或 7，与谷木冬青相似。

冬青属 榕叶冬青
Ilex ficoidea Hemsl.

常绿乔木。幼枝具纵棱，无毛。叶革质，边缘具锯齿；主脉于叶面凹陷，网脉不明显。花白色或淡黄绿色。果红色，球形。

冬青属 台湾冬青
Ilex formosana Maxim.

常绿灌木或乔木。叶片革质或近革质，椭圆形或长圆状披针形。花序生于二年生枝的叶腋内，花 4 基数，白色。花期 3 月下旬至 5 月，果期 7~11 月。

半边莲属 半边莲

Lobelia chinensis **Lour.**

小草本，高 6~15 cm，全株无毛。叶互生，线形或披针形，长 8~25 mm，宽 2~6 mm。花冠裂片平展于下方，二侧对称。蒴果开裂。

半边莲属 铜锤玉带草

Lobelia nummularia **Lam.**

匍匐草本，植株具白色乳汁。叶互生，卵形或卵圆形，长 0.8~1.6 cm，宽 0.6~1.8 cm，顶端急尖，基部心形。花单生叶腋。浆果。

半边莲属 线萼山梗菜

Lobelia melliana **E. Wimm.**

草本，高 80~150 cm。叶互生，卵状长圆形、镰状披针形，长 5~15 cm，宽 2~4 cm。花萼裂片线形，长 12~22 mm。蒴果室背 2 瓣裂。

半边莲属 卵叶半边莲

Lobelia zeylanica **L.**

小草本，植株被毛。叶螺旋状排列，卵形、阔卵形，长 1.5~4 cm，宽 1~3 cm。花冠二唇形，一侧开裂。果为蒴果，室背 2 瓣裂。

蓝花参属 蓝花参

Wahlenbergia marginata **(Thunb.) A. DC.**

多年生草本。叶互生，倒披针形或椭圆形，上部的条状披针形或椭圆形，长 1~3 cm，宽 2~8 mm。花冠钟状，蓝色。蒴果倒圆锥状或倒卵状圆锥形。

A403 菊科 Asteraceae

金钮扣属 美形金钮扣

Acmella calva **(Candolle) R. K. Jansen**

草本。叶宽披针形或披针形，长 3~7 cm，宽 (0.8)1~2.5 cm，顶端渐尖或长渐尖，常具小尖头。花黄色。瘦果长圆形，长 1.5~2 mm。

下田菊属 下田菊

Adenostemma lavenia **(L.) Kuntze**

一年生草本。叶对生，椭圆状披针形，长 4~12 cm，宽 2~5 cm，具锯齿。总苞片 2 层。瘦果倒披针形，长约 4 mm，宽约 1 mm，被腺点。

兔儿风属 杏香兔儿风

Ainsliaea fragrans **Champ. ex Benth.**

多年生草本，茎花葶状，被毛。叶聚生于茎的基部，莲座状或呈假轮生，厚纸质，基部深心形；基出 5 脉。花两性，白色，开放时具杏仁香气。

兔儿风属 长穗兔儿风
Ainsliaea henryi **Diels**

多年生草本。基生叶莲座状，长卵形或长圆形，基部渐窄成翅，边缘具波状圆齿；茎生叶苞片状，卵形。头状花序具 3 花。

兔儿风属 三脉兔儿风
Ainsliaea trinervis **Y. Q. Tseng**

多年生草本。叶聚生于茎的中部，叶片狭椭圆形或披针形，长 5~9.5 cm，宽 5~13 mm，基部略下延，每边有 6~8 个芒状细齿，两面均无毛；基出脉 3 条。头状花序于茎顶排成圆锥花序。

兔儿风属 华南兔儿风
Ainsliaea walkeri **Hook. f.**

多年生草本。叶呈假轮生状，狭长圆形或线形，长 3~7 cm，宽 3~7 mm；顶端凸尖，基部楔形，仅中脉。头状花序再排成圆锥花序。瘦果圆柱形，密被粗毛。花期 10~12 月。

豚草属 豚草
Ambrosia artemisiifolia **L.**

一年生草本。下部叶对生，具短叶柄，二次羽状分裂。雄头状花序半球形或卵形，下垂，在枝端密集成总状花序。

蒿属 奇蒿

***Artemisia anomala* S. Moore**

多年生草本。叶卵形，长 9~12 cm，宽 2.5~4 cm，边缘有细齿，背面密被蛛丝状毛，后脱落。头状花序长圆形；花冠狭管状。瘦果倒卵形。

蒿属 五月艾

***Artemisia indica* Willd.**

多年生草本。有浓烈的挥发气味。叶卵形或长卵形，长 5~8 cm，宽 3~5 cm，一至二回大头羽状分裂。花序直径 2~2.5 mm。瘦果长圆形。

蒿属 白苞蒿

***Artemisia lactiflora* Wall. ex DC.**

多年生草本。叶卵形或长卵形，长 5.5~12.5 cm，宽 4.5~8.5 cm，一至二回羽状分裂。头状花序长圆形，无梗，基部无小苞叶。瘦果倒卵形。

紫菀属 三脉紫菀

***Aster ageratoides* var. *ageratoides* (Turcz.) Grierson**

多年生草本。叶椭圆形，长 5~10 cm，宽 1~3.5 cm，基部楔形。头状花序径 1.5~2 cm；舌状花约十余个，紫色。瘦果灰褐色，有边肋。

紫菀属 马兰

***Aster indicus* L.**

草本。中部叶倒披针形或倒卵状长圆形，长 3~6 cm，宽 0.8~2 cm，2~4 对浅裂或裂齿。头状花序；舌状花 1~2 层，浅蓝色。瘦果极扁。

紫菀属 钻叶紫菀

***Aster subulatus* Michx.**

基生叶倒披针形，花后凋落，中部叶线状披针形，无柄，上部叶渐狭窄，全缘。总苞钟状，舌状花淡红色。瘦果长圆形，5 纵棱。

鬼针草属 鬼针草

***Bidens pilosa* L.**

一年生草本，茎钝四棱形。中部叶三出，小叶 3 枚；上部叶小，3 裂或不分裂，条状披针形。头状花序。瘦果黑色，条形，具棱，顶端芒刺 3~4 枚。

鬼针草属 狼杷草

***Bidens tripartita* L.**

一年生草本。茎中、下部的叶片羽状分裂或深裂，裂片 3~5 对，卵状披针形。头状花序单生茎端及枝端；总苞盘状。瘦果，边缘有倒刺毛。

菊属 野菊

***Chrysanthemum indicum* L.**

多年生草本，高 0.25~1 m。叶一回羽状分裂，叶顶端及裂片顶端尖；叶柄长 1~2 cm。总苞片约 5 层；舌状花黄色。瘦果。

艾纳香属 东风草

***Blumea megacephala* (Randeria) C. C. Chang & Y. Q. Tseng**

攀援植物。叶卵形、卵状长圆形或长椭圆形，长 7~10 cm，宽 2.5~4 cm。花序少数，直径 15~20 mm，排成总状式。瘦果圆柱形，有 10 条棱。

蓟属 蓟

***Cirsium japonicum* DC.**

草本。叶卵形，长 8~20 cm，宽 4~8 cm，羽状裂，6~12 对裂片，不等大，中部裂片二回状，基部扩大半抱茎。头状花序直立。瘦果压扁。

野茼蒿属 野茼蒿

Crassocephalum crepidioides **(Benth.) S. Moore**

一年生草本。叶肉质，卵形或长圆状椭圆形，长 5~15 cm，宽 2~6 cm，基部楔形下延成翅，羽状浅裂。头状花序。瘦果狭圆柱形。

鱼眼菊属 鱼眼草

Dichrocephala integrifolia **(Linnaeus f.) Kuntze**

一年生草本。叶卵形，中部茎叶长 3~12 cm，宽 2~4.5 cm。头状花序小，球形；雌花紫色，花冠极细。瘦果，边缘脉状加厚。

羊耳菊属 羊耳菊

Duhaldea cappa **(Buch.-Ham. ex DC.) Anderb.**

亚灌木。密被茸毛。叶互生，长圆形，长 10~16 cm，宽 4~7cm，叶面被疣状糙毛，背面被绢质茸毛。舌状花极短小。瘦果，冠毛毛状。

鳢肠属 鳢肠

Eclipta prostrata **(L.) L.**

一年生草本。叶对生，长圆状披针形，长 3~10 cm，宽 0.5~2.5 cm，两面被粗糙毛。头状花序。瘦果三棱形或扁四棱形。

地胆草属 地胆草

Elephantopus scaber **L.**

多年生草本，植株较小。叶基生莲座状，被长硬毛；茎叶少数而小，倒披针形或长圆状披针形。头状花序多数；花紫红色。瘦果小。

一点红属 小一点红

Emilia prenanthoidea **DC.**

一年生草本。叶倒卵形或倒长卵状披针形，长 2~4 cm，宽 1.2~2 cm，边缘波或具齿。花序梗细纤，长 3~10 cm。瘦果圆柱形，具 5 肋。

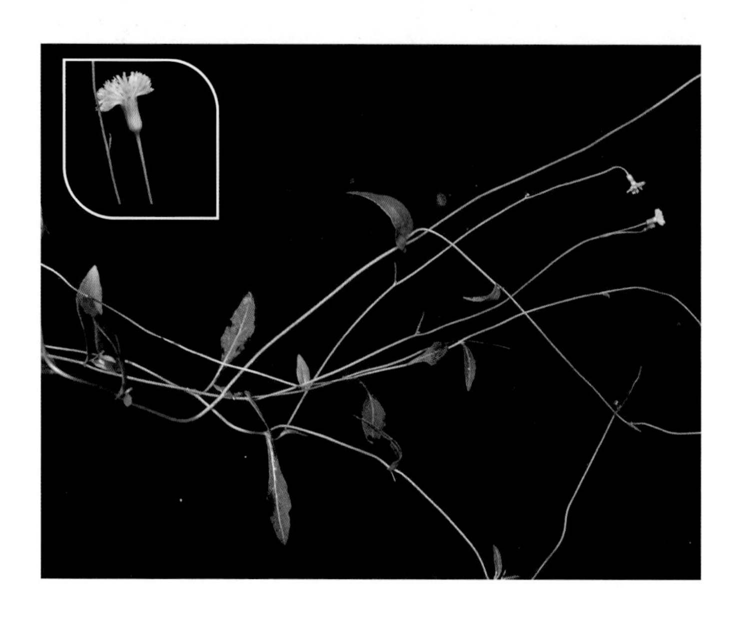

一点红属 一点红

Emilia sonchifolia **(L.) DC.**

一年生草本。叶倒卵形、阔卵形或肾形，长 5~10 cm，宽 2.5~6.5 cm，边缘琴状分裂或不裂。小花粉红色或紫色。瘦果具 5 棱。

一点红属 紫背草

Emilia sonchifolia **(L.) DC. var.** ***javanica*** **(Burm. f.) Mattf.**

一年生草本，高达 140 cm。叶片位宽卵形，通常长 4~6 cm，宽 4.5~6 cm。头状花序排成伞房花序，很少单生。瘦果长约 3 mm，被短柔毛。

菊芹属 败酱叶菊芹

Erechtites valerianifolius **(Link ex Spreng.) DC.**

一年生草本。叶长圆形至椭圆形，顶端尖，基部斜楔形，边缘有不规则重锯齿或羽状深裂。总苞圆柱状钟形。瘦果圆柱形。

飞蓬属 一年蓬

Erigeron annuus **(L.) Pers.**

一年生或二年生草本，高 30~100 cm。长圆形或宽卵形，少有近圆形，长 4~17 cm，宽 1.5~4 cm。头状花序数个或多数。瘦果披针形；冠毛异形。

飞蓬属 小蓬草

Erigeron canadensis **L.**

草本。叶密集，下部叶倒披针形，长 6~10 cm，宽 1~1.5 cm。头状花序多数，小，直径 3~4 mm，排成大圆锥花序。瘦果线形；冠毛 1 层。

白酒草属 白酒草

Eschenbachia japonica (Thunb.) J. Kost.

草本，全株被毛。叶呈莲座状，基部下延成具宽翅的柄；中部叶无柄，基部宽而半抱茎。头状花序；总苞片覆瓦状。瘦果长圆形。

泽兰属 多须公

Eupatorium chinense L.

多年生草本，高 70~100 cm。叶对生，中部茎叶卵形、宽卵形，长 4.5~10 cm，宽 3~5cm。排成大型疏散的复伞房花序，瘦果淡黑褐色，椭圆状。

牛膝菊属 牛膝菊

Galinsoga parviflora Cav.

一年生小草本。叶对生，卵形，长 2.5~5.5 cm，宽 1.2~3.5 cm。头状花序半球形；舌状花白色，管状花黄色。瘦果黑色或黑褐色。

合冠鼠麴草属 匙叶合冠鼠曲

Gamochaeta pensylvanica (Willd.) Cabrera

一年生草本。下部叶无柄，倒披针形或匙形，长 6~10 cm，宽 1~2 cm。冠毛绢毛状，污白色。瘦果长圆形，长约 0.5 mm，有乳头状突起。

三七草属 红凤菜

Gynura bicolor **(Roxb. ex Willd.) DC.**

多年生草本，全株无毛。叶倒披针形或倒卵形，边缘粗锯齿或琴状裂，背面紫红色。总苞近钟形，2层。瘦果圆柱形；冠毛绢毛状。

三七草属 白子菜

Gynura divaricata **(L.) DC.**

多年生草本。叶质厚，常集中于下部；通常叶长 2~15 cm，宽 1.5~5 cm，边缘具粗齿，下面带紫色，叶柄基部有耳，上部叶羽状浅裂。瘦果圆柱形。

泥胡菜属 泥胡菜

Hemisteptia lyrata **(Bunge) Fisch. & C. A. Mey.**

一年生草本。中下部茎生叶与基生叶大头羽状深裂或几全裂，侧裂片 2~6 对，叶基部抱茎；最上部叶无柄。总苞片覆瓦状排列，花冠红或紫色。

小苦荬属 小苦荬

Ixeridium dentatum **(Thunb.) Tzvele**

多年生草本。基生叶长倒披针形、长椭圆形、椭圆形。头状花序在茎枝顶端排成伞房状花序。舌状小花 5~7 枚，黄色，少白色。

小苦荬属 窄叶小苦荬

Ixeridium gramineum **(Fisch.) Tzvel.**

多年生草本，高 30 cm。茎枝叶无毛。基生叶长椭圆形至线形，宽 0.2~1.6 cm，茎生叶 1~2，不裂，与基生叶同形，基部无柄。头状花序多数，在茎枝顶端排成伞房花序或伞房圆锥花序，含 15~27 枚舌状小花；舌状小花黄色。

稻槎菜属 稻槎菜

Lapsanastrum apogonoides **(Maxim.) Pak & K. Bremer**

一年生矮小草本。基生叶全形椭圆形、长椭圆状匙形或长匙形。头状花序小，果期下垂或歪斜；舌状小花黄色。

假福王草属 假福王草

Paraprenanthes sororia **(Miq.) C. Shih**

一年生草本。下部及中部茎叶为大头羽状半裂或深裂或近全裂。头状花序多数，沿茎枝顶端排成圆锥状花序。舌状小花粉红色。花、果期 5~8 月。

阔苞菊属 翼茎阔苞菊

Pluchea sagittalis **(Lam.) Cabrera**

一年生草本植物，茎直立，全株被浓密的茸毛。叶为广披针形，上下两面具茸毛，互生，无柄；叶基部向下延伸到茎部的翼。瘦果褐色，圆柱形。

鼠曲草属 鼠曲草

Pseudognaphalium affine **(D.Don) Anderb.**

一年生草本，高10~40 cm或更高，上部不分枝，全株被白色绵毛。叶无柄，匙状倒披针形或倒卵状匙形。总苞钟形，总苞片2~3层，金黄色或柠檬黄色。

假臭草属 假臭草

Praxelis clematidea **R. M. King & H. Rob.**

一年生草本。叶对生，卵形，长3~5 cm，宽2.5~4.5 cm，边缘圆齿，3出脉，被粗毛。头状花序有小花25~30朵。蓝紫色瘦果黑色；冠毛白色。

千里光属 千里光

Senecio scandens **Buch-Ham. ex D. Don**

攀援草本。叶长三角状或卵形，两面被短柔毛至无毛；有叶柄，基部不抱茎。头状花序排列成顶生复聚伞圆锥花序。瘦果被毛。

千里光属 闽粤千里光

***Senecio stauntonii* DC.**

多年生草本，茎常曲折。基生叶在花期迅速枯萎；茎叶无柄，卵状披针形至狭长圆状披针形，基部具圆耳。舌状花8~13，舌片黄色。

豨莶属 豨莶

***Sigesbeckia orientalis* L.**

茎中部叶三角状卵圆形或卵状披针形，边缘有不规则浅裂或粗齿；上部叶卵状长圆形，边缘浅波状或全缘。瘦果倒卵圆形，有4棱，顶端有灰褐色环状突起。

豨莶属 腺梗豨莶

Sigesbeckia pubescens **(Makino) Makino**

叶卵状披针形，长 3.5~12 cm，宽 1.8~6 cm。总花梗较长，密被褐色具柄腺毛。

裸柱菊属 裸柱菊

Soliva anthemifolia **(Juss.) R. Br.**

一年生矮小草本。叶互生，有柄，二至三回羽状分裂，裂片线形，全缘或 3 裂。头状花序近球形，生于茎基部。瘦果倒披针形，有厚翅。

一枝黄花属 一枝黄花

Solidago decurrens **Lour.**

多年生草本。叶互生，长椭圆形，长 2~5 cm，宽 1~1.5 cm。头状花序再排成总状花序式；舌状花黄色。瘦果长 3 mm，常无毛。

苦苣菜属 苦苣菜

Sonchus oleraceus **L.**

茎下部叶长圆状披针形，羽状深裂；中部叶基部扩大呈尖耳状抱茎。总苞片 3~4 层；舌状小花多数，黄色。瘦果压扁；冠毛长 7 mm。

斑鸠菊属 夜香牛

Vernonia cinerea (L.) Less.

直立多分枝草本。叶卵形、卵状椭圆形，长 2~7 cm，宽 1~5 cm，背面有腺点。头状花序排成伞房状圆锥花序。瘦果无肋。

斑鸠菊属 茄叶斑鸠菊

Vernonia solanifolia Benth.

灌木或小乔木。叶卵形、卵状长圆形，长 6~16 cm，宽 4~9 cm，叶面被短硬毛，背面被柔毛，具腺点。头状花序多数。瘦果无毛。

斑鸠菊属 毒根斑鸠菊

Vernonia cumingiana Benth.

攀援灌木或藤本。叶卵状长圆形或长圆状椭圆形，长 7~21 cm，宽 3~8 cm，两面均有腺点。头状花序较多数。瘦果近圆柱形。

苍耳属 苍耳

Xanthium strumarium L.

一年生草本。叶边缘有齿，三基出脉。雄性的头状花序球形；雌性的头状花序椭圆形，外面有疏生的具钩状的刺；喙上端略呈镰刀状。

黄鹌菜属 黄鹌菜

Youngia japonica **(L.) DC.**

一年生直立草本，植株被毛。基生叶多形，大头羽状深裂或全裂；无茎叶或有茎叶 1~2，同形并分裂。花序含 10~20 枚舌状小花。瘦果无喙。

A408 五福花科 Adoxaceae

接骨木属 接骨草

Sambucus chinensis **Lindl.**

草本或半灌木。羽状复叶有小叶 2~3 对，狭卵形，长 6~13 cm，宽 2~3 cm。聚伞花序排成复伞形花序；具棒杯状不孕花。浆果近圆形。

荚蒾属 南方荚蒾

Viburnum fordiae **Hance**

灌木或小乔木，高可达 5 m。叶宽卵形或菱状卵形，长 4~9 cm，边缘基部除外常有小尖齿。复伞形式聚伞花序。果实卵圆形，红色。

荚蒾属 珊瑚树

Viburnum odoratissimum **Ker Gawl.**

常绿灌木或小乔木。叶椭圆形，长 7~20 cm，宽 3.5~8 cm，背面脉腋有趾蹼状小孔。圆锥花序；总花梗长可达 10 cm。果浑圆。

荚蒾属 常绿荚蒾

Viburnum sempervirens **K. Koch**

常绿灌木，冬芽有鳞片。叶对生，嫩枝四棱形，叶椭圆形，长4~12 cm，宽2.5~5 cm，背面有灰黑色小腺点，侧脉3~4条。复伞形式聚伞花序顶生。果核扁圆，长3~4 mm。

A409 忍冬科 Caprifoliaceae

忍冬属 华南忍冬

Lonicera confusa **DC.**

藤本。枝、叶柄、花梗、花萼密被卷曲短柔毛。叶卵状长圆形，长3~6 cm，宽2~4 cm；叶柄长2~5 mm。雄蕊和花柱伸出花冠外。浆果。

忍冬属 菰腺忍冬

Lonicera hypoglauca **Miq.**

藤本。枝、叶柄、花梗被短柔毛和糙毛。叶卵形，长6~9 cm，宽2.5~3.5 cm，背被红色蘑菇状腺体。花冠两侧对称。浆果。

忍冬属 大花忍冬

Lonicera macrantha **(D. Don) Spreng.**

半常绿藤本。叶长 5~14 cm，基部圆或微心形，边缘有长糙睫毛。花微香，双花腋生，花冠白色，后变黄色，唇形，下唇反卷。果实黑色。

败酱属 皱叶忍冬

Lonicera reticulata **Champ. ex Benth.**

多枝灌木。叶长圆状椭圆形或长圆状卵形，有时线状长圆形。花小，白色，芳香，排成无总花梗的亚伞形或短总状花序。果球形。花期 4~6 月，果期 8~12 月。

败酱属 攀倒甑

Patrinia villosa **(Thunb.) Juss.**

多年生草本，高 50~100(120) cm。基生叶丛生，茎生叶对生，与基生叶同形，边缘具粗齿，上部叶较窄小。花冠白色。

A413 海桐科 Pittosporaceae

海桐属 聚花海桐

Pittosporum balansae Aug. DC.

常绿灌木。叶簇生于枝顶，长圆形。伞形花序单独或2~3枝簇生于枝顶叶腋内；心皮2枚。果2爿开裂。

海桐属 光叶海桐

Pittosporum glabratum Lindl.

常绿灌木。叶聚生枝顶，长圆形或倒披针形。伞形花序1~4枝簇生枝顶于叶腋。蒴果长椭圆形，长2~2.5 cm，3爿开裂。种子长6 mm。

海桐属 少花海桐

Pittosporum pauciflorum Hook. & Arn.

灌木。叶散布于嫩枝上，有时呈假轮生状。花3~5朵生于枝顶叶腋内。蒴果椭圆形或卵形，长1~1.2 cm，3爿开裂。种子长4 mm。

A414 五加科 Araliaceae

楤木属 野楤头

Aralia armata (Wall. ex G. Don) Seem.

灌木。刺通常弯曲。叶为三回羽状复叶；叶轴和羽片轴疏生细刺；小叶片两面脉上疏生小刺，下面密生短柔毛，后毛脱落，边缘有锯齿。圆锥花序大，疏生钩曲短刺。果实球形，有5棱。

楤木属 黄毛楤木

***Aralia chinensis* L.**

灌木或乔木。叶为二回或三回羽状复叶，长 60~110 cm。伞形花序再组成圆锥花序，2~3 回羽状；花白色。果球形，黑色，具 5 棱。

树参属 树参

***Dendropanax dentiger* (Harms) Merr.**

乔木或灌木。叶厚纸质或革质，叶片不裂至 2~5 深裂，叶背有粗大半透明红棕色腺点。伞形花序顶生，子房 5 室。果实长圆形，有 5 棱，每棱有 3 纵脊。花期 8~10 月，果期 10~12 月。

罗伞属 锈毛罗伞

***Brassaiopsis ferruginea* (H. L. Li) C. Ho**

无刺灌木。高 1~2 m。小枝初有锈色星状茸毛，后无毛。叶片纸质或薄革质，二型，不分裂或掌状 2~3 深裂。伞形花序 2~5 个，有花 20~30 朵。果实球形，黑色，直径 8 mm。

树参属 变叶树参

***Dendropanax proteus* (Champ..) Benth.**

灌木或小乔木。叶片革质、纸质或薄纸质，叶形变异大，不裂至 2~5 深裂，叶背无腺点。伞形花序单生或 2~3 个聚生。果实球形。

五加属 白簕

Eleutherococcus trifoliatus **(L.) S. Y. Hu**

灌木，高 1~7 m。小叶片纸质，稀膜质，椭圆状卵形至椭圆状长圆形，稀倒卵形，长 4~10 cm，宽 3~6.5 cm。顶生复伞形花序或圆锥花序。果实扁球形。

常春藤属 常春藤

Hedera nepalensis **K. Koch var.** ***sinensis*** **(Tobler) Rehder**

常绿攀援灌木。叶片革质，三角形卵状，长 5~12 cm，宽 3~10 cm。伞形花序单个顶生；花淡黄白色。果实球形，红色或黄色。

幌伞枫属 短梗幌伞枫

Heteropanax brevipedicellatus **H. L. Li**

常绿灌木或小乔木，高 3~7 m。四至五回羽状复叶；小叶长 2~9 cm，宽 1~3 cm。圆锥花序顶生；花瓣 5，疏被毛。果实扁球形。

鹅掌柴属 穗序鹅掌柴

Schefflera delavayi **(Franch.) Harms**

乔木或灌木。叶有小叶 4~7，小叶有椭圆状长圆形、卵状长圆形、卵状披针形或长圆状披针形。花无梗，密集成穗状花序，花白色。花期 10~11 月，果期翌年 1 月。

鹅掌柴属 星毛鸭脚木

Schefflera minutistellata **Merr. ex H. L. Li**

小乔木。小叶 7~15 枚，小叶椭圆形，中央小叶柄长 3~7 cm，侧小叶柄长约 1 cm。伞形花序有花 10~30 朵。果实球形，有 5 棱。

鹅掌柴属 鹅掌柴

Schefflera heptaphylla **(L.) Frodin**

乔木。羽状复叶，6~9 小叶；小叶长椭圆形；叶柄长 15~30 cm，疏生星状短柔毛或无毛。圆锥花序顶生，被毛。果实球形，黑色。

A416 伞形科 Apiaceae

积雪草属 积雪草

Centella asiatica **(L.) Urb.**

多年生匍匐草本。单叶，膜质至草质，圆形、肾形或马蹄形，直径 2~4 cm，边缘有钝锯齿。伞形花序聚生于叶腋。果圆球形。

积雪草属 蛇床

Cnidium monnieri (L.) Cusson

一年生草本。下部叶具短柄，为叶卵形或三角状卵形，通常长 3~8 cm，宽 2~5 cm，二至三回羽裂，裂片线形或线状披针形。复伞形花序径 2~3 cm，伞辐 8~20。

细叶旱芹属 细叶旱芹

Cyclospermum leptophyllum (Pers.) Sprague ex Britton & P. Wilson

一年生草本，高 25-45 厘米。茎多分枝，光滑。叶片 3 至 4 回羽状多裂，裂片线形至丝状。复伞形花序顶生或腋生，通常无梗或少有短梗；伞辐 2-3。果实圆心脏形或圆卵形。

鸭儿芹属 鸭儿芹

Cryptotaenia japonica Hassk.

多年生草本。3 出复叶，小叶具重锯齿或不整齐锯齿。复伞形花序呈圆锥状；花瓣白色，倒卵形。果横断面扁圆形，果棱无翅。

天胡荽属 红马蹄草

Hydrocotyle nepalensis Hook.

匍匐草本。茎斜升。叶圆肾形，4~8 cm，边缘通常 5~7 浅裂。头状花序数个簇生；花梗被柔毛；花瓣卵形。果基部心形，两侧扁压。

天胡荽属 天胡荽

Hydrocotyle sibthorpioides **Lam.**

多年生匍匐小草本。叶圆肾形，直径 0.5~2 cm。头状花序单生于茎节上；花梗无毛；无萼齿，花瓣卵形，镊合状排列。果心形。

天胡荽属 破铜钱

Hydrocotyle sibthorpioides **Lam. var. *batrachium* (Hance) Hand.–Mazz. ex R. H. Shan**

草本。叶较小，直径 0.5~1.5 cm，3~5 深裂达近基部，侧裂片有时裂至 1/3 处。单个伞形花序；花瓣镊合状排列。果扁球形，茶褐色。

水芹属 水芹

Oenanthe javanica **(Blume) DC.**

披散草本。一至二回羽状复叶，末回裂片卵形或菱形，长 2~5 cm，宽 1~2 cm。伞辐 6~17；总花梗长 3~9cm。果实近于四角状椭圆形。

水芹属 卵叶水芹

Oenanthe javanica **(Blume) DC. subsp. *rosthornii* (Diels) F. T. Pu**

多年生草本。叶片轮廓为广三角形，长 7~15 cm，宽 8~12 cm，二回三出复叶。复伞形花序顶生和侧生；花瓣白色，倒卵形。果实椭圆形。

水芹属 线叶水芹

Oenanthe linearis **Wall. ex DC.**

多年生草本。复伞形花序顶生和腋生；花瓣白色，倒卵形。果实近四方状椭圆形或球形。

变叶菜属 薄片变豆菜

Sanicula lamelligera **Hance**

多年生草本。基生叶圆心形或近五角形，长 2~6 cm，宽 3~9 cm，掌状 3 裂成 3 小叶，小叶有缺刻和锯齿；叶柄长 4~18 cm。花序常二至四回二歧分枝或 2~3 叉。

窃衣属 小窃衣

Torilis japonica **(Houtt.) DC.**

一年或多年生草本，高 20~120 cm。叶片长卵形，1~2 回羽状分裂。复伞形花序顶生或腋生；小伞形花序有花 4~12；花瓣白色、紫红或蓝紫色。果实圆卵形。

中文名索引

A

阿拉伯婆婆纳 322
矮扁莎 103
矮冬青 344
矮小天仙果 176
艾纳香属 352
安息香属 285
鞍耳柯 193
凹脉柃 260
凹头苋 250
凹叶冬青 340

B

八角枫 254
八角枫属 254
八角麻 183
八角属 44
巴豆 209
巴豆属 209
巴戟天属 299
巴郎耳蕨 34
芭蕉属 89
菝葜 72
菝葜属 72
白苞蒿 350
白背枫 322
白背黄花棯 237
白背算盘子 216
白背叶 211
白豆杉 44
白豆杉属 44
白饭树 216
白饭树属 216
白粉藤属 143
白桂木 175
白花灯笼 332
白花苦灯笼 304
白花柳叶箬 115
白花龙 285
白花蛇舌草 303
白花酸藤果 269
白花悬钩子 168
白花鱼藤 151
白酒草 356
白酒草属 356
白簕 368
白肋翻唇兰 79
白皮乌口树 303
白楸 211
白瑞香 238
白丝草属 71
白檀 281
白棠子树 330
白叶瓜馥木 51
白英 313
白珠树属 288
白子菜 357
百齿卫矛 200
百两金 266
百日青 43
百穗藨草 105
柏拉木 222
柏拉木属 222
摆竹 115
败酱属 365
败酱叶菊芹 355
稗 111
稗荩 125
稗荩属 125
稗属 11
斑点果薹草 95
斑鸠菊属 362
斑叶兰 78
斑叶兰属 78
斑叶野木瓜 127
斑种草属 309
板蓝 326
半边莲 347
半边莲属 347
半边旗 15
半蒴苣苔属 317
半枝莲 337
半柱毛兰 78
苞子草 125
报春花属 319
报春苣苔属 319
刨花润楠 62
抱茎菝葜 74
杯盖阴石蕨 36
北江荛花 239
北越紫堇 126
贝母兰属 75
荸荠属 100
笔管草 4
笔管榕 180
笔罗子 135
闭鞘姜 89
闭鞘姜属 89
蓖麻 212
蓖麻属 212
臂形草属 109
薜荔 179
边缘鳞盖蕨 18
扁担藤 144
扁莎属 103
扁穗莎草 98
变色山槟榔 85
变叶菜属 372
变叶榕 180
变叶树参 367
变异鳞毛蕨 33
藨草属 104
表面星蕨 38

滨海薹草 93
滨盐麸木 228
槟榔青冈 190
波罗蜜属 175
伯乐树 239
伯乐树属 239
薄唇蕨属 39
薄片变豆菜 372
薄叶红厚壳 205
薄叶卷柏 2
薄叶马蓝 327
薄叶润楠 62
薄叶山矾 279
薄叶新耳草 300

C

蚕茧草 244
苍白秤钩风 129
苍耳 362
苍耳属 362
糙果茶 275
糙叶树 174
糙叶树属 174
草胡椒属 46
草龙 219
草珊瑚 65
草珊瑚属 65
梣属 314
叉柱花属 326
茶 276
豺皮樟 60
菖蒲属 66
长苞铁杉 42
长苞铁杉属 42
长柄杜若 88
长柄蕗蕨 6
长柄山蚂蝗属 153
长柄石杉 1
长刺酸模 247
长萼堇菜 207
长梗柳 208
长梗薹草 95
长花厚壳树 310
长箭叶蓼 243
长江蹄盖蕨 22
长毛柃 261
长毛山矾 280
长毛杨桐 257
长蒴母草 323
长穗桑 181
长穗兔儿风 349
长尾毛蕊茶 274
长尾乌饭 292
长叶车前 321
长叶冻绿 171
长叶铁角蕨 20
长柱瑞香 238
长鬃蓼 245
常春藤 368
常春藤属 368
常绿荚蒾 364
常山 253
常山属 253
车前 321
车前属 321
沈氏十大功劳 132
赪桐 333
撑篙竹 108
程香仔树 201
橙黄玉凤花 79
秤钩风属 129
黐花 299
匙羹藤 307
匙羹藤属 307
匙叶合冠鼠曲 356
匙叶茅膏菜 248
齿果草 159
齿果草属 159
齿果膜叶铁角蕨 21
齿叶冬青 341
齿叶黄皮 230
齿缘吊钟花 288
赤瓟属 196
赤车 185
赤车属 185
赤楠 221
赤杨叶 283
赤杨叶属 283
翅荚香槐 150
翅柃 258
翅子树属 236
翅子藤属 201
崇澍蕨 22
稠李属 162
楮头红 226
川素馨 315
穿鞘花 86
穿鞘花属 86
穿心草属 304
垂穗石松 1
垂序商陆 251
椿叶花椒 232
唇柱苣苔属 318
慈姑属 67
刺齿半边旗 14
刺齿贯众 31
刺瓜 307
刺果苏木 148
刺藜属 251
刺蒴麻 237
刺蒴麻属 237
刺苋 250
刺叶桂樱 161
刺子莞 104
刺子莞属 103
丛花厚壳桂 57
丛枝蓼 246
重楼属 71
重阳木属 215
粗齿黑桫椤 10
粗喙秋海棠 198
粗糠柴 211
粗裂复叶耳蕨 29
粗脉桂 56
粗毛耳草 297
粗叶木 297
粗叶木属 297
粗叶榕 178
粗叶悬钩子 166
槭树属 229

D

大苞赤瓟 196
大苞姜属 91
大苞景天 141
大苞鸭跖草 87
大齿报春苣苔 319
大齿马铃苣苔 318
大盖球子草 84
大狗尾草 124
大果菝葜 74
大果冬青 344
大果核果茶 277
大果马蹄荷 139
大果木姜子 60
大果三翅藤 311
大花带唇兰 81
大花金钱豹 346
大花枇杷 161
大花忍冬 365
大戟属 209
大节竹属 115
大距花黍 114
大罗伞树 267
大芒萁 6
大片复叶耳蕨 29
大青 332
大青属 332
大沙叶 301
大沙叶属 301
大叶臭花椒 233
大叶骨碎补 36
大叶桂樱 162
大叶过路黄 272
大叶黑桫椤 9
大叶黄杨 137
大叶冷水花 186
大叶千斤拔 153
大叶青冈 191
大叶仙茅 82
大叶新木姜子 64
大血藤 127
大血藤属 127
大序隔距兰 75
大芽南蛇藤 199
大眼竹 107
大猪屎豆 150
带唇兰 81
带唇兰属 81
丹霞柿 264
单耳柃 262
单毛桤叶树 287
单色蝴蝶草 325
单穗水蜈蚣 102
单叶对囊蕨 23
淡竹叶 117
淡竹叶属 117
当归藤 269
党参属 346
倒挂铁角蕨 20
倒卵叶青冈 192
倒卵叶野木瓜 128
稻槎菜 358
稻槎菜属 358
灯笼树 288
灯心草 92
灯心草属 92
地胆草 354
地胆草属 354
地耳草 205
地花细辛 47
地锦 144
地锦苗 127
地锦属 144
地构叶属 212
地菍 224
地毯草 107
地毯草属 107
地桃花 238
滇白珠 288
滇粤山胡椒 58
吊皮锥 190
吊钟花 288
吊钟花属 288
丁香蓼属 219
鼎湖血桐 210
定心藤 293
定心藤属 293
东方古柯 204
东风草 352
东南蛇根草 301
东南野桐 211
冬青 341
冬青属 340
东洋对囊蕨 23
豆腐柴 336
豆腐柴属 336
豆梨 165
毒根斑鸠菊 362
独子藤 200
杜虹花 331
杜茎山 272
杜茎山属 272
杜鹃 292
杜鹃花属 289
杜若 88
杜若属 88
杜英 203
杜英属 202
短梗幌伞枫 368
短梗挖耳草 328
短尾柯 192
短叶赤车 185
短叶黍 120
短叶水蜈蚣 102
短序润楠 60
短柱柃 258
断肠草属 306
对囊蕨属 23
对叶榕 178
钝果寄生属 242
钝角金星蕨 27
盾蕨属 40
盾叶冷水花 187
钝叶紫茎 278
多齿紫珠 329
多花瓜馥木 51
多花黄精 84
多花兰 76
多花茜草 303
多花山矾 282
多花野牡丹 224

多脉箬竹 115
多脉莎草 98
多毛茜草树 294
多叶斑叶兰 78
多须公 356
多羽复叶耳蕨 29
多枝扁莎 103
多枝雾水葛 187

E

峨眉凤了蕨 12
峨眉鼠刺 141
鹅肠菜 248
鹅肠菜属 248
鹅观草 123
鹅观草属 123
鹅绒藤属 307
鹅掌柴 369
鹅掌柴属 369
萼距花属 218
耳草属 296
耳稃草 114
耳稃草属 114
耳基卷柏 3
耳蕨属 34
二花蝴蝶草 324
二花珍珠茅 105
二列叶柃 259
二色波罗蜜 175
二形卷柏 2

F

番薯属 311
翻白叶树 236
翻唇兰属 79
繁缕属 248
饭包草 86
饭甑青冈 191
梵天花 238
梵天花属 238
飞龙掌血 232
飞龙掌血属 232
飞蓬属 355
飞扬草 209
肥荚红豆 156
芬芳安息香 285
粉箪竹 107
粉绿藤 130
粉绿藤属 130
粉条儿菜 68
粉条儿菜属 68
粉叶轮环藤 129
粪箕笃 131
风车子 218
风车子属 218
丰花草属 303
风轮菜 334
风轮菜属 334
丰满凤仙花 256
风箱树 295
风箱树属 295
风筝果 206
风筝果属 206
枫香树 137
枫香树属 137
蜂斗草 226
蜂斗草属 226
凤凰润楠 62
凤了蕨属 12
凤尾蕨属 13
凤仙花属 255
伏毛蓼 246
伏石蕨 38
伏石蕨属 37
扶芳藤 200
福建柏 43
福建柏属 43
福建观音座莲 4
附地菜 310
附地菜属 310
复叶耳蕨属 28
傅氏凤尾蕨 14

G

橄榄 227
橄榄属 227
刚竹属 122
杠板归 245
岗柃 259
岗松 220
岗松属 220
高粱泡 167
鸽仔豆 152
革叶铁榄 264
格药柃 261
隔距兰属 75
葛 157
葛麻姆 157
葛属 157
根花薹草 96
弓果黍 110
弓果黍属 110
构棘 180
构属 175
构树 176
钩毛子草 88
钩毛子草属 88
钩毛紫珠 331
钩藤 304
钩藤属 304
钩吻 306
钩状石斛 77
钩锥 190
狗肝菜 325
狗肝菜属 325
狗骨柴 295
狗骨柴属 295
狗脊 22
狗脊属 22
狗尾草 125
狗尾草属 124
狗牙根 110
狗牙根属 110
菰腺忍冬 364
古柯属 204
谷精草属 92
谷木 225
谷木属 225
谷木叶冬青 344
牯岭藜芦 71
牯岭蛇葡萄 142

骨牌蕨 38
骨碎补属 36
瓜馥木 51
瓜馥木属 51
栝楼属 196
观光木 50
观音座莲属 4
冠盖藤 254
冠盖藤属 253
贯众 31
贯众属 31
光萼唇柱苣苔 318
光萼小蜡 316
光萼紫金牛 268
光荚含羞草 155
光亮山矾 281
光头稗 111
光叶海桐 366
光叶红豆 156
光叶山矾 281
光叶山黄麻 174
光叶石楠 163
光叶铁仔 274
光叶碗蕨 17
光叶紫玉盘 52
广东粗叶木 298
广东大青 333
广东地构叶 212
广东冬青 343
广东杜鹃 290
广东高秆莎草 99
广东含笑 49
广东假木荷 287
广东毛蕊茶 275
广东木瓜红 284
广东蒲桃 221
广东琼楠 53
广东润楠 61
广东山胡椒 57
广东蛇葡萄 142
广东石斛 77
广东薹草 93
广东紫薇 218
广东紫珠 331
广防风 329
广防风属 329
广寄生 242
广西过路黄 270
广西越桔 293
广州蔊菜 240
广州蛇根草 300
鬼针草 351
鬼针草属 351
贵州连蕊茶 274
贵州石楠 162
桂樱属 161
过路黄 271
过山枫 199

H

海岛苎麻 182
海红豆 146
海红豆属 146
海金沙 8
海金沙属 8
海南鹿角藤 307
海棠叶蜂斗草 226
海通 333
海桐属 366
海芋 66
海芋属 66
含羞草属 155
寒兰 76
寒莓 166
韩信草 337
韩羽耳蕨 34
蔊菜 240
蔊菜属 240
旱田草 324
蒿属 350
禾串树 215
禾叶山麦冬 83
合冠鼠麴草属 356
合欢属 146
何首乌 246
何首乌属 246
核果茶属 277
荷秋藤 307
褐苞薯蓣 70
褐果薹草 93
褐毛杜英 203
褐毛石楠 163
褐毛秀柱花 138
褐叶线蕨 40
鹤顶兰 80
鹤顶兰属 80
黑果菝葜 73
黑壳楠 58
黑老虎 45
黑鳞复叶耳蕨 30
黑柃 260
黑面神 215
黑面神属 215
黑莎草 102
黑莎草属 101
黑桫椤 10
黑桫椤属 10
黑藻 68
黑藻属 68
黑足鳞毛蕨 32
红背山麻杆 209
红柴枝 134
红椿 235
红淡比 257
红淡比属 257
红豆杉属 44
红豆属 156
红凤菜 357
红果树 170
红果树属 170
红孩儿 198
红褐柃 261
红厚壳属 205
红花八角 44
红花寄生 242
红花青藤 52
红花酢浆草 202
红鳞蒲桃 221
红马蹄草 370
红楠 63
红色新月蕨 27
红丝线 311

红丝线属 311
红尾翎 111
红腺悬钩子 169
红叶藤属 202
红枝蒲桃 222
红锥 189
红紫珠 331
猴耳环 146
猴耳环属 146
猴欢喜 204
猴欢喜属 204
猴头杜鹃 291
厚边木樨 316
厚斗柯 193
厚果崖豆藤 154
厚壳桂 56
厚壳桂属 56
厚壳树 309
厚壳树属 309
厚皮香 263
厚皮香属 263
厚叶白花酸藤果 270
厚叶冬青 342
厚叶红淡比 258
厚叶厚皮香 263
厚叶鼠刺 140
厚叶双盖蕨 23
厚叶铁线莲 132
胡椒属 46
胡颓子 171
胡颓子属 171
胡枝子属 154
湖瓜草属 103
湖南凤仙花 256
湖南悬钩子 167
蝴蝶草属 324
槲蕨 37
槲蕨属 37
葫芦茶 158
葫芦茶属 158
虎克鳞盖蕨 18
虎皮楠 140
虎舌红 268
虎杖 247
虎杖属 247
花椒簕 234
花椒属 232
花楸属 170
花莛薹草 97
华刺子莞 103
华东瘤足蕨 9
华东膜蕨 5
华凤仙 255
华湖瓜草 103
华南半蒴苣苔 317
华南赤车 185
华南谷精草 92
华南桂 54
华南胡椒 46
华南爵床 326
华南鳞盖蕨 17
华南龙胆 305
华南马尾杉 1
华南毛蕨 26
华南毛柃 259
华南木姜子 59
华南蒲桃 221
华南青皮木 241
华南忍冬 364
华南舌蕨 33
华南实蕨 30
华南条蕨 36
华南兔儿风 349
华南吴萸 231
华南五针松 42
华南远志 159
华南云实 148
华南紫萁 5
华女贞 315
华润楠 61
华山矾 279
华山姜 90
华素馨 314
华腺萼木 300
华珍珠茅 105
华重楼 71
华紫珠 329
化香树 195
化香树属 195
画眉草 113
画眉草属 112
桦木属 195
焕镛粗叶木 298
患子属 230
黄鹌菜 363
黄鹌菜属 363
黄丹木姜子 59
黄独 68
黄果厚壳桂 57
黄花大苞姜 91
黄花倒水莲 159
黄花鹤顶兰 80
黄花狸藻 327
黄花稔 237
黄花稔属 237
黄花水龙 220
黄精属 84
黄葵 235
黄葵属 235
黄连木 228
黄连木属 228
黄麻属 236
黄毛冬青 341
黄毛榕 176
黄毛楤木 367
黄毛五月茶 214
黄棉木 299
黄棉木属 299
黄牛奶树 283
黄皮属 230
黄耆属 147
黄杞 195
黄杞属 195
黄芩属 337
黄绒润楠 61
黄檀属 151
黄腺羽蕨 35
黄腺羽蕨属 35
黄心树 61
黄杨属 137
黄樟 55
幌伞枫属 368

灰背清风藤 135
灰绿耳蕨 34
灰毛大青 332
灰色紫金牛 266
箐竹 123
活血丹 334
活血丹属 334
火棘属 164
火炭母 243

J

鸡桑 181
鸡矢藤 301
鸡矢藤属 301
鸡血藤属 149
鸡眼草 154
鸡眼草属 154
鸡眼藤 299
鸡嘴簕 148
姬蕨 17
姬蕨属 17
积雪草 369
积雪草属 369
笄石菖 92
及己 65
蕺菜 46
蕺菜属 46
戟叶圣蕨 27
寄生藤 241
寄生藤属 241
鲫鱼草 113
鲫鱼胆 273
蓟 352
蓟属 352
檵木 139
嘉赐树属 208
荚蒾属 363
假鞭叶铁线蕨 12
假糙苏属 336
假柴龙树属 293
假臭草 359
假臭草属 359
假大羽铁角蕨 20
假淡竹叶 109
假淡竹叶属 109
假稻属 116
假地豆 152
假地枫皮 44
假福王草 358
假福王草属 358
假九节 302
假芒萁 7
假芒萁属 7
假木荷属 287
假蛇尾草 118
假卫矛属 201
假益智 90
假鹰爪 50
假鹰爪属 50
假玉桂 173
尖齿臭茉莉 333
尖萼毛柃 258
尖连蕊茶 275
尖脉木姜子 59
尖尾芋 66
尖叶菝葜 72
尖叶川杨桐 256
尖叶桂樱 162
尖叶毛柃 258
尖叶清风藤 136
菅 126
菅属 125
樫木属 235
见血青 80
建兰 76
剑叶冬青 343
剑叶耳草 296
剑叶凤尾蕨 14
剑叶卷柏 4
剑叶书带蕨 12
剑叶铁角蕨 19
渐尖楼梯草 183
渐尖毛蕨 25
箭秆风 90
江南双盖蕨 24
江南铁角蕨 20
江南星蕨 40
江南越桔 292
姜属 91
浆果楝 234
浆果楝属 234
浆果薹草 93
降龙草 318
交让木 140
交让木属 139
角花乌蔹莓 143
绞股蓝 196
绞股蓝属 196
接骨草 363
接骨木属 363
节节菜属 219
节肢蕨属 37
截裂毛蕨 26
截鳞薹草 97
截叶铁扫帚 154
金疮小草 328
金灯藤 310
金耳环 48
金发草属 123
金粉蕨属 13
金合欢属 145
金剑草 303
金锦香属 225
金毛耳草 296
金毛狗 9
金毛狗属 9
金钮扣属 348
金钱豹属 346
金荞麦 242
金色狗尾草 125
金丝草 123
金丝桃属 205
金粟兰属 65
金线草 243
金线吊乌龟 130
金线兰 74
金线兰属 74
金叶含笑 49
金星蕨 27
金星蕨属 27
金须茅属 109
金樱子 166

金珠柳 273
筋骨草属 328
堇菜属 206
锦地罗 247
锦香草 225
锦香草属 225
京梨猕猴桃 286
旌节花属 227
井栏边草 15
景天属 141
镜子薹草 96
九管血 265
九节 302
九节属 302
菊芹属 355
菊属 352
巨果冬青 341
距花黍属 114
聚花草 87
聚花草属 87
聚花海桐 366
卷柏属 2
蕨 19
爵床属 325
蕨属 19
蕨状薹草 94

K

喀西茄 312
看麦娘 106
看麦娘属 106
糠稷 120
栲 189
柯 193
柯属 192
空心泡 169
苦苣菜 361
苦苣菜属 361
苦枥木 314
苦荬菜属 358
苦木属 234
苦树 234
苦蘵 312
宽羽毛蕨 25
阔苞菊属 359
阔裂叶羊蹄甲 147
阔鳞鳞毛蕨 31
阔片双盖蕨 24
阔叶冬青 343
阔叶丰花草 303
阔叶假排草 272
阔叶猕猴桃 286
阔叶山麦冬 84
阔叶瓦韦 39

L

蜡瓣花 138
蜡瓣花属 138
来江藤属 339
癞叶秋海棠 198
兰属 76
蓝果树 252
蓝果树属 252
蓝花参 348
蓝花参属 348
狼杷草 352
狼尾草 122
狼尾草属 122
老鹳草属 217
老鼠矢 282
乐昌含笑 48
乐昌虾脊兰 75
簕欓花椒 233
簕竹属 107
了哥王 239
雷公青冈 191
肋毛蕨属 30
类芦 118
类芦属 118
棱果花 222
棱果花属 222
棱脉蕨属 37
冷水花属 186
狸藻属 327
梨果寄生属 242
梨属 165
犁头尖 67
犁头尖属 67
梨叶悬钩子 168
篱栏网 311
黧豆属 155
黧蒴锥 189
藜芦属 71
里白 7
里白属 7
李氏禾 116
鳢肠 353
鳢肠属 353
栗柄凤尾蕨 15
栗蕨 17
栗蕨属 17
荔枝草 337
帘子藤 308
帘子藤属 308
莲子草 249
莲子草属 249
莲座紫金牛 268
镰翅羊耳蒜 79
镰羽瘤足蕨 8
链珠藤 306
链珠藤属 306
楝叶吴萸 232
两面针 233
两歧飘拂草 101
两广梭罗 237
两广杨桐 257
亮鳞肋毛蕨 31
亮毛堇菜 207
亮叶猴耳环 147
亮叶厚皮香 263
亮叶桦 195
亮叶鸡血藤 149
亮叶雀梅藤 172
蓼属 243
裂果薯 70
裂叶秋海棠 198
裂羽崇澍蕨 22
临时救 271
鳞盖蕨属 17
鳞毛蕨属 31
鳞始蕨属 10
鳞籽莎 102

鳞籽莎属 102
檵木 162
灵香草 271
岭南槭 230
岭南来江藤 339
岭南山茉莉 284
岭南山竹子 204
柃木属 258
柃叶连蕊茶 275
流苏贝母兰 75
流苏蜘蛛抱蛋 83
流苏子 295
流苏子属 295
瘤足蕨 8
瘤足蕨属 8
柳属 208
柳叶箬 116
柳叶箬属 115
柳叶薯蓣 69
龙胆属 305
龙葵 313
龙师草 100
龙头节肢蕨 37
龙须藤 157
龙须藤属 157
龙芽草 160
龙芽草属 160
龙珠 314
龙珠属 314
楼梯草 184
楼梯草属 183
芦苇 122
芦苇属 122
鹿藿 158
鹿藿属 158
鹿角杜鹃 290
鹿角藤属 307
鹿角锥 190
蕗蕨 5
露兜草 70
露兜树属 70
露籽草 119
露籽草属 119
卵叶半边莲 347
卵叶薄唇蕨 40
卵叶桂 55
卵叶水芹 371
卵叶新木姜子 64
乱草 113
轮环藤属 129
轮叶木姜子 60
轮钟花 346
轮钟花属 346
罗浮粗叶木 298
罗浮槭 229
罗浮买麻藤 41
罗浮柿 265
罗浮锥 188
罗伞属 367
罗伞树 268
罗星草 304
罗汉松 43
罗汉松属 43
裸花水竹叶 87
裸柱菊 361
裸柱菊属 361
络石 309
络石属 308
落葵薯 252
落葵薯属 252
绿冬青 346
绿萼凤仙花 255
绿花斑叶兰 79
绿穗苋 250
绿叶五味子 45
绿竹 108
葎草 175
葎草属 175

M

麻楝 234
麻楝属 234
麻竹 111
马比木 293
马鞭草 328
马鞭草属 328
马齿苋 252
马齿苋属 252
马儿 197
马儿属 196
马甲菝葜 73
马甲子 171
马甲子属 171
马兰 351
马蓝属 326
马铃苣苔属 318
马钱属 306
马唐属 111
马蹄参 252
马蹄参属 252
马蹄荷 139
马蹄荷属 139
马尾杉属 1
马尾松 42
马银花 291
蚂蝗七 319
买麻藤属 41
满树星 340
蔓赤车 186
蔓九节 302
蔓生莠竹 117
芒 118
芒尖鳞薹草 97
芒毛苣苔 317
芒毛苣苔属 317
芒萁 7
芒萁属 6
芒属 117
毛八角枫 254
毛柄双盖蕨 23
毛草龙 219
毛冬青 345
毛茛属 134
毛钩藤 304
毛桂 54
毛果巴豆 209
毛果算盘子 216
毛果珍珠茅 105
毛花猕猴桃 286
毛俭草属 118
毛蕨 25
毛蕨属 25

毛兰属 78
毛鳞省藤 85
毛棉杜鹃 291
毛葱 225
毛排钱树 157
毛山矾 280
毛麝香 320
毛麝香属 320
毛桃木莲 48
毛叶老鸦糊 330
毛叶轮环藤 129
毛叶轴脉蕨 35
毛轴蕨 19
毛轴双盖蕨 24
毛轴碎米蕨 12
毛轴牙蕨 35
毛竹 122
毛柱铁线莲 133
毛锥 189
茅膏菜 247
茅膏菜属 247
茅莓 168
梅花草 201
梅花草属 201
美花石斛 77
美丽胡枝子 154
美丽新木姜子 65
美脉琼楠 53
美叶柯 192
美形金钮扣 348
迷人鳞毛蕨 32
猕猴桃属 286
米碎花 259
米槠 188
密苞山姜 91
密苞叶薹草 96
密齿酸藤子 270
密花假卫矛 201
密花马钱 306
密花山矾 280
密花树 273
密球苎麻 182
蜜茱萸属 231
闽粤千里光 360
磨芋属 66
陌上菜 324
茉莉属 314
膜蕨属 5
墨兰 77
膜叶铁角蕨属 21
母草 323
母草属 323
牡荆 338
牡荆属 338
牡竹属 111
木防己 128
木防己属 128
木瓜红属 284
木荷 277
木荷属 277
木荚红豆 156
木姜润楠 62
木姜叶柯 194
木姜子属 59
木蜡树 229
木蓝属 153
木莲 48
木莲属 48
木莓 170
木樨榄 316
木樨榄属 316
木樨属 316
木油桐 213
木贼属 4
木竹子 204

N

南方红豆杉 44
南方荚蒾 363
南国山矾 279
南岭杜鹃 290
南岭山矾 282
南岭小檗 131
南山茶 276
南蛇棒 66
南蛇藤属 199
南酸枣 228
南酸枣属 228
南五味子 45
南五味子属 45
南粤黄芩 338
南烛 292
南烛属 289
囊颖草 124
囊颖草属 124
能高山矾 281
尼泊尔鼠李 172
泥胡菜 357
泥胡菜属 357
泥花草 323
拟榕叶冬青 345
粘木 214
粘木属 214
柠檬清风藤 136
牛白藤 297
牛轭草 87
牛耳朵 319
牛耳枫 139
牛筋草 112
牛毛毡 100
牛茄子 313
牛尾菜 74
牛膝 249
牛膝菊 356
牛膝菊属 356
牛膝属 249
钮子瓜 196
糯米团 184
糯米团属 184
女贞属 315

P

排钱树属 157
攀倒甑 365
盘托楼梯草 183
泡花树属 134
泡鳞肋毛蕨 30
泡桐属 339
蓬莱葛 305
蓬莱葛属 305
披针骨牌蕨 37
枇杷属 161

枇杷叶紫珠 330
偏花黄芩 337
萹蓄属 246
飘拂草属 100
平叶酸藤子 270
平行鳞毛蕨 32
平颖柳叶箬 116
瓶尔小草 4
瓶尔小草属 4
瓶蕨 6
瓶蕨属 6
婆婆纳属 322
朴属 173
朴树 173
破铜钱 371
铺地黍 120
匍匐大戟 210
葡萄属 145
蒲葵 85
蒲葵属 85
蒲桃属 221
普通针毛蕨 26

Q

七星莲 206
桤叶树属 287
漆属 229
漆树属 228
奇蒿 350
畦畔飘拂草 101
畦畔莎草 99
荠 240
荠属 240
千根草 210
千斤拔 153
千斤拔属 153
千金藤属 130
千金子 116
千金子属 116
千里光 359
千里光属 359
钳唇兰 78
钳唇兰属 78
钱氏鳞始蕨 10
浅裂锈毛莓 169
浅圆齿堇菜 207
茜草属 303
茜树 294
蔷薇属 165
乔木茵芋 231
荞麦属 242
鞘花 241
鞘花属 241
切边膜叶铁角蕨 21
茄属 312
茄叶斑鸠菊 362
窃衣属 372
琴叶榕 178
青茶香 343
青竿竹 108
青冈 191
青冈属 190
青灰叶下珠 217
青江藤 199
青牛胆属 131
青皮木属 241
青皮竹 108
青藤公 178
青藤属 52
青葙 251
青葙属 251
青榨槭 229
清风藤 136
清风藤属 135
清香藤 314
琼楠属 53
秋枫 215
秋海棠属 197
求米草 119
求米草属 118
球花马蓝 327
球兰属 307
球柱草 92
球柱草属 92
球子草属 84
曲江远志 159
曲枝假蓝 327
全缘凤尾蕨 15
全缘火棘 164
雀稗 121
雀稗属 121
雀梅藤 173
雀梅藤属 172
雀舌草 248

R

荛花属 239
忍冬属 364
任豆 158
任豆属 158
日本粗叶木 298
日本杜英 203
日本看麦娘 106
日本女贞 315
日本求米草 119
日本蛇根草 300
日本薯蓣 69
绒毛润楠 63
绒毛山胡椒 58
绒毛石楠 163
榕属 176
榕叶冬青 342
柔茎蓼 244
柔毛菝葜 72
柔毛堇菜 206
柔毛紫茎 278
柔弱斑种草 309
柔枝莠竹 117
肉穗草属 226
如意草 206
软荚红豆 156
软条七蔷薇 166
锐齿楼梯草 183
锐尖山香圆 226
瑞木 138
瑞香属 238
润楠属 60
箬叶竹 115
箬竹属 115

S

赛葵 236

赛葵属 236
赛山梅 285
三白草 46
三白草属 46
三叉蕨属 35
三翅藤属 311
三点金 152
三花冬青 345
三角形冷水花 187
三裂蛇葡萄 142
三裂叶薯 311
三脉兔儿风 349
三脉野木瓜 128
三脉紫菀 351
三念薹草 97
三七草属 357
三叶山姜 89
三叶委陵菜 164
三叶崖爬藤 144
三桠苦 231
三枝九叶草 131
伞房花耳草 296
散穗弓果黍 110
散穗黑莎草 101
桑 181
桑属 181
沙坝冬青 340
莎草属 98
山槟榔属 85
山茶属 274
山杜英 203
山矾 283
山矾属 278
山桂花 207
山桂花属 207
山胡椒属 57
山槐 146
山黄麻 174
山黄麻属 174
山鸡椒 59
山菅 82
山菅兰属 82
山姜 90
山姜属 89
山蒟 47
山龙眼属 136
山绿柴 172
山麻杆属 209
山蚂蝗属 152
山麦冬 84
山麦冬属 83
山莓 167
山茉莉属 284
山牡荆 339
山蒲桃 222
山様叶泡花树 135
山薯 69
山乌桕 213
山香圆 227
山香圆属 226
山小橘属 231
山血丹 267
山茱萸属 255
杉木 43
杉木属 43
珊瑚树 363
䅟属 112
䅟穗莎草 99
扇叶铁线蕨 11
鳝藤 306
商陆属 251
少花柏拉木 223
少花桂 55
少花海桐 366
少花龙葵 312
少叶黄杞 195
舌唇兰属 81
舌蕨属 33
蛇床 370
蛇根草属 300
蛇含委陵菜 164
蛇莓 160
蛇莓属 160
蛇葡萄属 142
深裂锈毛莓 169
深绿卷柏 2
深绿双盖蕨 24
深山含笑 49
肾蕨 34
肾蕨属 34
省藤属 85
湿生冷水花 186
十大功劳属 132
十字薹草 94
石斑木 165
石斑木属 165
石蝉草 46
石菖蒲 66
石柑属 67
石柑子 67
石斛属 77
石灰花楸 170
石龙尾 321
石龙尾属 321
石芒草 107
石门台半蒴苣苔 317
石楠属 162
石荠苎 336
石荠苎属 335
石榕树 176
石杉属 1
石上莲 318
石松属 1
石蒜 82
石蒜属 82
石韦 41
石韦属 41
石仙桃 80
石仙桃属 80
石岩枫 212
实蕨属 30
食用秋海棠 197
矢竹属 123
柿 264
柿树属 264
首冠藤 149
首冠藤属 149
书带蕨 13
书带蕨属 12
疏齿木荷 277
疏花长柄山蚂蝗 153
疏花卫矛 200

疏松卷柏 2
疏叶卷柏 3
疏羽凸轴蕨 26
黍属 120
鼠刺 140
鼠刺属 140
鼠妇草 112
鼠李属 171
鼠曲草 359
鼠曲草属 359
鼠尾草属 337
薯莨 68
薯蓣属 68
树参 367
树参属 367
栓叶安息香 285
双盖蕨属 24
双蝴蝶属 305
双花鞘花 241
双片苣苔 317
双片苣苔属 317
水葱属 104
水东哥 287
水东哥属 287
水壶藤属 309
水晶兰 289
水晶兰属 289
水蓼 244
水龙 219
水马齿 321
水马齿属 321
水毛花 104
水茄 313
水芹 371
水芹属 371
水同木 177
水团花 294
水团花属 294
水蜈蚣属 102
水仙柯 194
水榆花楸 170
水蔗草 106
水竹叶属 87
丝毛雀稗 121
四棱飘拂草 101
四芒景天 141
四生臂形草 109
四数花属 231
松属 42
楤木属 366
苏铁属 41
粟米草 251
粟米草属 251
酸浆属 312
酸模属 247
酸模叶蓼 245
酸藤子 269
酸藤子属 269
酸味子 214
酸叶胶藤 309
算盘子 216
算盘子属 216
碎米蕨属 12
碎米荠 240
碎米荠属 240
碎米莎草 99
穗序鹅掌柴 369
梭罗树属 237
桫椤 9
桫椤鳞毛蕨 32
桫椤属 9

T

台湾冬青 342
台湾泡桐 339
台湾榕 177
台湾醉魂藤 307
薹草属 93
唐松草属 134
桃金娘 220
桃金娘属 220
桃叶珊瑚 293
桃叶珊瑚属 293
桃叶石楠 163
藤构 175
藤槐 147
藤槐属 147
藤黄属 204
藤黄檀 151
藤金合欢 145
藤麻 188
藤麻属 188
藤石松 1
藤石松属 1
藤竹草 120
藤紫珠 330
蹄盖蕨属 22
天胡荽 371
天胡荽属 370
天料木 208
天料木属 208
天门冬 83
天门冬属 83
天南星属 67
天香藤 146
甜麻 236
甜槠 188
条蕨属 36
条裂叉蕨 35
条穗薹草 95
条纹凤尾蕨 14
铁冬青 345
铁角蕨属 19
铁榄 263
铁榄属 263
铁芒萁 6
铁山矾 282
铁杉 42
铁线蕨 11
铁线蕨属 11
铁线莲属 132
铁苋菜 208
铁苋菜属 208
铁仔属 273
通奶草 210
通泉草 339
通泉草属 339
铜锤玉带草 347
筒轴茅 123
筒轴茅属 123
凸轴蕨属 26
土茯苓 73

土荆芥 251
土蜜树 215
土蜜树属 215
土牛膝 249
兔儿风属 348
兔耳兰 76
菟丝子 310
菟丝子属 310
团叶鳞始蕨 11
团羽鳞盖蕨 18
豚草 349
豚草属 349
臀果木 164
臀果木属 164
陀螺果 284
陀螺果属 284
椭圆线柱苣苔 320

W

挖耳草 328
瓦韦 39
瓦韦属 38
弯梗菝葜 72
弯花叉柱花 326
弯蒴杜鹃 290
碗蕨 16
碗蕨属 16
万寿竹 71
万寿竹属 71
王瓜 196
网络鸡血藤 149
网脉琼楠 53
网脉山龙眼 137
威灵仙 132
微毛柃 260
微毛山矾 283
尾花细辛 47
尾叶远志 158
委陵菜属 164
蚊母树 138
蚊母树属 138
吻兰 75
吻兰属 75
乌材 264
乌桕 213
乌桕属 213
乌蕨 11
乌蕨属 11
乌口树属 303
乌蔹莓 143
乌蔹莓属 143
乌毛蕨 21
乌毛蕨属 21
乌药 57
无根藤 53
无根藤属 53
无患子 230
无芒稗 112
无芒耳稃草 114
蜈蚣草 113
蜈蚣草属 113
蜈蚣凤尾蕨 16
五加属 368
五节芒 117
五列木 262
五列木属 262
五岭龙胆 305
五叶薯蓣 69
五月艾 350
五月茶 214
五月茶属 214
舞花姜 91
舞花姜属 91
雾水葛 187
雾水葛属 187

X

西南粗叶木 298
西南凤尾蕨 16
西域旌节花 227
稀羽鳞毛蕨 33
稀子蕨 18
稀子蕨属 18
溪边凤尾蕨 16
溪边九节 302
溪边蕨属 27
豨莶 360
豨莶属 360
习见蓼蓄 246
喜旱莲子草 249
细柄草 109
细柄草属 109
细柄黍 121
细齿叶柃 261
细风轮菜 334
细茎母草 324
细罗伞 269
细脉木樨 316
细叶旱芹 370
细叶旱芹属 370
细叶卷柏 3
细叶野牡丹 224
细辛属 47
细圆藤 130
细圆藤属 130
细枝蔗草 104
细枝柃 260
细轴荛花 239
虾脊兰属 75
狭翅铁角蕨 20
狭基线纹香茶菜 335
狭叶假糙苏 336
狭眼凤尾蕨 13
下田菊 348
下田菊属 348
夏飘拂草 100
仙湖苏铁 41
仙茅属 82
纤花耳草 297
纤穗爵床 326
纤穗爵床属 326
显齿蛇葡萄 143
显脉冬青 342
显脉新木姜子 65
线萼山梗菜 347
线蕨 39
线裂铁角蕨 19
线纹香茶菜 335
线叶水芹 372
线羽凤尾蕨 13
线柱苣苔 320
线柱苣苔属 320

苋属 250
腺柄山矾 278
腺萼木属 300
腺梗豨莶 361
腺毛阴行草 340
腺叶桂樱 161
腺叶山矾 278
香茶菜属 335
香椿 235
香椿属 235
香附子 100
香港大沙叶 301
香港瓜馥木 52
香港黄檀 151
香港樫木 235
香港双蝴蝶 305
香港四照花 255
香膏萼距花 218
香桂 56
香花鸡血藤 149
香花枇杷 161
香花秋海棠 197
香槐属 150
香科科属 338
香楠 294
香皮树 134
香叶树 57
响铃豆 150
小檗属 131
小二仙草 142
小二仙草属 142
小果菝葜 72
小果冬青 344
小果核果茶 277
小果蔷薇 165
小果山龙眼 136
小果十大功劳 132
小黑桫椤 10
小花八角枫 254
小花黄堇 126
小花露籽草 119
小花山小橘 231
小槐花 155
小槐花属 155
小苦荬 357
小苦荬属 357
小蜡 315
小连翘 205
小蓬草 355
小窃衣 372
小舌唇兰 81
小蓑衣藤 133
小叶海金沙 8
小叶红叶藤 202
小叶冷水花 186
小叶买麻藤 41
小叶爬崖香 47
小叶青冈 192
小叶石楠 163
小叶野海棠 223
小叶云实 148
小一点红 354
小鱼仙草 335
小柱悬钩子 167
小紫金牛 265
肖菝葜 73
叶底红 223
叶下珠 217
叶下珠属 217
斜方复叶耳蕨 28
斜脉异萼花 51
血见愁 338
血散薯 130
血桐属 210
心叶带唇兰 81
心叶毛蕊茶 274
心叶紫金牛 267
新耳草属 300
新木姜子 63
新木姜子属 63
新月蕨属 27
星蕨属 40
星毛冠盖藤 253
星毛蕨 25
星毛蕨属 25
星毛鸭脚木 369
星宿菜 272
杏香兔儿风 348
秀柱花属 138
绣球属 253
锈毛钝果寄生 242
锈毛罗伞 367
锈毛莓 168
锈毛石斑木 165
锈毛铁线莲 133
锈色蛛毛苣苔 319
锈叶新木姜子 64
萱草 82
萱草属 82
悬钩子属 166
荨麻母草 323
蕈树 137
蕈树属 137

Y

鸭儿芹 370
鸭儿芹属 370
鸭公树 64
鸭舌草 88
鸭跖草 86
鸭跖草属 86
鸭嘴花 325
牙蕨属 35
崖豆藤属 154
崖爬藤属 144
烟斗柯 193
延平柿 265
延叶珍珠菜 271
盐肤木 228
兖州卷柏 3
秧青 151
羊耳菊 353
羊耳菊属 353
羊耳蒜属 79
羊角拗 308
羊角拗属 308
羊角藤 299
羊乳 346
羊乳榕 179
羊舌树 280
羊蹄甲属 147
阳荷 91

杨梅 194
杨梅属 194
杨桐 257
杨桐属 256
腰骨藤 308
腰骨藤属 308
瑶山凤仙花 256
野扁豆属 152
野慈姑 67
野甘草 322
野甘草属 322
野古草属 107
野海棠属 223
野含笑 50
野黄桂 55
野蕉 89
野菊 352
野老鹳草 217
野牡丹 224
野牡丹属 224
野木瓜 127
野木瓜属 127
野漆 229
野生紫苏 336
野柿 264
野楤头 366
野桐 212
野桐属 211
野茼蒿 353
野茼蒿属 353
野线麻 182
野雉尾金粉蕨 13
夜花藤 129
夜花藤属 129
夜香牛 362
一把伞南星 67
一点红 354
一点红属 354
一年蓬 355
一枝黄花 361
一枝黄花属 361
宜昌木蓝 153
异被赤车 185
异萼花属 51
异叶地锦 144
异叶榕 177
异形南五味子 45
异型莎草 98
异药花 223
异药花属 223
异羽复叶耳蕨 30
益母草 335
益母草属 335
翼核果 173
翼核果属 173
翼茎白粉藤 143
翼茎阔苞菊 359
薏苡 110
薏苡属 110
阴石蕨 36
阴香 54
阴行草属 340
茵芋属 231
淫羊藿属 131
银钟花 284
银钟花属 284
隐穗薹草 94
印度崖豆 155
荫湿膜叶铁角蕨 21
樱属 160
蘡薁 145
萤蔺 104
硬壳桂 56
硬壳柯 194
油茶 276
油桐 213
油桐属 213
友水龙骨 37
莠竹 117
鱼骨木属 295
鱼黄草属 311
鱼鳞鳞毛蕨 33
鱼藤属 151
鱼眼草 353
鱼眼菊属 353
禺毛茛 134
俞藤属 145
愉悦蓼 244
羽节紫萁属 5
羽裂报春苣苔 320
羽裂圣蕨 28
羽裂星蕨 40
羽叶金合欢 145
雨久花属 88
玉凤花属 79
玉山针蔺 106
玉叶金花 299
玉叶金花属 299
元宝草 205
圆果雀稗 121
圆叶节节菜 219
圆叶乌桕 213
圆锥绣球 253
远志属 158
越桔属 292
越南安息香 286
越南山矾 279
粤瓦韦 38
粤西绣球 253
云和新木姜子 63
云锦杜鹃 289
云南木樨榄 316
云南桤叶树 287
云山八角枫 255
云实属 148

Z

杂色榕 180
早熟禾 122
早熟禾属 122
泽兰属 356
窄基红褐柃 262
窄叶柃 262
窄叶小苦荬 357
樟 54
樟属 54
樟叶木防己 128
樟叶泡花树 135
掌裂秋海棠 199
杖藤 85
朝天罐 225
褶皮黧豆 155

柘 181
柘属 180
浙江润楠 61
鹧鸪草 114
鹧鸪草属 114
针齿铁仔 273
针蔺属 106
针毛蕨属 26
珍珠菜属 270
珍珠花 289
珍珠莲 179
珍珠茅属 105
知风草 112
苎麻 182
苎麻属 182
枳椇 171
枳椇属 171
栀子 296
栀子属 296
蜘蛛抱蛋属 83
中国白丝草 71
中国旌节花 227
中华槭 230
中华杜英 202
中华复叶耳蕨 29
中华里白 7
中华青牛胆 131
中华双盖蕨 23
中华薹草 94
中华卫矛 201
中华锥花 334
中南鱼藤 152
钟花樱桃 160
柊叶 89
柊叶属 89
肿足蕨 28
肿足蕨属 28
胄叶线蕨 39
皱果苋 250
皱叶狗尾草 124
皱叶雀梅藤 172
皱叶忍冬 365
朱砂根 266
珠芽景天 141
珠子草 217
猪肚木 295
猪屎豆 150
猪屎豆属 150
蛛毛苣苔属 319
竹根七 83
竹根七属 83
竹节菜 86
竹节草 109
竹叶草 118
竹叶花椒 233
柱果铁线莲 133
爪哇脚骨脆 208
爪哇唐松草 134
砖子苗 98
锥花属 334
锥属 188
子楝树 220
子楝树属 220
紫斑蝴蝶草 325
紫背草 355
紫背天葵 197
紫花含笑 49
紫花络石 308
紫金牛 267
紫金牛属 265
紫堇属 126
紫茎属 278
紫麻 184
紫麻属 184
紫萁 5
紫萁属 5
紫苏属 336
紫菀属 351
紫薇 218
紫薇属 218
紫玉盘 52
紫玉盘属 52
紫云英 147
紫珠属 329
棕叶狗尾草 124
粽巴箬竹 115
棕叶芦 126
棕叶芦属 126
走马胎 266
钻叶紫菀 351
醉魂藤属 307
醉鱼草 322
醉鱼草属 322
酢浆草 202
酢浆草属 202

学名索引

A

Abelmoschus moschatus 235
Acacia concinna 145
Acacia pennata 145
Acalypha australis 208
Acer davidii 229
Acer fabri 229
Acer sinense 230
Acer tutcheri 230
Achyranthes aspera 249
Achyranthes bidentata 249
Acmella calva 348
Acorus tatarinowii 66
Actinidia callosa var. *henryi* 286
Actinidia eriantha 286
Actinidia latifolia 286
Adenanthera microsperma 146
Adenosma glutinosum 320
Adenostemma lavenia 348
Adiantum capillus-veneris 11
Adiantum flabellulatum 11
Adiantum malesianum 12
Adina pilulifera 294
Adinandra bockiana var. *acutifolia* 256
Adinandra glischroloma 257
Adinandra glischroloma var. *jubata* 257
Adinandra millettii 257
Aeschynanthus acuminatus 317
Agrimonia pilosa 160
Aidia canthioides 294
Aidia cochinchinensis 294
Aidia pycnantha 294
Ainsliaea fragrans 348
Ainsliaea henryi 349
Ainsliaea trinervis 349
Ainsliaea walkeri 349
Ajuga decumbens 328
Alangium chinense 254
Alangium faberi 254
Alangium kurzii 254
Alangium kurzii var. *handelii* 255
Albizia corniculata 146
Albizia kalkora 146
Alchornea trewioides 209
Aletris spicata 68
Alniphyllum fortunei 283
Alocasia cucullata 66
Alocasia odora 66
Alopecurus aequalis 106
Alopecurus japonicus 106
Alpinia austrosinense 89
Alpinia japonica 90
Alpinia jianganfeng 90
Alpinia maclurei 90
Alpinia oblongifolia 90
Alpinia stachyodes 91
Alsophila gigantea 9
Alsophila spinulosa 9
Alternanthera philoxeroides 249
Alternanthera sessilis 249
Altingia chinensis 137
Alyxia sinensis 306
Amaranthus blitum 250
Amaranthus hybridus 250
Amaranthus spinosus 250
Amaranthus viridis 250
Ambrosia artemisiifolia 349
Amischotolype hispida 86
Amorphophallus dunnii 66
Ampelopsis cantoniensis 142
Ampelopsis delavayana 142
Ampelopsis glandulosa var. *kulingensis* 142
Ampelopsis grossedentata 143
Ampelopteris prolifera 25
Angiopteris fokiensis 4
Anisomeles indica 329
Anodendron affine 306
Anoectochilus roxburghii 74
Anredera cordifolia 252
Antidesma bunius 214
Antidesma fordii 214
Antidesma japonicum 214
Aphananthe aspera 174
Apluda mutica 106
Arachniodes amabilis 28
Arachniodes amoena 29
Arachniodes cavaleriei 29
Arachniodes chinensis 29
Arachniodes grossa 29
Arachniodes nigrospinosa 30
Arachniodes simplicior 30
Aralia armata 366
Aralia chinensis 367
Archidendron clypearia 146
Archidendron lucidum 147
Ardisia brevicaulis 265
Ardisia chinensis 265
Ardisia crenata 266
Ardisia crispa 266
Ardisia fordii 266
Ardisia gigantifolia 266
Ardisia hanceana 267
Ardisia japonica 267
Ardisia lindleyana 267

Ardisia maclurei 267
Ardisia mamillata 268
Ardisia omissa 268
Ardisia primulifolia 268
Ardisia quinquegona 268
Ardisia sinoaustralis 269
Arisaema erubescens 67
Artemisia anomala 350
Artemisia indica 350
Artemisia lactiflora 350
Arthromeris lungtauensis 37
Artocarpus hypargyreus 175
Artocarpus styracifolius 175
Arundinella nepalensis 107
Asarum caudigerum 47
Asarum geophilum 47
Asarum insigne 48
Asparagus cochinchinensis 83
Aspidistra fimbriata 83
Asplenium coenobiale 19
Asplenium ensiforme 19
Asplenium holosorum 20
Asplenium normale 20
Asplenium prolongatum 20
Asplenium pseudolaserpitiifolium 20
Asplenium wrightii 20
Aster ageratoides var. *ageratoides* 351
Aster indicus 351
Aster subulatus 351
Astragalus sinicus 147
Athyrium iseanum 22
Aucuba chinensis 293
Axonopus compressus 107

B

Baeckea frutescens 220
Bambusa chungii 107
Bambusa eutuldoides 107
Bambusa oldhamii 108
Bambusa pervariabilis 108
Bambusa textilis 108
Bambusa tuldoides 108
Barthea barthei 222
Bauhinia apertilobata 147
Begonia edulis 197
Begonia fimbristipula 197
Begonia handelii 197
Begonia leprosa 198
Begonia longifolia 198
Begonia palmata 198
Begonia palmata var. *bowringiana* 198
Beilschmiedia delicata 53
Beilschmiedia fordii 53
Beilschmiedia tsangii 53
Bennettiodendron leprosipes 207
Berberis impedita 131
Betula luminifera 195
Bidens pilosa 351
Bidens tripartita 352
Bischofia javanica 215
Blastus cochinchinensis 222
Blastus pauciflorus 223
Blechnum orientale 21
Blumea megacephala 352
Boehmeria densiglomerata 182
Boehmeria formosana 182
Boehmeria japonica 182
Boehmeria nivea 182
Boehmeria tricuspis 183
Bolbitis subcordata 30
Bothriospermum zeylanicum 309
Bowringia callicarpa 147
Brachiaria subquadripara 109
Brandisia swinglei 339
Brassaiopsis ferruginea 367
Bredia fordii 223
Bredia microphylla 223
Bretschneidera sinensis 239
Breynia fruticosa 215
Bridelia balansae 215
Bridelia tomentosa 215
Broussonetia kaempferi 175
Broussonetia papyrifera 176
Buddleja asiatica 322
Buddleja lindleyana 322
Bulbostylis barbata 92
Buxus megistophylla 137

C

Caesalpinia bonduc 148
Caesalpinia crista 148
Caesalpinia millettii 148
Caesalpinia sinensis 148
Calamus rhabdocladus 85
Calamus thysanolepis 85
Calanthe lechangensis 75
Callerya dielsiana 149
Callerya nitida 149
Callerya reticulata 149
Callicarpa cathayana 329
Callicarpa dentosa 329
Callicarpa dichotoma 330
Callicarpa formosana 331
Callicarpa giraldii var. *subcanescens* 330
Callicarpa integerrima var. *chinensis* 330
Callicarpa kochiana 330
Callicarpa kwangtungensis 331
Callicarpa peichieniana 331
Callicarpa rubella 331
Callitriche palustris 321
Calophyllum membranaceum 205
Camellia caudata 274
Camellia cordifolia 274
Camellia costei 274
Camellia cuspidata 275
Camellia euryoides 275
Camellia furfuracea 275
Camellia melliana 275
Camellia oleifera 276
Camellia semiserrata 276

Campanumoea javanica 346
Canarium album 227
Canscora andrographioides 304
Canthium horridum 295
Capillipedium parviflorum 109
Capsella bursapastoris 240
Cardamine hirsuta 240
Carex adrienii 93
Carex baccans 93
Carex bodinieri 93
Carex brunnea 93
Carex chinensis 94
Carex cruciata 94
Carex cryptostachys 94
Carex filicina 94
Carex glossostigma 95
Carex maculata 95
Carex nemostachys 95
Carex phacota 96
Carex phyllocephala 96
Carex radiciflora 96
Carex scaposa 97
Carex tenebrosa 97
Carex truncatigluma 97
Carex tsiangii 97
Casearia velutina 208
Castanopsis carlesii 188
Castanopsis eyrei 188
Castanopsis fabri 188
Castanopsis fargesii 189
Castanopsis fissa 189
Castanopsis fordii 189
Castanopsis hystrix 189
Castanopsis lamontii 190
Castanopsis tibetana 190
Caulokaempferia coenobialis 91
Causonis corniculata 143
Causonis japonica 143
Celastrus aculeatus 199
Celastrus gemmatus 199
Celastrus hindsii 199
Celastrus monospermus 200
Celosia argentea 251
Celtis sinensis 173
Celtis timorensis 173
Centella asiatica 369
Centotheca lappacea 109
Cephalanthus tetrandrus 295
Cerasus campanulata 160
Cheilanthes chusana 12
Cheniella corymbosa 149
Chionographis chinensis 71
Chirita anachoreta 318
Chirita eburnea 319
Chirita fimbrisepala 319
Chloranthus serratus 65
Choerospondias axillaris 228
Chonemorpha splendens 307
Chrysanthemum indicum 352
Chrysopogon aciculatus 109
Chukrasia tabularis 234
Cibotium barometz 9
Cinnamomum appelianum 54
Cinnamomum austrosinense 54
Cinnamomum burmannii 54
Cinnamomum camphora 54
Cinnamomum jensenianum 55
Cinnamomum parthenoxylon 55
Cinnamomum pauciflorum 55
Cinnamomum rigidissimum 55
Cinnamomum subavenium 56
Cinnamomum validinerve 56
Cipadessa baccifera 234
Cissus pteroclada 143
Cladrastis platycarpa 150
Clausena dunniana 230
Cleisostoma paniculatum 75
Clematis chinensis 132
Clematis crassifolia 132
Clematis gouriana 133
Clematis leschenaultiana 133
Clematis meyeniana 133
Clematis uncinata 133
Clerodendrum canescens 332
Clerodendrum cyrtophyllum 332
Clerodendrum fortunatum 332
Clerodendrum japonicum 333
Clerodendrum kwangtungense 333
Clerodendrum lindleyi 333
Clerodendrum mandarinorum 333
Clethra bodinieri 287
Clethra delavayi 287
Cleyera japonica 257
Cleyera pachyphylla 258
Clinopodium chinense 334
Clinopodium gracile 334
Cnidium monnieri 370
Cocculus laurifolius 128
Cocculus orbiculatus 128
Codonopsis lanceolata 346
Coelogyne fimbriata 75
Coix lacryma-jobi 110
Collabium chinense 75
Combretum alfredii 218
Commelina benghalensis 86
Commelina communis 86
Commelina diffusa 86
Commelina paludosa 87
Coniogramme emeiensis 12
Coptosapelta diffusa 295
Corchorus aestuans 236
Corydalis balansae 126
Corydalis racemosa 126
Corydalis sheareri 127
Corylopsis multiflora 138
Corylopsis sinensis 138
Costus speciosus 89
Craibiodendron scleranthum var. *kwangtungense* 287
Crassocephalum crepidioides 353

Crotalaria albida 150
Crotalaria assamica 150
Crotalaria pallida 150
Croton tiglium 209
Cryptocarya chinensis 56
Cryptocarya chingii 56
Cryptocarya concinna 57
Cryptocarya densiflora 57
Cryptotaenia japonica 370
Ctenitis mariformis 30
Ctenitis subglandulosa 31
Cunninghamia lanceolata 43
Cuphea balsamona 218
Curculigo capitulata 82
Cuscuta chinensis 310
Cuscuta japonica 310
Cycas fairylakea 41
Cyclea barbata 129
Cyclea hypoglauca 129
Cyclobalanopsis 191
Cyclobalanopsis bella 190
Cyclobalanopsis fleuryi 191
Cyclobalanopsis glauca 191
Cyclobalanopsis jenseniana 191
Cyclobalanopsis myrsinifolia 192
Cyclobalanopsis obovatifolia 192
Cyclocodon lancifolius 346
Cyclosorus acuminatus 25
Cyclosorus interruptus 25
Cyclosorus latipinnus 25
Cyclosorus parasiticus 26
Cyclosorus truncatus 26
Cyclospermum leptophyllum 370
Cymbidium ensifolium 76
Cymbidium floribundum 76
Cymbidium kanran 76
Cymbidium lancifolium 76
Cymbidium sinense 77
Cynanchum corymbosum 307
Cynodon dactylon 110
Cyperus compressus 98
Cyperus cyperoides 98
Cyperus difformis 98
Cyperus diffusus 98
Cyperus eleusinoides 99
Cyperus exaltatus var. *tenuispicatus* 99
Cyperus haspan 99
Cyperus iria 99
Cyperus rotundus 100
Cyrtococcum patens 110
Cyrtococcum patens var. *latifolium* 110
Cyrtomium caryotideum 31
Cyrtomium fortunei 31

D

Dalbergia assamica 151
Dalbergia hancei 151
Dalbergia millettii 151
Daphne championii 238
Daphne papyracea 238
Daphniphyllum calycinum 139
Daphniphyllum macropodum 140
Daphniphyllum oldhami 140
Davallia divaricata 36
Davallia griffithiana 36
Davallia repens 36
Decaspermum gracilentum 220
Dendrobium aduncum 77
Dendrobium kwangtungense 77
Dendrobium loddigesii 77
Dendrocalamus latiflorus 111
Dendropanax dentiger 367
Dendropanax proteus 367
Dendrotrophe varians 241
Dennstaedtia scabra 16
Deparia japonica 23
Deparia lancea 23
Derris alborubra 151
Derris fordii 152
Desmodium heterocarpon 152
Desmodium triflorum 152
Desmos chinensis 50
Dianella ensifolia 82
Dichroa febrifuga 253
Dichrocephala integrifolia 353
Dicliptera chinensis 325
Dicranopteris ampla 6
Dicranopteris linearis 6
Dicranopteris pedata 7
Didymostigma obtusum 317
Digitaria radicosa 111
Dioscorea bulbifera 68
Dioscorea fordii 69
Dioscorea japonica 69
Dioscorea linearicordata 69
Dioscorea pentaphylla 69
Dioscorea persimilis 70
Diospyros danxiaensis 264
Diospyros eriantha 264
Diospyros kaki 264
Diospyros kaki var. *silvestris* 264
Diospyros morrisiana 265
Diospyros tsangii 265
Diplazium chinense 23
Diplazium crassiusculum 23
Diplazium dilatatum 23
Diplazium matthewii 24
Diplazium mettenianum 24
Diplazium pullingeri 24
Diplazium viridissimum 24
Diploclisia glaucescens 129
Diplopanax stachyanthus 252
Diplopterygium chinense 7
Diplopterygium glaucum 7
Diplospora dubia 295
Disepalum plagioneurum 51
Disporopsis fuscopicta 83
Disporum cantoniense 71
Distylium racemosum 138
Drosera burmanni 247

Drosera peltata 247
Drosera spatulata 248
Drynaria roosii 37
Dryopteris championii 31
Dryopteris cycadina 32
Dryopteris decipiens 32
Dryopteris fuscipes 32
Dryopteris indusiata 32
Dryopteris paleolata 33
Dryopteris sparsa 33
Dryopteris varia 33
Duchesnea indica 160
Duhaldea cappa 353
Dunbaria henryi 152
Dysoxylum hongkongense 235
Dysphania ambrosioides 251

E

Echinochloa colona 111
Echinochloa crusgalli var. *mitis* 112
Eclipta prostrata 353
Egonia pedatifida 199
Ehretia acuminata 309
Ehretia longiflora 310
Elaeagnus pungens 171
Elaeocarpus chinensis 202
Elaeocarpus decipiens 203
Elaeocarpus duclouxii 203
Elaeocarpus japonicus 203
Elaeocarpus sylvestris 203
Elaphoglossum yoshinagae 33
Elatostema acuminatum 183
Elatostema cyrtandrifolium 183
Elatostema dissectum 183
Elatostema involucratum 184
Eleocharis tetraquetra 100
Eleocharis yokoscensis 100
Elephantopus scaber 354
Eleusine indica 112
Eleutherococcus trifoliatus 368
Embelia laeta 269
Embelia parviflora 269
Embelia ribes 269
Embelia ribes subsp. *pachyphylla* 270
Embelia undulata 270
Embelia vestita 270
Emilia prenanthoidea 354
Emilia sonchifolia 354
Emilia sonchifolia var. *javanica* 355
Engelhardia fenzlii 195
Engelhardia roxburghiana 195
Enkianthus chinensis 288
Enkianthus quinqueflorus 288
Enkianthus serrulatus 288
Epimedium sagittatum 131
Equisetum ramosissimum subsp. *debile* 4
Eragrostis atrovirens 112
Eragrostis ferruginea 112
Eragrostis japonica 113
Eragrostis pilosa 113
Eragrostis tenella 113
Erechtites valerianifolius 355
Eremochloa ciliaris 113
Eria corneri 78
Eriachne pallescens 114
Erigeron annuus 355
Erigeron canadensis 355
Eriobotrya cavaleriei 161
Eriobotrya fragrans 161
Eriocaulon sexangulare 92
Erythrodes blumei 78
Erythroxylum sinense 204
Eschenbachia japonica 356
Euonymus centidens 200
Euonymus fortunei 200
Euonymus laxiflorus 200
Euonymus nitidus 201
Eupatorium chinense 356
Euphorbia hirta 209
Euphorbia hypericifolia 210
Euphorbia prostrata 210
Euphorbia thymifolia 210
Eurya acuminatissima 258
Eurya acutisepala 258
Eurya alata 258
Eurya brevistyla 258
Eurya chinensis 259
Eurya ciliata 259
Eurya distichophylla 259
Eurya groffii 259
Eurya hebeclados 260
Eurya impressinervis 260
Eurya loquaiana 260
Eurya macartneyi 260
Eurya muricata 261
Eurya nitida 261
Eurya patentipila 261
Eurya rubiginosa 261
Eurya rubiginosa var. *attenuata* 262
Eurya stenophylla 262
Eurya weissiae 262
Eustigma balansae 138
Exbucklandia populnea 139
Exbucklandia tonkinensis 139

F

Fagopyrum dibotrys 242
Ficus abelii 176
Ficus erecta 176
Ficus esquiroliana 176
Ficus fistulosa 177
Ficus formosana 177
Ficus heteromorpha 177
Ficus hirta 178
Ficus hispida 178
Ficus langkokensis 178
Ficus pandurata 178
Ficus pumila 179
Ficus sagittata 179
Ficus sarmentosa var. *henryi* 179

Ficus subpisocarpa 180
Ficus variegata 180
Ficus variolosa 180
Fimbristylis aestivalis 100
Fimbristylis dichotoma 101
Fimbristylis squarrosa 101
Fimbristylis tetragona 101
Fissistigma glaucescens 51
Fissistigma oldhamii 51
Fissistigma polyanthum 51
Fissistigma uonicum 52
Flemingia macrophylla 153
Flemingia prostrata 153
Floscopa scandens 87
Flueggea virosa 216
Fokienia hodginsii 43
Fordiophyton faberi 223
Fraxinus insularis 314

G

Gahnia baniensis 101
Gahnia tristis 102
Galinsoga parviflora 356
Gamochaeta pensylvanica 356
Garcinia multiflora 204
Garcinia oblongifolia 204
Gardenia jasminoides 296
Gardneria multiflora 305
Garnotia patula 114
Garnotia patula var. *mutica* 114
Gaultheria leucocarpa var. *yunnanensis* 288
Gelsemium elegans 306
Gentiana davidii 305
Gentiana loureiroi 305
Geranium carolinianum 217
Glechoma longituba 334
Globba racemosa 91
Glochidion eriocarpum 216
Glochidion puberum 216
Glochidion wrightii 216
Glycosmis parviflora 231
Gnetum lufuense 41
Gnetum parvifolium 41
Gomphostemma chinense 334
Goniophlebium amoenum 37
Gonocarpus micranthus 142
Gonostegia hirta 184
Goodyera foliosa 78
Goodyera schlechtendaliana 78
Goodyera viridiflora 79
Gymnema sylvestre 307
Gymnosphaera denticulata 10
Gymnosphaera metteniana 10
Gymnosphaera podophylla 10
Gynostemma pentaphyllum 196
Gynura bicolor 357
Gynura divaricata 357

H

Habenaria rhodocheila 79
Halesia macgregorii 284
Haplopteris amboinensis 12
Haplopteris flexuosa 13
Hedera nepalensis var. *sinensis* 368
Hedyotis caudatifolia 296
Hedyotis chrysotricha 296
Hedyotis hedyotidea 297
Hedyotis mellii 297
Hedyotis tenelliflora 297
Helicia cochinchinensis 136
Helicia reticulata 137
Hemerocallis fulva 82
Hemiboea follicularis 317
Hemiboea shimentaiensis 317
Hemiboea subcapitata 318
Hemisteptia lyrata 357
Hetaeria cristata 79
Heteropanax brevipedicellatus 368
Heterostemma brownii 307
Hiptage benghalensis 206
Histiopteris incisa 17
Homalium cochinchinense 208
Houttuynia cordata 46
Hovenia acerba 171
Hoya griffithii 307
Humulus scandens 175
Huodendron biaristatum var. *parviflorum* 284
Huperzia javanica 1
Hydrangea kwangsiensis 253
Hydrangea paniculata 253
Hydrilla verticillata 68
Hydrocotyle nepalensis 370
Hydrocotyle sibthorpioides 371
Hydrocotyle sibthorpioides var. *batrachium* 371
Hylodesmum laxum 153
Hymenasplenium cheilosorum 21
Hymenasplenium excisum 21
Hymenasplenium obliquissimum 21
Hymenophyllum badium 5
Hymenophyllum barbatum 5
Hymenophyllum polyanthos 6
Hypericum erectum 205
Hypericum japonicum 205
Hypericum sampsonii 205
Hypodematium crenatum 28
Hypolepis punctata 17
Hypserpa nitida 129

I

Ichnanthus pallens var. *major* 114
Ichnocarpus frutescens 308
Ilex aculeolata 340
Ilex championii 340
Ilex chapaensis 340
Ilex chinensis 341
Ilex chingiana var. *megacarpa* 341
Ilex crenata 341
Ilex dasyphylla 341
Ilex editicostata 342

Ilex elmerrilliana 342
Ilex ficoidea 342
Ilex formosana 342
Ilex hanceana 343
Ilex kwangtungensis 343
Ilex lancilimba 343
Ilex latifrons 343
Ilex lohfauensis 344
Ilex macrocarpa 344
Ilex memecylifolia 344
Ilex micrococca 344
Ilex pubescens 345
Ilex rotunda 345
Ilex subficoidea 345
Ilex triflora 345
Ilex viridis 346
Ixeridium dentatum 357
Illicium dunnianum 44
Illicium jiadifengpi 44
Illigera rhodantha 52
Impatiens chinensis 255
Impatiens chlorosepala 255
Impatiens hunanensis 256
Impatiens macrovexilla var. *yaoshanensis* 256
Impatiens obesa 256
Indigofera decora var. *ichangensis* 153
Indocalamus herklotsii 115
Indocalamus longiauritus 115
Indocalamus multinervis 115
Indosasa shibataeoides 115
Ipomoea triloba 311
Isachne albens 115
Isachne globosa 116
Isachne truncata 116
Isodon lophanthoides 335
Isodon lophanthoides var. *gerardianus* 335
Itea chinensis 140
Itea coriacea 140
Itea omeiensis 141
Ixeridium gramineum 358
Ixeris polycephala 358
Ixonanthes reticulata 214

J

Jasminum lanceolarium 314
Jasminum sinense 314
Jasminum urophyllum 315
Juncus effusus 92
Juncus prismatocarpus 92
Justicia adhatoda 325
Justicia austrosinensis 326

K

Kadsura coccinea 45
Kadsura heteroclita 45
Kadsura longipedunculata 45
Kummerowia striata 154
Kyllinga brevifolia 102
Kyllinga nemoralis 102

L

Lagerstroemia fordii 218
Lagerstroemia indica 218
Lapsanastrum apogonoides 358
Lasianthus chinensis 297
Lasianthus chunii 298
Lasianthus curtisii 298
Lasianthus fordii 298
Lasianthus henryi 298
Lasianthus japonicus 298
Laurocerasus phaeosticta 161
Laurocerasus spinulosa 161
Laurocerasus undulata 162
Laurocerasus zippeliana 162
Leersia hexandra 116
Lemmaphyllum diversum 37
Lemmaphyllum microphyllum 38
Lemmaphyllum rostratum 38
Leonurus japonicus 335
Lepidosperma chinense 102
Lepisorus obscurevenulosus 38
Lepisorus superficialis 38
Lepisorus thunbergianus 39
Lepisorus tosaensis 39
Leptochilus ellipticus 39
Leptochilus hemitomus 39
Leptochilus ovatifolius 40
Leptochilus wrightii 40
Leptochloa chinensis 116
Leptostachya wallichii 326
Lespedeza cuneata 154
Lespedeza thunbergii subsp. *formosa* 154
Ligustrum japonicum 315
Ligustrum lianum 315
Ligustrum sinense 315
Ligustrum sinense var. *myrianthum* 316
Limnophila sessiliflora 321
Lindera aggregata 57
Lindera communis 57
Lindera kwangtungensis 57
Lindera megaphylla 58
Lindera metcalfiana 58
Lindera nacusua 58
Lindernia anagallis 323
Lindernia crustacea 323
Lindernia elata 323
Lindernia procumbens 324
Lindernia pusilla 324
Lindernia ruellioides 324
Lindsaea chienii 10
Lindsaea orbiculata 11
Liparis bootanensis 79
Liparis nervosa 80
Lipocarpha chinensis 103
Liquidambar formosana 137
Liriope graminifolia 83
Liriope muscari 84
Liriope spicata 84
Lithocarpus brevicaudatus 192
Lithocarpus calophyllus 192

Lithocarpus corneus 193
Lithocarpus elizabethae 193
Lithocarpus glaber 193
Lithocarpus haipinii 193
Lithocarpus hancei 194
Lithocarpus litseifolius 194
Lithocarpus naiadarum 194
Litsea acutivena 59
Litsea cubeba 59
Litsea elongata 59
Litsea greenmaniana 59
Litsea lancilimba 60
Litsea rotundifolia var. *oblongifolia* 60
Litsea verticillata 60
Livistona chinensis 85
Lobelia chinensis 347
Lobelia melliana 347
Lobelia nummularia 347
Lobelia zeylanica 347
Loeseneriella concinna 201
Lonicera confusa 364
Lonicera macrantha 365
Lonicera reticulata 365
Lophatherum gracile 117
Loropetalum chinense 139
Ludwigia adscendens 219
Ludwigia hyssopifolia 219
Ludwigia octovalvis 219
Ludwigia peploides subsp. *stipulacea* 220
Lycianthes biflora 311
Lycopodiastrum casuarinoides 1
Lycopodium cernuum 1
Lycoris radiata 82
Lygodium japonicum 8
Lygodium microphyllum 8
Lyonia ovalifolia 289
Lysimachia alfredii 270
Lysimachia christiniae 271
Lysimachia congestiflora 271
Lysimachia decurrens 271
Lysimachia foenum-graecum 271
Lysimachia fordiana 272
Lysimachia fortunei 272
Lysimachia petelotii 272

M

Macaranga sampsonii 210
Machilus breviflora 60
Machilus chekiangensis 61
Machilus chinensis 61
Machilus gamblei 61
Machilus grijsii 61
Machilus kwangtungensis 61
Machilus leptophylla 62
Machilus litseifolia 62
Machilus pauhoi 62
Machilus phoenicis 62
Machilus thunbergii 63
Machilus velutina 63
Maclura cochinchinensis 180
Maclura tricuspidata 181
Macrosolen bibracteolatus 241
Macrosolen cochinchinensis 241
Macrothelypteris torresiana 26
Maesa japonica 272
Maesa montana 273
Maesa perlarius 273
Mahonia bodinieri 132
Mahonia shenii 132
Mallotus apelta 211
Mallotus lianus 211
Mallotus paniculatus 211
Mallotus philippensis 211
Mallotus repandus 212
Mallotus tenuifolius 212
Malvastrum coromandelianum 236
Manglietia fordiana 48
Manglietia kwangtungensis 48
Mappianthus iodoides 293
Mazus pumilus 339
Melastoma × intermedium 224
Melastoma affine 224
Melastoma dodecandrum 224
Melastoma malabathricum 224
Melastoma sanguineum 225
Melicope pteleifolia 231
Meliosma fordii 134
Meliosma oldhamii 134
Meliosma rigida 135
Meliosma squamulata 135
Meliosma thorelii 135
Melliodendron xylocarpum 284
Memecylon ligustrifolium 225
Merremia hederacea 311
Metadina trichotoma 299
Metathelypteris laxa 26
Michelia chapensis 48
Michelia crassipes 49
Michelia foveolata 49
Michelia guangdongensis 49
Michelia maudiae 49
Michelia odora 50
Michelia skinneriana 50
Microlepia hancei 17
Microlepia hookeriana 18
Microlepia marginata 18
Microlepia obtusiloba 18
Microsorum insigne 40
Microstegium fasciculatum 117
Microstegium vimineum 117
Microtropis gracilipes 201
Millettia pachycarpa 154
Millettia pulchra 155
Mimosa bimucronata 155
Miscanthus floridulus 117
Miscanthus sinensis 118
Mnesithea laevis 118
Mollugo stricta 251
Monachosorum henryi 18
Monochoria vaginalis 88

Morinda parvifolia 299
Morinda umbellata subsp. *obovata* 299
Morus alba 181
Morus australis 181
Morus wittiorum 181
Mosla dianthera 335
Mosla scabra 336
Mucuna lamellata 155
Murdannia loriformis 87
Murdannia nudiflora 87
Musa balbisiana 89
Mussaenda pubescens 299
Mussaenda shikokiana 299
Mycetia sinensis 300
Myosoton aquaticum 248
Myrica rubra 194
Myrsine seguinii 273
Myrsine semiserrata 273
Myrsine stolonifera 274

N

Neanotis hirsuta 300
Neolepisorus fortunei 40
Neolitsea aurata 63
Neolitsea aurata var. *paraciculata* 63
Neolitsea cambodiana 64
Neolitsea chui 64
Neolitsea levinei 64
Neolitsea ovatifolia 64
Neolitsea phanerophlebia 65
Neolitsea pulchella 65
Nephrolepis cordifolia 34
Neyraudia reynaudiana 118
Nothapodytes pittosporoides 293
Nothotsuga longibracteata 42
Nyssa sinensis 252

O

Odontosoria chinensis 11
Oenanthe javanica 371
Oenanthe javanica subsp. *rosthornii* 371
Oenanthe linearis 372
Ohwia caudata 155
Olea tsoongii 316
Oleandra cumingii 36
Onychium japonicum 13
Ophioglossum vulgatum 4
Ophiorrhiza cantonensis 300
Ophiorrhiza japonica 300
Ophiorrhiza mitchelloides 301
Oplismenus compositus 118
Oplismenus undulatifolius 119
Oreocharis benthamii var. *reticulata* 318
Oreocharis magnidens 318
Oreocnide frutescens 184
Ormosia fordiana 156
Ormosia glaberrima 156
Ormosia semicastrata 156
Ormosia xylocarpa 156
Osbeckia opipara 225
Osmanthus gracilinervis 316
Osmanthus marginatus 316
Osmunda japonica 5
Ottochloa nodosa 119
Ottochloa nodosa var. *micrantha* 119
Oxalis corniculata 202
Oxalis corymbosa 202

P

Pachygone sinica 130
Padus buergeriana 162
Paederia foetida 301
Paliurus ramosissimus 171
Pandanus austrosinensis 70
Panicum bisulcatum 120
Panicum brevifolium 120
Panicum incomtum 120
Panicum repens 120
Panicum sumatrense 121
Paraboea rufescens 319
Paraphlomis javanica var. *angustifolia* 336
Paraprenanthes sororia 358
Parathelypteris angulariloba 27
Parathelypteris glanduligera 27
Paris polyphylla var. chinensis 71
Parnassia palustris 201
Parthenocissus dalzielii 144
Parthenocissus tricuspidata 144
Paspalum scrobiculatum L. var. *orbiculare* .. 121
Paspalum thunbergii 121
Paspalum urvillei 121
Patrinia villosa 365
Paulownia kawakamii 339
Pavetta arenosa 301
Pavetta hongkongensis 301
Peliosanthes macrostegia 84
Pellionia brevifolia 185
Pellionia grijsii 185
Pellionia heteroloba 185
Pellionia radicans 185
Pellionia scabra 186
Pennisetum alopecuroides 122
Pentaphylax euryoides 262
Peperomia blanda 46
Pericampylus glaucus 130
Perilla frutescens var. *purpurascens* 336
Persicaria barbata 243
Persicaria chinensis 243
Persicaria filiformis 243
Persicaria hastatosagittata 243
Persicaria hydropiper 244
Persicaria japonica 244
Persicaria jucunda 244
Persicaria kawagoeana 244
Persicaria lapathifolia 245
Persicaria longiseta 245
Persicaria perfoliata 245
Persicaria posumbu 246
Persicaria pubescens 246

Phaius flavus 80
Phaius tancarvilleae 80
Phanera championii 157
Phlegmariurus austrosinicus 1
Pholidota chinensis 80
Photinia bodinieri 162
Photinia glabra 163
Photinia hirsuta 163
Photinia parvifolia 163
Photinia prunifolia 163
Photinia schneideriana 163
Phragmites australis 122
Phrynium rheedei 89
Phyllagathis cavaleriei 225
Phyllanthus glaucus 217
Phyllanthus niruri 217
Phyllanthus urinaria 217
Phyllodium elegans 157
Phyllostachys edulis 122
Physalis angulata 312
Physalis minima 312
Phytolacca americana 251
Picrasma quassioides 234
Pilea aquarum 186
Pilea martinii 186
Pilea microphylla 186
Pilea peltata 187
Pilea swinglei 187
Pileostegia tomentella 253
Pileostegia viburnoides 254
Pinanga baviensis 85
Pinus kwangtungensis 42
Pinus massoniana 42
Piper austrosinense 46
Piper hancei 47
Piper sintenense 47
Pistacia chinensis 228
Pittosporum balansae 366
Pittosporum glabratum 366
Pittosporum pauciflorum 366
Plagiogyria adnata 8
Plagiogyria falcata 8
Plagiogyria japonica 9
Plantago asiatica 321
Plantago lanceolata 321
Platanthera minor 81
Platycarya strobilacea 195
Plenasium vachellii 5
Pleocnemia winitii 35
Pleuropterus multiflorus 246
Pluchea sagittalis 359
Poa annua 122
Podocarpus macrophyllus 43
Podocarpus neriifolius 43
Pogonatherum crinitum 123
Pollia japonica 88
Pollia siamensis 88
Polygala caudata 158
Polygala chinensis 159
Polygala fallax 159
Polygala koi 159
Polygonatum cyrtonema 84
Polygonum plebeium 246
Polystichum balansae 34
Polystichum kwangtungense 34
Polystichum scariosum 34
Portulaca oleracea 252
Potentilla freyniana 164
Potentilla kleiniana 164
Pothos chinensis 67
Pottsia laxiflora 308
Pouzolzia zeylanica 187
Pouzolzia zeylanica var. *microphylla* 187
Praxelis clematidea 359
Premna microphylla 336
Primulina juliae 319
Primulina pinnatifida 320
Procris crenata 188
Pronephrium lakhimpurense 27
Pseudognaphalium affine 359
Pseudosasa hindsii 123
Pseudotaxus chienii 44
Psychotria asiatica 302
Psychotria fluviatilis 302
Psychotria serpens 302
Psychotria tutcheri 302
Pteridium aquilinum 19
Pteridium revolutum 19
Pteridrys australis 35
Pteris arisanensis 13
Pteris biaurita 13
Pteris cadieri 14
Pteris dispar 14
Pteris ensiformis 14
Pteris fauriei 14
Pteris insignis 15
Pteris multifida 15
Pteris plumbea 15
Pteris semipinnata 15
Pteris terminalis 16
Pteris vittata 16
Pteris wallichiana 16
Pterospermum heterophyllum 236
Pueraria montana 157
Pycreus polystachyos 103
Pycreus pumilus 103
Pygeum topengii 164
Pyracantha atalantioides 164
Pyrenaria microcarpa 277
Pyrenaria spectabilis 277
Pyrrosia lingua 41
Pyrus calleryana 165

R

rachelospermum jasminoides 309
Ranunculus cantoniensis 134
Reevesia thyrsoidea 237
Rehderodendron kwangtungense 284

Reynoutria japonica 247
Rhamnus brachypoda 172
Rhamnus crenata 171
Rhamnus napalensis 172
Rhaphiolepis ferruginea 165
Rhaphiolepis indica 165
Rhododendron fortunei 289
Rhododendron henryi 290
Rhododendron kwangtungense 290
Rhododendron latoucheae 290
Rhododendron levinei 290
Rhododendron mariesii 291
Rhododendron moulmainense 291
Rhododendron ovatum 291
Rhododendron simiarum 291
Rhododendron simsii 292
Rhodomyrtus tomentosa 220
Rhopalephora scaberrima 88
Rhus chinensis 228
Rhus chinensis var. *roxburghii* 228
Rhynchosia volubilis 158
Rhynchospora chinensis 103
Rhynchospora rubra 104
Rhynchotechum ellipticum 320
Ricinus communis 212
Roegneria kamoji 123
Rorippa cantoniensis 240
Rorippa indica 240
Rosa cymosa 165
Rosa henryi 166
Rosa laevigata 166
Rotala rotundifolia 219
Rottboellia cochinchinensis 123
Rourea microphylla 202
RRhynchotechum obovatum 320
Rubia alata 303
Rubia wallichiana 303
Rubus alceifolius 166
Rubus buergeri 166
Rubus columellaris 167
Rubus corchorifolius 167
Rubus hunanensis 167
Rubus lambertianus 167
Rubus leucanthus 168
Rubus parvifolius 168
Rubus pirifolius 168
Rubus reflexus 168
Rubus reflexus var. *hui* 169
Rubus reflexus var. *lanceolobus* 169
Rubus rosifolius 169
Rubus sumatranus 169
Rubus swinhoei 170
Rumex trisetifer 247

S

Sabia discolor 135
Sabia japonica 136
Sabia limoniacea 136
Sabia swinhoei 136
Sacciolepis indica 124
Sageretia lucida 172
Sageretia rugosa 172
Sageretia thea 173
Sagittaria trifolia 67
Salix dunnii 208
Salomonia cantoniensis 159
Salvia plebeia 337
Sambucus chinensis 363
Sapindus saponaria 230
Sarcandra glabra 65
Sarcopyramis napalensis 226
Sargentodoxa cuneata 127
Saurauia tristyla 287
Saururus chinensis 46
Schefflera delavayi 369
Schefflera heptaphylla 369
Schefflera minutistellata 369
Schima remotiserrata 277
Schima superba 277
Schisandra arisanensis subsp. *viridis* 45
Schizocapsa plantaginea 70
Schoenoplectus juncoides 104
Schoenoplectus mucronatus 104
Schoepfia chinensis 241
Scirpus filipes 104
Scirpus ternatanus 105
Scleria biflora 105
Scleria ciliaris 105
Scleria levis 105
Scleromitrion diffusum 303
Scoparia dulcis 322
Scurrula parasitica 242
Scutellaria barbata 337
Scutellaria indica 337
Scutellaria tayloriana 337
Scutellaria wongkei 338
Sedum bulbiferum 141
Sedum oligospermum 141
Sedum tetractinum 141
Selaginella biformis 2
Selaginella delicatula 2
Selaginella doederleinii 2
Selaginella effusa 2
Selaginella involvens 3
Selaginella labordei 3
Selaginella limbata 3
Selaginella remotifolia 3
Selaginella xipholepis 4
Senecio scandens 359
Senecio stauntonii 360
Setaria faberi 124
Setaria palmifolia 124
Setaria plicata 124
Setaria pumila 125
Setaria viridis 125
Sida acuta 237
Sigesbeckia orientalis 360
Sigesbeckia pubescens 361

Sinosideroxylon pedunculatum 263
Siphonostegia laeta 340
Skimmia arborescens 231
Sloanea sinensis 204
Smilax aberrans 72
Smilax arisanensis 72
Smilax china 72
Smilax chingii 72
Smilax davidiana 72
Smilax glabra 73
Smilax glaucochina 73
Smilax japonica 73
Smilax lanceifolia 73
Smilax megacarpa 74
Smilax ocreata 74
Smilax riparia 74
Solanum aculeatissimum 312
Solanum americanum 312
Solanum capsicoides 313
Solanum lyratum 313
Solanum nigrum 313
Solanum torvum 313
Solidago decurrens 361
Soliva anthemifolia 361
Sonchus oleraceus 361
Sonerila cantonensis 226
Sonerila plagiocardia 226
Sorbus alnifolia 170
Sorbus folgneri 170
Speranskia cantonensis 212
Spermacoce alata 303
Sphaerocaryum malaccense 125
Stachyurus chinensis 227
Stachyurus himalaicus 227
Stauntonia chinensis 127
Stauntonia maculata 127
Stauntonia obovata 128
Stauntonia trinervia 128
Staurogyne chapaensis 326
Stegnogramma sagittifolia 27
Stegnogramma wilfordii 28
Stellaria alsine 248
Stephania cephalantha 130
Stephania dielsiana 130
Stephania longa 131
Stewartia obovata 278
Stewartia villosa 278
Sticherus truncatus 7
Stranvaesia davidiana 170
Strobilanthes cusia 326
Strobilanthes dalzielii 327
Strobilanthes dimorphotricha 327
Strobilanthes labordei 327
Strophanthus divaricatus 308
Strychnos ovata 306
Styrax confusus 285
Styrax faberi 285
Styrax odoratissimus 285
Styrax suberifolius 285
Styrax tonkinensis 286
Symplocos adenophylla 278
Symplocos adenopus 278
Symplocos anomala 279
Symplocos austrosinensis 279
Symplocos chinensis 79
Symplocos cochinchinensis 279
Symplocos congesta 280
Symplocos dolichotricha 280
Symplocos glauca 280
Symplocos groffii 280
Symplocos lancifolia 81
Symplocos lucida 281
Symplocos nokoensis 281
Symplocos paniculata 281
Symplocos pendula var. *hirtistylis* 282
Symplocos pseudobarberina 282
Symplocos ramosissima 282
Symplocos stellaris 282
Symplocos sumuntia 283
Symplocos wikstroemiifolia 283
Syzygium austrosinense 221
Syzygium buxifolium 221
Syzygium hancei 221
Syzygium kwangtungense 221
Syzygium levinei 222
Syzygium rehderianum 222

T

Tadehagi triquetrum 158
Tainia cordifolia 81
Tainia dunnii 81
Tainia macrantha 81
Tarenna mollissima 304
Taxillus chinensis 242
Taxillus levinei 242
Taxus wallichiana Zucc. var. *mairei* 44
Tectaria devexa 35
Tectaria phaeocaulis 35
Ternstroemia gymnanthera 263
Ternstroemia kwangtungensis 263
Ternstroemia nitida 263
Tetradium austrosinense 231
Tetradium glabrifolium 232
Tetrastigma hemsleyanum 144
Tetrastigma planicaule 144
Teucrium viscidum 338
Thalictrum javanicum 134
Themeda caudata 125
Themeda villosa 126
Thladiantha cordifolia 196
Thysanolaena latifolia 126
Tinospora sinensis 131
Toddalia asiatica 232
Toona ciliata 235
Toona sinensis 235
Torenia biniflora 324
Torenia concolor 325
Torenia fordii 325

Torilis japonica 372
Toxicodendron succedaneum 229
Toxicodendron sylvestre 229
Trachelospermum 308
Trema cannabina 174
Trema tomentosa 174
Triadica cochinchinensis 213
Triadica rotundifolia 213
Triadica sebifera 213
Trichophorum subcapitatum 106
Trichosanthes cucumeroides 196
Tridynamia sinensis 311
Trigonotis peduncularis 310
Tripterospermum nienkui 305
Triumfetta rhomboidea 237
Tsuga chinensis 42
Tubocapsicum anomalum 314
Turpinia arguta 226
Turpinia montana 227
Typhonium Blumei 67

U

Uncaria hirsuta 304
Uncaria rhynchophylla 304
Urceola rosea 309
Urena lobata 238
Urena procumbens 238
Utricularia aurea 327
Utricularia bifida 328
Utricularia caerulea 328
Uvaria macrophylla 52

V

Vaccinium bracteatum 292
Vaccinium longicaudatum 292
Vaccinium mandarinorum 292
Vaccinium sinicum 293
Vandenboschia auriculata 6
Ventilago leiocarpa 173
Veratrum schindleri 71
Verbena officinalis 328
Vernicia fordii 213
Vernicia montana 213
Vernonia cinerea 362
Vernonia cumingiana 362
Vernonia solanifolia 362
Veronica persica 322
Viburnum fordiae 63
Viburnum odoratissimum 363
Viburnum sempervirens 364
Viola arcuata 206
Viola diffusa 206
Viola fargesii 206
Viola inconspicua 207
Viola lucens 207
Viola schneideri 207
Vitex negundo var. *cannabifolia* 338
Vitex quinata 339
Vitis bryoniifolia 145

W

Wahlenbergia marginata 348
Wikstroemia indica 239
Wikstroemia monnula 239
Wikstroemia nutans 239
Woodwardia harlandii 22
Woodwardia japonica 22
Woodwardia kempii 22

X

Xanthium strumarium 362

Y

Youngia japonica 363
Yua austroorientalis 145

Z

Zanthoxylum ailanthoides 232
Zanthoxylum armatum 233
Zanthoxylum avicennae 233
Zanthoxylum myriacanthum 233
Zanthoxylum nitidum 233
Zanthoxylum scandens 234
Zehneria bodinieri 196
Zehneria japonica 197
Zenia insignis 158
Zingiber striolatum 91